高等职业教育"十二五"规划教材

网络工程与综合布线项目教程

周　庆　主编

韩国彬　匡国防　副主编

清华大学出版社

北　京

内 容 简 介

本书围绕真实的工程案例，以职业技能培训为目标，采用项目驱动的方式，按照设计、施工、验收的工作顺序，全面、系统地介绍了网络工程与综合布线的必备知识和实用技能。

本书内容丰富、实用，讲解详尽、清晰。根据"教、学、做一体化"的教学要求，全书分为 8 个项目，即构建综合布线系统、选择综合布线产品、需求分析、综合布线系统设计、综合布线工程施工、项目管理、综合布线系统测试，以及工程招标与投标。

本书可作为高职高专院校"网络综合布线"课程的教材，也可供从事综合布线工程设计、施工、管理、应用和销售的广大工程技术人员参考、学习。

图书在版编目（CIP）数据

网络工程与综合布线项目教程/周庆主编. —北京：清华大学出版社，2012.11（2017.8 重印）

高等职业教育"十二五"规划教材

ISBN 978-7-302-29730-7

Ⅰ. ①网…　Ⅱ. ①周…　Ⅲ. ①计算机网络-高等职业教育-教材　②计算机网络-布线-高等职业教育-教材　Ⅳ. ①TP393

中国版本图书馆 CIP 数据核字（2012）第 188648 号

责任编辑：杜长清
封面设计：刘　超
版式设计：文森时代
责任校对：柴　燕
责任印制：杨　艳

出版发行：清华大学出版社
　　　　　网　　　址：http://www.tup.com.cn，http://www.wqbook.com
　　　　　地　　　址：北京清华大学学研大厦 A 座　　　邮　　编：100084
　　　　　社 总 机：010-62770175　　　　　　　　　邮　　购：010-62786544
　　　　　投稿与读者服务：010-62776969，c-service@tup.tsinghua.edu.cn
　　　　　质量反馈：010-62772015，zhiliang@tup.tsinghua.edu.cn

印 装 者：虎彩印艺股份有限公司
经　　销：全国新华书店
开　　本：185mm×260mm　　印　张：15.75　　字　数：361 千字
版　　次：2012 年 11 月第 1 版　　印　次：2017 年 8 月第 4 次印刷
印　　数：6601～7200
定　　价：29.00 元

产品编号：048625-01

前　言

综合布线又称结构化布线，是目前广为流行的一种新型布线方式。它采用标准化部件和模块化组合方式，把语音、数据、图像和控制信号用统一的传输媒体进行综合，形成了一套标准、实用、灵活、开放的布线系统。

综合布线系统将计算机技术、通信技术、信息技术和办公环境集成在一起，实现了信息和资源的共享，能够为用户提供迅捷的通信机制和完善的安全保障。相对于传统布线系统，其在兼容性、开放性、灵活性、可靠性、先进性和经济性等方面优点十分突出，而且在设计、施工和维护方面也给人们带来了许多方便。

为了满足工程技术人员的迫切需求，本书遵循高技能人才培养的特点和规律，参照综合布线施工人员的职业岗位要求，围绕一个真实的网络布线工程案例，从工程实际出发，采用项目驱动的方式，深入浅出地介绍了网络综合布线的必备知识和实用技能。

在内容的取舍上，本书以必需、够用为原则，以专业、实用为标准，以培养高级技能型人才为目标，突出技术实用性，重在理论联系实践。

本书内容丰富、实用，讲解详尽、清晰。全书共分为 8 个项目，即构建综合布线系统、选择综合布线产品、需求分析、综合布线系统设计、综合布线工程施工、项目管理、综合布线系统测试，以及工程招标与投标。

本书可作为高职高专院校"网络综合布线"课程的教材，也可供从事综合布线工程设计、施工、管理、应用和销售的广大工程技术人员参考、学习。

本书由周庆主编，韩国彬、匡国防副主编。负责编审的老师也提了非常宝贵的意见，我们在此表示诚挚的感谢。限于作者水平及时间，书中难免存在错误和不妥之处，敬请广大读者批评指正。

编　者

目　　录

项目一　构建综合布线系统 1

　背景介绍 2

　任务一　构建网络综合布线系统 2

　　一、任务分析 2

　　二、相关知识 3

　　三、任务实施 7

　任务二　选用综合布线系统标准 11

　　一、任务分析 11

　　二、相关知识 11

　　三、任务实施 12

项目二　选择综合布线产品 14

　任务一　选择网络设备 15

　　一、任务分析 15

　　二、相关知识 15

　　三、任务实施 21

　任务二　选择网络传输介质 21

　　一、任务分析 21

　　二、相关知识 22

　　三、任务实施 34

项目三　需求分析 36

　任务一　用户需求分析 37

　　一、任务分析 37

　　二、相关知识 37

　　三、任务实施 40

　任务二　网络需求分析 41

　　一、任务分析 41

　　二、相关知识 41

　　三、任务实施 49

　任务三　网络工程规划与设计 51

　　一、任务分析 51

二、相关知识 52

三、任务实施 62

项目四　综合布线系统设计 63

任务一　产品选型 64

一、任务分析 64

二、基本知识 64

三、职业岗位能力训练 65

四、任务实施 65

补充知识　图纸设计 67

一、基本知识 67

二、职业岗位能力训练 68

任务二　设计工作区子系统 72

一、任务分析 72

二、基本知识 72

三、职业岗位能力训练 73

四、任务实施 73

任务三　设计配线子系统 74

一、任务分析 74

二、基本知识 74

三、职业岗位能力训练 75

四、任务实施 77

任务四　设计干线子系统 77

一、任务分析 78

二、基本知识 78

三、职业岗位能力训练 78

四、任务实施 79

任务五　设计管理子系统 80

一、任务分析 80

二、基本知识 80

三、职业岗位能力训练 81

四、任务实施 83

任务六　设计设备间子系统 84

一、任务分析 84

二、基本知识 84

三、职业岗位能力训练——设备间的线缆敷设 85

四、任务实施 86

任务七　设计进线间子系统 86

一、任务分析 86

二、基本知识 86

三、任务实施 87

任务八　设计建筑群子系统 88

一、任务分析 88

二、基本知识 88

三、职业岗位能力训练 88

四、任务实施 90

补充知识　设计电气防护及接地和防火 91

一、电气防护设计应把握的原则 91

二、职业岗位能力训练——接地系统设计 92

任务九　制定综合布线系统设计方案 94

一、任务分析 94

二、基本知识 94

三、任务实施 96

项目五　综合布线工程施工 102

工程准备 103

一、基本知识 103

二、布线器材 105

三、布线安装工具 110

四、布线测试工具 122

任务一　安装管槽系统 125

一、任务分析 125

二、基本知识 125

三、职业岗位能力训练 127

四、任务实施 127

任务二　制作和安装信息插座 128

一、任务分析 128

二、基本知识 129

三、任务实施 129

任务三　安装机柜和配线架 129

一、任务分析 130

二、相关知识 130

三、职业岗位能力训练 131

四、任务实施 131

任务四　双绞线制作及施工 132

一、任务分析 132

二、相关知识 132

三、任务实施 133

任务五　光缆施工 136

一、任务分析 136

二、基本知识 137

三、任务实施 138

任务六　机房建设 139

一、任务分析 139

二、相关知识 139

三、任务实施 144

项目六　项目管理 152

任务　项目经理管理综合布线工程项目 153

一、任务分析 153

二、相关知识 153

三、任务实施 166

项目七　综合布线系统测试 178

任务一　为什么测试 179

一、任务分析 179

二、相关内容 179

三、任务实施 199

任务二　如何验收 200

一、任务分析 200

二、相关知识 200

三、任务实施 200

任务三　网络工程文档管理 202

一、任务分析 202

二、相关知识 203

三、任务实施 205

项目八　工程招标与投标 206

任务一　学习相关法规 207

一、任务分析 207

　　　二、任务实施 207

　任务二　投标 212

　　　一、任务分析 212

　　　二、任务实施 212

　　　三、任务实施 213

参考文献 216

附录 A 217

项目一
构建综合布线系统

知识点、技能点：

➢ 综合布线系统的概念
➢ 综合布线的设计等级和标准
➢ 综合布线技术的发展趋势

学习要求：

➢ 掌握综合布线系统的概念
➢ 掌握综合布线的设计等级和标准
➢ 了解综合布线技术的发展趋势

教学基础要求：

掌握综合布线的一些基础知识

背 景 介 绍

进入 21 世纪以来，IT 技术的发展更为迅猛，逐渐渗入到社会的每个角落，极大地改变了人们的工作和生活条件。在这一大的背景下，各种高新技术层出不穷，如智能化园区的建设和发展正是依赖于 IT 技术逐步走进民居和生活的。那么，什么是智能化园区呢？简单地说，就是依托网络化完善的社区服务，采用高科技手段使人居环境回归自然，实现园区的安全、舒适、温馨和方便。

要建设智能化园区，自然少不了智能化园区综合管理系统。该系统的实现过程较为复杂，需要运用科技手段，充分利用现代计算机、通信、网络、自控、IC 卡技术，通过有效自然传输，将安防与多元信息服务以智能化综合布线的方式进行系统的集成。

由此引出了本书的主题，即网络工程与综合布线。那么其含义是什么？又该如何实现呢？下面结合一个具体的工程实例进行介绍。

某知名开发商计划在某市开发建设一个大型房地产项目——彩虹小区，其中包括 15 栋不同层数的高层住宅（不包括会所及商铺），共计 1155 套。该项目从立项伊始，便确立了智能化高档社区的目标。相信它的建成将有效满足周边市民提高生活水平、改善居住环境的需要，同时极大地提升整个片区的形象。

为了实现这一目标，根据该小区建筑平面结构图及应用要求等情况，同时兼顾未来应用技术的发展进行综合设计，为本小区建立一个经济实用、先进可靠、效率高、扩展性好的综合布线系统便成为急待解决的一道难题。

任务一 构建网络综合布线系统

一、任务分析

随着城市化进程的深入，高层住宅逐渐成为城市新宠，彩虹小区就是在这个背景下规划设计的。该小区由 15 栋不同层数的高层住宅以及多家会所和商铺组成，定位高端住宅小区，紧跟世界高档住宅小区的发展趋势。小区将建设成为智能化数字小区，诸如管理自动化、小区一卡通、安防监控、公共信息系统等信息化系统将在小区中应用。各个建筑单体将建设相应的智能化系统，如水电气智能抄表结算系统、宽带和有线电视接入、电话、门禁、智能照明等系统。

数字化智能小区的基础是网络建设，网络建设的基础就是综合布线系统。小区网络主干网将以千兆以太网技术为核心，覆盖整个小区。综合布线系统应充分考虑未来信息系统的应用需求，以弱电管路连接各个建筑单体并留有充分冗余量，各个建筑单体内也应预留相应的信息接口。

本任务通过对彩虹小区的综合布线系统进行解析，学习综合布线系统的组成与结构。

二、相关知识

智能化小区的建设起源于美国。为加快住宅市场的技术革新，美国联邦政府和住宅开发商、建材生产厂家、信息产品供应商、保险商、财团等联合成立了"智能化住宅技术合作联盟"。该联盟的主要任务便是对住宅智能化技术、产品、应用系统等进行改进、测试、规范，并引导相关单位运用新技术进行住宅设计和建造。

目前，美国、日本都已对住宅小区智能化系统制定了技术标准，并在此基础上进行智能化住宅的建设。例如，位于美国 Scottsdale 的 DC Ranch，是目前世界上最大的智能化小区。该项目占地 3359 公顷，约由 8000 栋小别墅组成，每栋别墅设置有 16 个信息点，仅综合布线造价就高达 2200 万美元。在日本幕张，也建有一个类似的高标准示范性住宅小区。不只是美国、日本，其他国家或地区也都掀起了智能小区的建设热潮。例如，新加坡、欧洲和中国台湾等地区，也都有不少应用智能化系统的住宅小区建成。

智能化居住小区的基础是家庭综合布线系统，其相关产品在发达国家已形成系列，技术上相当成熟。例如，美国、意大利、西班牙等国的产品，已有相当一部分通过了国际质量认证，在国际市场上占据明显的优势。

1. 智能建筑（智能大厦）及相关概念

（1）相关概念

① 智能建筑（Intelligent Building），是指具有由计算机进行综合管理能力的建筑物。

② 建筑智能化系统，是指建筑物中的智能化管理系统。

③ 自动化领域中的"智能控制"，即将"人工智能"（Artificial Intelligence）用于自动控制（Automatic Control）过程中。

（2）智能建筑的组成

简单地说，智能建筑由 3A＋SC 组成，即通信自动化（Communication Automation，CA）、楼宇自动化（Building Automation，BA）、办公自动化（Office Automation，OA）和结构化综合布线（Structured Cabling，SC）。

（3）智能建筑（智能大厦）的定义

美国研究机构认为，将结构、系统、服务和管理 4 项基本要素及它们之间的内在关系进行最优化，从而具有投资合理、高效、舒适、环境便利等优点的建筑物，称为智能建筑（智能大厦）。

日本研究机构认为，兼备信息通信、办公自动化以及楼宇自动化各项功能的，便于进行智力活动的建筑物，称为智能建筑（智能大厦）。

我国通常认为，将楼宇自动化系统、办公自动化系统、通信自动化系统通过结构化布线和计算机网络有效结合，便于集中统一管理，具备舒适、安全、节能、高效等特点的建筑物，称为智能建筑（智能大厦）。

2. 布线

由各种支持电子信息设备相连的线缆（双绞线、铜缆、光缆等）、跳线、接插软线和连接器件组成的系统，称为布线系统（简称布线），如图 1-1 所示。例如，从计算机网卡到墙上信息模块之间的双绞线这个系统就是布线。

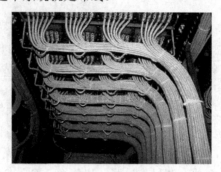

图 1-1 布线

3. 综合布线系统

综合布线系统是一个用于语音、数据、影像和其他信息技术的标准结构化布线系统。例如，综合布线系统就像一条马路，语音、数据、影像和其他信息技术好比各种车辆，通过综合布线系统传输各种类型的数据就好比在马路上可以行驶各种各样的车辆，如图 1-2 所示。

如图 1-3 所示，综合布线系统由下面七大子系统组成。

图 1-2 马路上的车流

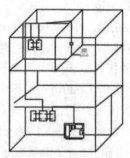

图 1-3 综合布线系统

（1）工作区子系统

一个独立的、需要设置终端设备（TE）的区域宜划分为一个工作区。工作区子系统主要由配线子系统的信息插座模块（TO）延伸到终端设备处的连接线缆及适配器组成。

（2）配线子系统

配线子系统主要由工作区的信息插座模块、信息插座模块至电信间配线设备（FD）的配线电缆和光缆、电信间的配线设备及设备线缆和跳线等组成。

（3）干线子系统

干线子系统主要由设备间至电信间的干线电缆和光缆、安装在设备间的建筑物配线设备（BD）及设备线缆和跳线等组成。

（4）建筑群子系统

建筑群子系统主要由连接多个建筑物的主干电缆和光缆、建筑群配线设备（CD）及设备线缆和跳线等组成。

（5）设备间子系统

设备间是在每个建筑物的适当地点进行网络管理和信息交换的场地。对于综合布线系统，在设备间内主要是安装建筑物配线设备。电话交换机、计算机主机设备及入口设施也可与配线设备安装在一起。

（6）进线间子系统

进线间是建筑物外部通信管线的入口部位，并可作为入口设施和建筑群配线设备的安装场地。在具体设计、施工时，常将该子系统纳入其他子系统一同进行，不再单独列出。

（7）管理子系统

管理子系统主要是对工作区、电信间、设备间、进线间的配线设备、线缆、信息插座模块等设施按一定的模式进行标识和记录。

注意

什么是电信间？

国家标准《综合布线系统工程设计规范》中对电信间的定义："是放置电信设备、电缆、光缆终端配线设备，并进行布线交接的一个专用空间。"实际上，电信间主要为楼层安装通信网络的配线接续设备（通常采用机柜、机架、机箱等安装方式）和计算机网络系统设备（如集线器或交换机）的专用房间或场地。

4. 综合布线系统和传统布线系统的比较

（1）传统布线系统存在的问题

对于一个建筑物或建筑群，它是否能够在现在或将来始终具备最先进的现代化管理和通信水平，关键取决于是否有一套完整、高质和符合国际标准的布线系统。在传统布线系统中，由于多个子系统独立布线，并采用不同的传输媒介，给建筑物从设计到今后的管理带来了一系列的隐患。

① 在线路路由上，各专业设计之间过多的牵制，使得最终设施的管道错综复杂，要多次进行图纸汇总才能定出一个妥善的方案。

② 在布线时，重复施工，造成材料和人力的浪费。

③ 各弱电系统彼此相互独立、互不兼容，造成使用者极大的不便。

④ 任何设备的改变、移动，都会导致布线系统的重新设计、施工，造成不必要的浪费和损坏，同时在扩展时也给原建筑物的美观造成很大的影响。也就是说，原有的布线方式不具备开放性、兼容性和灵活性的特点。

（2）采用国际标准的综合布线系统的优点

① 将各个子系统统一布线，提高了整体性能价格比。

② 具有高度的开放性和充分的灵活性，不论各个子系统设备如何改变、位置如何移动，布线系统只需跳线即可。

③ 设计思路简洁，施工简单，施工费用降低。

④ 充分适应通信网络和计算机网络的发展，为今后办公全面自动化打下坚实的线路基础。

⑤ 大大减少维护管理人员的数量及费用，可根据用户的不同需求随时进行改变和调整。

归纳起来，两者的区别如表 1-1 所示。

表 1-1 综合布线系统与传统布线系统的比较

	综合布线系统	传统布线系统
传输介质	以双绞线和光纤来传输	电话使用专用的电话线
	单一的传输介质	计算机及网络使用同轴电缆
	电话和计算机可互用	计算机和电话不能共用
	单一插座可接一部电话机和一个终端	计算机和电话之间无法共用插座
不同系统的处理方式	从配线架到墙上插座完全统一，适合不同计算机和电话系统使用	线路无法共用也无法通用
	提供 IBM、DEC、HP 等系统的连接，以及 Ethernet	不提供
	计算机终端、电话机和其他网络设备的插座可以互用且完全相同	不能互用
	移动计算机、电话十分方便	移动电话和计算机时必须重新布线

5. 综合布线系统的发展历程

1984 年，世界上第一座智能大厦落成。

1985 年初，计算机工业协会（CCIA）提出对大楼布线系统标准化的倡仪。

1991 年 7 月，ANSI/EIA/TIA 568 即《商业大楼电信布线标准》问世；同时，与布线通道及空间、管理、电缆性能及连接硬件性能等有关的相关标准也一并推出。

1995 年底，ANSI/TIA/EIA 568 标准正式更新为 TIA/EIA 568-A；同时，国际标准化组织（ISO）也推出了相应标准 ISO/IEC/IS 11801。

1997 年，TIA 出台了六类布线系统草案；同期，基于光纤的千兆网标准被推出。

1999 年至今，TIA 又陆续推出了六类布线系统正式标准，ISO 推出了七类布线标准。

6. 综合布线技术的发展趋势

光纤和无线技术是将来综合布线技术的发展趋势。

（1）光纤

① 玻璃光纤。很多年以来，支持用光纤传送信息的人们都把它作为未来的介质，TIA/EIA 标准也把 62.5/125μm 多模光纤作为 3 种推荐使用的水平介质之一。最初，无论是传输距离，还是带宽容量，它都能适应高速应用的要求，直到出现 1000Base-T 以太网。研究表明，在短波情况下，62.5/125μm 光纤的负载信息容量和 LED（发光二极管）电气耦合率都难以满足距离的要求。

现在，用户必须重新回到标准上来，评估标准所述与未来网络需求之间的关联。为了满足更高的距离要求，他们必须考虑将 62.5/125μm 多模光纤换成新型 62.5/125μm 光纤或是 50/125μm 多模光纤；对于短波（SX）或长波（LX），则必须从 LED 发射器/接收器变成短波（SX）或长波（LX）的垂直谐振表面发射激光（VCSEL），或者变成单模光纤。不过，由此却带来了另一个问题，即成本的提高。有研究表明，由于光源和连接器等因素的影响，单模光纤网比多模网络的成本更高出不少；而新型 62.5/125μm 光纤比单模光纤成本更高，只有新型的 1300nm VCSEL 光源可以把实际成本降低到新型多模光纤网的成本以下。

② 光纤波分复用。光纤波分复用并不是一种新型的结构化布线系统，而是用于扩展光纤数据传输容量的一种新的技术。其工作原理很好理解，即把通过光纤传输数据的激光分成不同的颜色或不同的波长，每一部分传输不连续的数据通道（现在，这项技术最多可把激光分成 40 种不同波长。在不久的将来，就可以达到 128 个通道），进而实现数据传输容量的提高。这项技术最大的优点就在于，新波长的传输设备无须另购，只需在已有的连接光纤的设备上加以改进即可。这是提高带宽最简便的一种方法。

③ 塑料光纤（POF）。目前，塑料光纤主要应用于低速、短距离的传输中。与此形成鲜明对比的是，最近发展起来的分段分序技术（POF），已把带宽提高到 3GHz/100m。对此，业界提出了一系列技术改进措施，并取得了一定的成就。例如，新近开发的单模 POF、塑料光纤中的光放大器、1550nm 低损耗的新型 POF 材料，以及更高功率、更快的光源，都使得 FDDI（光纤分布式数据接口）、ATM（异步传输模式）、Escon（企业系统连接体系结构）、FC（光纤通道）、Sonet（同步光纤网）等应用开始涉及塑料光纤领域。然而，这种介质目前还不为标准所认可，因为现在可用的技术在要求的带宽下都限制在 50m 内。或许 5 年以后，低成本的 POF 会得到商业化的应用。究其根本，标准对其的认可、对市场的接受程度是至关重要的。如果有一天在标准中对 POF 进行了认定，相信它一定能为目前那些由成本低于玻璃光纤的铜线介质支持的应用提供一个更强大的系统，并为用户提供一些他们感兴趣的中间利益。

（2）无线技术

关于将来以无线网络替代综合布线系统的问题，人们已经谈过很多了。对于那些正在为综合布线系统的设计、安装和维护而苦恼的人们来说，无线网络解决了一大难题，他们再也不用考虑如何把电缆铺到难以到达的地方，也无须担心电缆的类型和许多其他方面的问题。但总的来说，无线技术仍存在一定的限制。尽管有关于无线网络的标准（IEEE 802.11b），但在商家眼中仍缺乏可操作性。例如，窄带网络设备需要 FCC（美国联邦通信委员会）的许可；由日光等其他光源引起的干扰，会造成非聚焦红外网络设备的不可靠运行；扩频网络设备虽然在某种程度上克服了这些难题，但相应地也会造成较低的数据传输速率；传输速率过低……这一切都限制了无线网络的发展。

三、任务实施

在此根据本小区建筑平面结构图及应用要求等情况，同时兼顾未来应用技术的发展进行综合设计，采用某知名品牌公司的超五类布线系统为本小区建立一个经济实用、先进可靠、效率高、扩展性好的综合布线系统。

1. 系统建设的设计目标

（1）实用性

实施后的综合布线系统能够适应现代和未来技术的发展，满足语音、数据通信、多媒体以及信息管理等多重智能化需求，这是结构化布线系统建设的基本要求。

（2）综合性

实施后的综合布线系统将为数据提供实用的、灵活的、可扩展的模块化介质通路。

（3）灵活性

综合布线系统能够满足应用的要求，即任意信息点能够连接不同类型的设备，如计算机、打印机、终端、电话或传真机等。

（4）可管理性

布线系统中，除去固定于建筑物内的水平线缆外，其余所有的接插件都是积木式的标准件，以方便使用、管理和扩充。

（5）扩展性

实施后的综合布线系统是可以扩充的，以便将来有更大的技术发展时，易于设备的连接和扩展。

（6）开放性

能够支持任何厂商的任意网络产品，支持任意网络结构（总线型、星形、环形等）对线路的要求。

（7）经济性

在满足应用要求的基础上，尽可能降低造价。

（8）长期性

可以长期（15～25 年）支持计算机网络系统的应用需求。

2. 系统建设的设计思想

考虑到综合布线系统对一次性施工的要求较高，我们在此项目中推荐采用非屏蔽超五类系统解决方案。因为综合目前各国布线系统供应厂家解决方案和系统集成商施工的实际情况，我们觉得使用超五类系统产品就可以为用户提供现时 100Mb/s 带宽的网络平台，又能很好地保证未来千兆位速率以上数据传输的可靠性与稳定性。根据著名的摩尔定律计算，10 年后的网络传输速率应达到 100Gb/s 级别。尽管未来的有源网络信号编码技术肯定会相应提高，但是毫无疑问，我们现在设计网络系统的一个重要原则便是将整个计算机网络的传输瓶颈尽量从无源网络中排除，正常情况下应使其形成于交换机背板上或服务器连接上，这样才能易于网络升级，保护用户投资。

根据以上分析，建议小区的结构化布线系统应达到如下要求：

☑ 结构化布线系统具备端至端 100MHz 以上的频宽（根据不同的编码方式支持从十兆网络到千兆网络的有效传输）。

☑ 建成后的结构化布线系统符合相关国际、国内标准（草案）对超五类布线系统的性能指标要求。

☑ 结构化布线系统具备一定的信息通信能力，能够为小区提供全方位的业务服务，支持高速计算机网络平台、多媒体音视频平台，以及楼宇控制、电子保安等现代楼宇智能管理平台高速、可靠的信息传输。

☑ 考虑到对网络可操作性和可管理性能的要求较高，以具有高可靠性的机柜型配线系统为核心,努力提高系统的可管理性和安全性。

☑ 具有开放式的结构,拥有一系列高品质的组件与周边设备,能与众多厂家网络传输及接入技术兼容,具有模块化、可扩展、面向用户的特点,遵从工业标准和商业建筑布线标准。

☑ 不仅充分满足当前信息传输需求,而且能适应将来一段时间内网络设备的升级与扩充。

3. 系统建设的整体内容

小区的系统建设根据软硬件结合的原则,主要包括两方面:技术方案设计和应用信息系统资源建设。技术方案设计主要包括两个内容:结构化布线与设备选择、网络技术选型。

根据本小区特点提出的具体需求,综合布线包括计算机网络系统、语音系统两大部分。大楼的综合布线由工作区、水平子系统、管理区、干线子系统、设备间以及楼群主干 5 个部分构成,充分考虑了高可靠性、高速率传输特性、可扩充性,并兼顾了与其他建筑物连接成建筑干线子系统的可能性。

网络主干网采用光缆作为传输介质,网络带宽达到 1000Mb/s 以上,可高速传输数据及图像,能够大大提高信息传输质量和可靠性。

所有与计算机网络相连的布线硬件均为超五类产品,即超五类信息插座、超五类快速跳线、超五类非屏蔽双绞电缆等,以支持 100Mb/s 网络传输带宽。这样既满足了目前的需求,又为更多商业应用打下基础。

程控电话由主机房统一管理,设计带宽为 10Mb/s,可满足综合业务数字网、ADSL 需求,从而为高速数据传输打下基础。

4. 系统设计的基本要求

☑ 在网络结构上建议选用灵活的星形拓扑结构,通过在配线架上进行跳线或网络设备构成不同的逻辑结构。这样既可满足程控电话的需求,又能实现计算机网络系统、保安监控系统以及楼宇控制系统的要求。

☑ 主干网:提供计算机主干通信服务,应具有较高的通信带宽和稳定、可靠的特点。

☑ 子主干网:为楼宇内或协同工作的计算机集合提供网络互联服务。

☑ 支持在布线平台上远程联网,实现僻远工作点的网络互联。

☑ 为客户或其他个人办公地点提供网络服务。

☑ 在布线平台上建立整个网络,可以支持多种网络协议、高层协议和多媒体应用。

☑ 通过广域网连接,使小区可以实现国内、国际的信息传输。

以上这些都是智能小区建设的重要内容。

5. 小区综合布线系统目标

根据小区的功能及对智能化系统提出的基本要求和初步设想,下面着手对小区的综合布线系统进行设计。综合布线系统是整个小区智能化系统的重要组成部分,是小区信息传输的基础设施,因此在综合布线系统规划时将以"统一考虑、分别实施、物尽其用、经济合理"为原则进行分类实施。

综上所述，小区综合布线系统应覆盖以下各部分：

☑ 涉及计算机网络互联的计算机系统以及各类计算机外部设备（包括数字化投影系统设备）等。

☑ 涉及传统电话通信系统（包括电话、传真、内部电话分机的控制站点设备等）。

☑ 为小区内部其他子系统提供基础。

同时综合布线系统要求达到：

☑ 小区内的计算机网络系统将覆盖所有建筑物，同时还可通过路由器接入 Internet。

☑ 小区内的局域网组网灵活，可根据房间功能的变化对网络进行分组管理。根据具体用途配置各种级别的网络设备，可以对网络设备非常灵活地更新和移动，并适应未来网络设备的扩充和调整。

我们建议数据主干网采用光纤，至小区内各用户端采用超五类布线系统，以适应目前和未来信息高速传输的需要。

综上所述，本设计中的数据方面，采用某知名品牌的综合布线系统；语音通信电缆方面，主干部分主要选用 50P 规格，水平部分选用 4P 通信电缆；在配线设备方面，主配线架采用导轨式单面机架以及中间配线架。

6．设计原则

（1）先进性

设计中充分体现综合布线工程是智能建筑核心之一的特点，采用国际上先进的技术、设备及材料，保证建筑的先进性。技术成熟，与当代国际标准接轨。

（2）成熟及实用性

在充分满足技术先进性的同时，所选用的技术和材料均在工程实践中得到了严格检验，满足计算机网络设备对机房环境的特殊要求，并能最大限度地满足目前及未来发展的需要。

（3）安全可靠性

在设计、施工的各个环节均严格按照规范要求执行，在整体上具有高度的安全性、可靠性。本方案的着重点在于充分保证数据、语音在智能建筑中无间断地安全运行，确保通信安全与稳定。

（4）可观赏性

整体建设布局合理，色调配制柔和，细节处理讲究，重视整体观感效果，符合当代布线工程建设潮流和目前 IT 行业建设的较高层次审美标准。

（5）经济合理性

设计上风格简明，选用性价比较好的材料和做法，使整体建设有较高的性能价格比。

（6）模块化、易管理性、维护性

本系统以良好的可管理性、可维护性呈现在系统管理员面前，使管理人员易于维护。

（7）可扩展性、冗余性

考虑将来新增功能设备及出租区的变化对布线的要求，本次设计要有较好的可扩展性，留有一定的冗余。

【小结】

本节主要介绍了布线和综合布线系统两个概念，以及综合布线系统的特点、优点、发展历程和综合布线技术的发展趋势。

【练习】

1. 布线是由各种支持电子信息设备相连的_____、_____、_____和_____组成的系统。

2. 综合布线系统是一个用于_____、_____、_____和_____的标准结构化布线系统。

3. 综合布线系统和传统布线系统的区别是什么？

4. 综合布线中系统建设的设计目标是什么？

5. 综合布线系统的设计原则是什么？

任务二 选用综合布线系统标准

一、任务分析

综合布线技术和网络技术一样，技术和标准是相辅相成、互相促进发展的，新技术的推广、应用促使新标准的推出，而标准规范的发展又反过来促进了新技术的不断变革。通过本任务的学习，读者将初步了解制定综合布线系统标准的 3 个主要国际组织（ANSI/TIA/EIA、ISO/IEC 和 CENLEC）和两个主要的综合布线国际标准（ANSI/TIA/EIA 568B 和 ISO/IEC 11801—2002），熟悉综合布线系统设计和验收的国家标准（GB 50311—2007 和 GB 50312—2007），能够在综合布线系统的设计、施工及验收时选用正确的综合布线系统标准。

二、相关知识

1. 布线的设计等级

综合布线系统一般分为 3 种等级，分别是基本型综合布线系统、增强型综合布线系统和综合型综合布线系统。

（1）基本型综合布线系统

基本型综合布线系统是一种经济有效的布线方案，它支持语音或综合型语音/数据产品，并能够全面过渡到数据的异步传输或综合型综合布线系统。

其基本配置为：每个工作区有一个信息插座、一条 4 对 UTP 水平布线系统，干线电缆至少有 4 对双绞线，完全采用 110 A 交叉连接硬件，并与未来的附加设备兼容。

（2）增强型综合布线系统

增强型综合布线系统不仅支持语音和数据的应用，还支持图像、影像、影视和视频会议等。它可以为增加功能提供余地，并能够利用接线板进行管理。

其基本配置为：每个工作区有两个以上的信息插座，每个信息插座均连接 4 对 UTP 水平布线系统，具有 110A 交叉连接硬件。

（3）综合型综合布线系统

综合型综合布线系统是将双绞线和光缆纳入建筑物布线的系统。

其基本配置为：在建筑物、建筑群的干线或水平子系统中配置 62.5μm 的光缆，在每个工作区的电缆内配有 4 对双绞线。

2. 综合布线系统的设计标准

（1）北美标准

ANSI/TIA/EIA 568-A 和 ANSI/TIA/EIA 568-B 是北美地区广泛应用的商业建筑通信布线标准。前者 1985 年在美国开始制定，1991 年形成第一个版本后，经过改进在 1995 年 10 月被正式定为 ANSI/TIA/EIA 568-A；而 ANSI/TIA/EIA 568-B 是由 ANSI/TIA/EIA 568-A 演变而来，经过 10 个版本的修改，在 2002 年 6 月正式出台。

（2）欧洲标准

在综合布线系统领域，欧洲采用的是 EN50173 标准。相对于北美标准，其在基本理论上是相同的，都是利用铜质双绞线的特性实现数据链路的平衡传输。但欧洲标准更强调电磁兼容性，提出通过线缆屏蔽层，使线缆内部的双绞线对在高带宽传输的条件下具备更强的抗干扰能力和防辐射能力。

（3）国际标准

针对综合布线系统，国际标准化组织在 1995 年颁布了国际标准 ISO/IEC 11801。

（4）中国国家标准

在我国，与综合布线系统有关的国家标准主要是《综合布线系统工程设计规范》（GB 50311—2007）和《综合布线系统工程验收规范》（GB 50312—2007）。

三、任务实施

本方案在系统设计上主要依据以下规范要求：

- ☑ ISO/IEC 11801 国际数据布线系统标准。
- ☑ EN50173 欧洲数据布线系统标准。
- ☑ ANSI/TIA/EIA 568A/568B 商业建筑数据布线系统标准。
- ☑ ANSI/TIA/EIA 569-A 商业建筑电信通道及空间标准。
- ☑ ANSI/TIA/EIA 606 商业建筑电信基础结构及管理标准。
- ☑ ANSI/TIA/EIA 607 商业建筑电信布线接地及连接规范。
- ☑ ANSI/TIA/EIA TSB-67 UTP 布线系统现场测试标准。
- ☑ ANSI/TIA/EIA TSB-72 集中式光纤布线系统标准。
- ☑ ANSI/TIA/EIA TSB-75 开放式办公室布线系统标准。
- ☑ ANSI/TIA/EIA TSB-95 验证五类布线系统支持千兆位现场测试标准。
- ☑ ANSI/TIA/EIA 570A 住宅和小型商用通信布线标准。
- ☑ GB/T 50311—2000 建筑与建筑群综合布线系统工程设计规范 GB/T 7427—1987 通

信光缆的一般要求。

☑ GBJ 42—81 工业企业通信设计规范。

☑ YD/T 926.2—2000 中华人民共和国通信行业标准 JGJ/T 16—92 民用建筑电气设计规范。

☑ TIA/EIA 570 住宅及小型商业区综合布线标准门。

☑ TIA/EIA 607 建筑电信技术高度管理标准门。

☑ EN50173 大楼综合布线系统标准（欧洲标准）。

☑ 该小区综合布线系统技术要求。

☑ 该小区楼层平面图纸。

【小结】

本节主要介绍了综合布线系统的设计等级和标准。

【练习】

1．布线的设计等级分为_____、_____和_____ 3 种。

2．综合布线系统的设计标准有_____、_____、_____和_____。

3．综合型综合布线系统和增强型综合布线系统有什么不同？

项目二
选择综合布线产品

知识点、技能点：

- ➢ 交换机
- ➢ 路由器
- ➢ 防火墙
- ➢ 服务器
- ➢ 布线器材

- ➢ 布线工具
- ➢ 双绞线
- ➢ 同轴电缆
- ➢ 光纤
- ➢ 无线介质

学习要求：

- ➢ 了解交换机
- ➢ 了解路由器
- ➢ 了解防火墙
- ➢ 了解服务器
- ➢ 熟练掌握双绞线
- ➢ 熟练掌握同轴电缆
- ➢ 熟练掌握光纤
- ➢ 掌握无线介质

教学基础要求：

参观 3～5 家单位和大学的校园网络中心

任务一 选择网络设备

一、任务分析

要为小区建立技术先进、经济实用、效率高、扩展性好的综合布线系统，必须综合各个子系统要求，应用系统工程的理论和方法，统一规划布线，优选网络设备，提高性价比。

- ☑ 综合语音、数据、图形、影像等各方面的要求，建立单元化、标准化、国际化平台。
- ☑ 采用开放式布线，不会限制未来系统模式，能支持连接不同厂商、不同型号的计算机和电话通信系统。
- ☑ 布线具有独立性，可先行布线，建成后再选择设备，建立系统。
- ☑ 符合 TIA/EIA 推荐的大楼布线系统，符合 ITU-T（原 CCITT）建议的 ISDN 布线标准。
- ☑ 布线施工和系统维护容易。采用集中式管理，管理简便，非网络专业人员亦可管理整个系统。
- ☑ 使用高品质的双绞线，符合高速 LAN、FDDI 和 ATM 高速数据传输介质标准。

二、相关知识

随着技术的不断进步和下一代互联网的出现（IPv6），各种网络设备不断地推陈出新。作为网络工程技术人员，必须了解一些知名的网络设备厂商（如表 2-1 所示），熟知其产品和解决方案，这对以后的网络工程设计会有非常大的帮助。

表 2-1 国内外知名的网络设备厂商

国外知名厂商	CISCO	Juniper	NORTEL
国内知名厂商	HUAWEI	H3C IToIP解决方案专家	锐捷网络
	神州数码 Digital China	TP-LINK	ZTE中兴

以前国内的网络设备市场基本上是洋品牌的天下；而以华为、H3C、锐捷、神州数码等品牌为代表的国产网络设备厂商后来居上，目前已占到了 70%～80%的市场份额。

局域网和互联网的主要设备有交换机、路由器、防火墙、服务器、光纤收发器等，下面分别进行介绍。

（一）交换机

交换机（Switch）也称为交换式集线器，是一种基于 MAC 地址（网卡的硬件标志）识别，能够在通信系统中完成信息交换功能的设备，如图 2-1 所示。

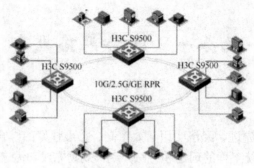

图 2-1　网络中的交换机

1. 交换机的分类

目前，市场上可供选择的交换机种类繁多。可以按照不同的标准对其进行分类，如按端口可以分为 5 口、8 口、16 口以及 24 口等交换机；按端口的传输速率可以分为 10Mb/s 交换机、100Mb/s 交换机、10/100Mb/s 自适应交换机、10/100/1000Mb/s 自适应交换机、1000Mb/s 交换机，以及 10Gb/s 交换机等。

2. 常见的交换机厂家及其代表产品

思科（Cisco）、H3C（华三通信）、锐捷等是目前比较知名的交换机生产厂商，其相关产品采用了大量新的技术，有非常高的背板带宽，支持 VLAN 和 IPv6。

思科代表产品：Cisco Catalyst 2960 系列交换机、Cisco Catalyst 3560-E 系列交换机、Cisco Catalyst 3750-X 系列交换机、Cisco Catalyst 6500 系列交换机等。详情参见 http://www.cisco.com.cn。

H3C 代表产品：H3C S10500 系列核心交换机、H3C S9500E 系列路由交换机、H3C S9500 系列核心路由交换机、H3C S7500 系列路由交换机、H3C S3100-EI 系列以太网交换机、H3C E328/E352 教育网以太网交换机。详情参见 http://www.h3c.com.cn。

锐捷代表产品：RG-S9600 系列交换机、RG-S6800 系列交换机、RG-S2900 系列交换机。详情参见 http://www.ruijie.com.cn。

3. 交换机的接口板及端口

目前最新的交换机和线路板，已经与之前的产品有了很大的区别。在此主要是熟悉交换机常用的端口，只要能够识别以太网电口、各种类型的光口（例如现在流行的 SFP/LC 光模块和最新的 10G XFP/LC 光模块，如图 2-2 所示），可以连接即可。这方面的具体情况可以查看各公司详细的产品安装手册和技术手册。

10G XFP/LC 光接口模块

SFP 千兆光接口模块

SFF 光接口模块

图 2-2　目前交换机上的 3 种光接口模块

在此以 H3C9500 交换机为例，其光纤接口板如表 2-2 所示。

表 2-2 H3C9500 交换机的光纤接口板

SFP 模块名称	中心波长 /nm	SFP 模块提供的 用户接口连接器类型	接口光纤规格 /μm	光纤最大传输距离 /km
100BASE-FX-MM-SFP	1310	LC	50/125	2
100BASE-FX-SM-SFP			62.5/125	
100BASE-FX-SM-LR-SFP			9/125	15
				40
100BASE-FX-SM-VR-SFP	1550			80

SFP（Small Form Pluggable），可以简单地理解为 GBIC 的升级版本。SFP 模块体积比 GBIC 模块减小了一半（某些交换机厂商据此将其称为小型化 GBIC），却能在相同的面板上配置多出一倍以上的端口。至于其他功能，则基本上和 GBIC 一致。如图 2-3 所示为 H3C9500 系列路由交换机及以太口面板。

H3C9500 高端交换机

H3C 交换机

9500 交换机以太口面板

图 2-3 H3C9500 系列路由交换机及以太口面板

XFP（10 Gigabit Small Form Factor Pluggable），10G 光模块，可用在万兆以太网、SOVET 等多种系统中，多采用 LC 接口。

（二）路由器

路由器（Router），是一种用于连接多个网络或网段的网络设备，如图 2-4 所示。这些网络可以是几个使用不同协议和体系结构的网络（如互联网与局域网），也可以是几个不同网段的网络（如大型互联网中不同部门的网络，当数据信息要从一个部门网络传输到另外一个部门网络时，就可以用路由器来完成）。

路由器在连接不同网络或网段时，可以对这些网络之间的数据信息进行"翻译"，将其转换成双方都能"读"懂的数据，这样就可以实现不同网络或网段间的互联互通。同时，它还具有判断网络地址、选择路径，以及过滤和分隔网络信息流的功能。目前，路由器已成为各种骨干网络内部、骨干网之间以及骨干网和互联网之间连接的枢纽。如图 2-5 所示为网络中的路由器。

多核分布式 SR66 路由器

RPE-X1（主控引擎）

图 2-4　路由器

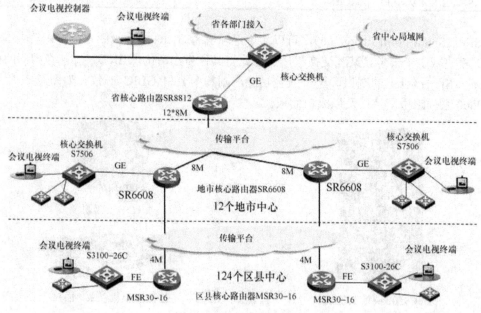

图 2-5　在网络中的路由器

在此只需对路由器的端口有所了解即可，详情参见产品的安装手册和技术手册。

（三）防火墙

防火墙是一个或一组系统，可在网络之间执行访问控制策略，如图 2-6 所示。防火墙的实际运行方式各不相同，但其工作机制基本上是一致的，即拦阻传输流通行或允许传输流通过。一些防火墙偏重拦阻传输流的通行，而另一些防火墙则偏重允许传输流通过。

图 2-6　防火墙

为了提升产品的竞争力，越来越多的新技术被加入到防火墙中，如计算机病毒防护功能。据国际计算机安全协会（ICSA）的一份报告（2010 年 4 月），新型病毒扩散的时间正在迅速缩短。传统档案型病毒需要数月甚至数年才能散播开来；宏病毒则需要数星期到数月；大量散播的邮件病毒则只需几天；2001 年采取漏洞攻击的网络型病毒则进化到以小时为计算单位，2000 年开始更是进化到以"分"为单位。在如此严峻的情况下，计算机病毒防护功能发挥了重要的作用。目前某些防火墙产品已能监测到通过 HTTP、FTP、SMTP 等协议传输的已知病毒。

防火墙和家里的防盗门很相似，它们对普通人来说是一层安全防护，但是没有任何一种防火墙能提供绝对的保护。这就是许多公司建立多层防火墙的原因，当黑客闯过一层防火墙后他只能获取一部分数据，其他数据仍然被安全地保护在内部防火墙之后。总之，防火墙是加强计算机网络安全的手段之一，只要网络应用存在，防火墙就有其存在的价值。

（四）服务器

在普通计算机用户眼里，服务器总是显得神秘莫测。随着网络环境的普及和众多服务的提供，服务器得到越来越多的应用，普通用户接触服务器的机会也越来越多。下面就来介绍服务器的一些相关知识。如图 2-7 所示为一些常见的服务器。

曙光 TC2600 刀片服务器

曙光天阔 I200-H 服务器

Sun Blade 8000 模块化系统

DELL PowerEdge™ 2970

HP Integrity Superdome 服务器

联想万全 R630 G7 D7310

图 2-7　服务器

1. 服务器的概念

服务器（Server），指的是网络环境下为客户机（Client，是指安装有 DOS、Windows 9x/XP/7、Linux 等操作系统，供普通用户使用的计算机）提供某种服务，安装有网络操作系统（如 Windows 2008 Server、Linux、UNIX 等）和各种服务器应用系统软件（如 Web 服务、电子邮件服务）的专用计算机。

服务器的处理速度和系统可靠性都要比普通 PC 高得多。这是由两者所扮演的角色决定的，普通 PC 一般情况下运行时间不会太长，死机后重启即可，数据的丢失也仅限于单台计算机；服务器则完全不同，许多重要的数据都保存在其中，各种网络服务也要通过它来运行，一旦发生故障，将会丢失大量的数据，而且其提供的各种功能，如代理上网、安全验证、电子邮件服务等都将失效，从而造成网络的瘫痪。因此，对服务器的要求非常高，要求 365×24 小时不间断运行。

如图 2-8 所示为一些比较知名的国内外服务器厂商。

图 2-8　一些比较知名的国内外服务器厂商

2．服务器的种类

按照不同的分类标准，可将服务器分为多种类型。

（1）按网络规模可以分为工作组级服务器、部门级服务器、企业级服务器。

（2）按架构可以分为 CISC 架构的服务器和 RISC 架构的服务器。

（3）按用途可以分为通用型服务器和专用型（或称"功能型"）服务器，如实达的沧海系列功能型服务器。

通用型服务器是指没有为某种特殊服务而专门设计，可以提供各种服务功能的服务器，当前大多数服务器是通用型服务器。

专用型（或称"功能型"）服务器是为某一种或某几种服务专门设计的服务器，在某些方面与通用型服务器有所不同。例如，光盘镜像服务器是用来存放光盘镜像的，需要配备大容量、高速的硬盘以及光盘镜像软件。

（4）按外观可以分为台式服务器和机架式服务器。

台式服务器有的采用大小与 PC 台式机大致相当的机箱，有的采用大容量的机箱，像一个硕大的柜子一样。

机架式服务器看起来不像计算机，更像是交换机，有 1U（1U=1.75 英寸）、2U、4U 等规格，安装在标准的 19 英寸机柜里面。

3．服务器提供的服务

服务器提供的服务如表 2-3 所示。

表 2-3　服务器提供的服务

服务器图示	服 务 名 称	服务器图示	服 务 名 称
	WWW 服务		流媒体服务
	FTP 服务		移动信息服务
	数据库服务		实时通信

三、任务实施

根据设计方案和市场调查，在需要设备的系统中确定以下内容：

（1）工作区子系统，我们选用获得国家专利的品字形模块某知名品牌的，在一根五类UTP 线缆上，同时传输一路数据和两部电话。铜缆信息点跳线采用最近超五类跳线。

（2）水平子系统，包括信息插座、水平传输介质及端接水平线的配线架。所以，地面采用高架地板的，可以采用地面信息出口盒，内设 RJ-45 插座、光纤插座和电源插座等。

（3）管理子系统，所有水平线、主干线均端接于此，设备选用超五类 19 寸配线盘、线缆管理器、光纤配线盒、光纤跳线及适配器、增强型 110 配线架、机柜等。

（4）主干线子系统，主要需要光缆干线和铜缆干线。

（5）设备间子系统，需要的设备为光纤配线架、机柜。有条件的可以对外部线路进行过电流、过电压保护。

（6）管槽系统，尽量采用已经铺好的管路。

【小结】

本节主要介绍了综合布线系统中网络设备的特点、分类及选型。

【练习】

1. 交换机的分类。
2. 服务器的分类。
3. 服务器提供的服务有哪些？
4. 综合布线中设备选择的标准是什么？

任务二　选择网络传输介质

一、任务分析

网络建设中都有传输速率的要求。例如，高校校园网现在常见的标准是 10Gb/s 核心层，1Gb/s 汇聚层，百兆接入到桌面。同时，园区中楼宇之间、楼内设备间到电信间、电信间到工作区的距离远近不同，而电缆和光缆在不同传输速率下的有效传输距离不一。这就要求在综合布线系统中，必须合理选择不同的传输介质。另外，还要综合考虑网络性能、价格、使用原则、工程实施的难易程度、可扩展性以及其他一些决定要素。

根据网络传输介质的不同，计算机网络通信分为有线通信系统和无线通信系统两大类。有线通信利用电缆或光缆作为信号的传输载体，通过连接器、配线设备及交换设备将计算机连接起来，形成通信网络。无线通信系统则是利用卫星、微波、红外线作为信号传输载体，借助空气来进行信号的传输，通过相应的信号收发器将计算机连接起来，形成通信网络。

在有线通信系统中，线缆主要有铜缆和光纤两大类。铜缆又可分为同轴电缆和双绞线电缆两种。同轴电缆是 10Mb/s 网络时代的数据传输介质，目前主要应用于广播电视和模拟视频监控，正在逐步退出计算机通信市场。随着通信标准、通信速率、成本制约和环境干扰等问题的逐步解决，无线通信可能不仅仅只是作为解决有线系统不宜敷设、覆盖等问题的补充方案，未来很有可能与有线通信系统并驾齐驱，取长补短，互相融合，为传输数据服务。

在综合布线系统中，除了传输介质外，传输介质的连接也非常重要。不同区域的传输介质必须通过连接件连接才能形成通信链路。连接件主要是指那些用于端接电缆的部件，包括连接器或者其他布线设备。连接器既可用于电缆，也可用于光缆。在铜缆中，连接器被设计成与铜缆中的导线有物理电气接触，这样连接器就可以与另外的配套连接器固定在一起，构成一个电气连接。

二、相关知识

1. 双绞线

双绞线（Twisted Pair，TP）是综合布线工程中最常用的一种有线通信传输介质，一般由两根 22 号、24 号或 26 号的绝缘铜导线相互缠绕而成，如图 2-9 所示。把一对或多对双绞线装在一个绝缘套管中，便构成了双绞线电缆。

与其他传输介质相比，双绞线在传输距离、信道宽度和数据传输速率等方面均受到一定的限制，但其价格较为低廉，布线成本低。近年来，双绞线技术和生产工艺在不断发展，使它在传输距离、信道宽度和数据传输速率等方面有了较大的突破，因此应用范围也越来越广泛。

图 2-9 双绞线的两根线互相绞合到一起

目前，局域网主要采用以太网技术和星形网络拓扑结构，相应的结构化布线就主要采用双绞线。双绞线既可以传输模拟信号，又可以传输数字信号。不过，使用双绞线传输数字信号时，由于信号衰减等原因，传输距离受到一定的限制，一般不超过 100m。

双绞线之所以扭在一起，是因为一根导线通过电流时，在其周围会有磁场产生；而当导线在磁场里运动切割磁力线时，导线里会有电流产生。基于以上两个普通物理原理，如果不缠绕，双绞线里的细导线之间就会相互产生干扰（线扰），从而影响网络的连接质量和传输的信噪比。

采用双绞线的局域网，其带宽取决于所用导线的质量、长度及传输技术。只要精心选择和安装双绞线，就可以在有限距离内达到每秒几百万位的可靠传输速率。当距离很短，并且采用特殊的电子传输技术时，传输速率可以达到 100～155Mb/s。目前最新的技术可以达到每秒万兆的传输速率。

（1）屏蔽双绞线

随着电气设备和电子设备的大量应用，通信链路受到越来越多的电子干扰。这些干扰往往来自于诸如动力线、发动机、大功率无线电和雷达信号之类的其他信号源，如果这些信号在附近产生，就有可能带来破坏或干扰，即噪声。另外，电缆导线中传输的信号能量的辐射也会对临近的系统设备和电缆产生电磁干扰（EMI）。在双绞线电缆中增加屏蔽层就是为了提高电缆的物理性能和电气性能，减少信号在传输中的电磁干扰。该屏蔽层能够将噪声转变成直流电，而屏蔽层上的噪声电流与双绞线上的噪声电流相反，因而两者可相互抵消。

电缆屏蔽层由金属箔、金属丝和金属网等材料构成。其设计有如下几种形式：

① 屏蔽整个电缆。

② 屏蔽电缆中的线对。

③ 屏蔽电缆中的单根导线。

屏蔽双绞线电缆有 STP 和 ScTP（FTP）两类。

STP 分为 STP 电缆和 STP-A 电缆两种。STP 电缆是 IBM 在 1984 年确立的最初规格，其性能要求是工作频率为 20MHz。随着网络传输速率的不断提高，在 1995 年 STP 电缆的规格也提升为 STP-A（性能要求是工作频率为 300MHz）。在 ANSI/TIA/EIA 568-A 标准中，STP-A 电缆是干线子系统和配线子系统都认可的传输介质。屏蔽双绞线电缆 STP 如图 2-10 所示。

ScTP（FTP）是金属箔屏蔽双绞线电缆，它不再屏蔽各个线对，而只屏蔽整个电缆，电缆中所有线对都被金属箔制成的屏蔽层包围。在电缆护套下，有一根漏电线，这根漏电线与电缆屏蔽层相接。在某些安装环境下，如果电磁干扰或其他电子干扰过强，无法使用 UTP（非屏蔽双绞线电缆），就可以用 ScTP 电缆来屏蔽这些干扰，保证电缆传输信号的完整性。

在通信系统或其他对电子噪声比较敏感的电气设备环境中，电子噪声往往会影响到系统设备运行的可靠性。FTP 电缆可以保存电缆导线传输信号的能量，正常的辐射能量将会碰到电缆屏蔽层，由于电缆屏蔽层接地，屏蔽金属箔将会把电荷引入地下，从而防止信号对通信系统或其他对电子噪声比较敏感的电气设备产生电磁干扰（EMI）。

（2）非屏蔽双绞线

非屏蔽双绞线（UTP），顾名思义，就是没有屏蔽双绞线的金属屏蔽层，而是在绝缘套管中封装一对或一对以上的双绞线，每对双绞线按一定密度互相绞在一起，如图 2-11 所示。这样可以提高系统本身抗电子噪声和电磁干扰的能力，但不能防止周围的电子干扰。此外，UTP 中还有一条撕剥线，使套管更易剥脱。

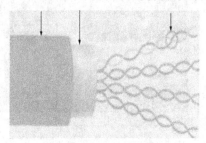

图 2-10　屏蔽双绞线电缆 STP

图 2-11　五类 4 对 24 AWG UTP

UTP 电缆是通信系统和综合布线系统中最常用的传输介质，可用于语音、数据、音频、

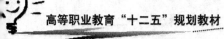

呼叫系统和楼宇自动控制系统。UTP 电缆可同时用于干线子系统和配线子系统的布线。

常用的 UTP 电缆封装有 4 对双绞线，另外还有 25 对、50 对和 100 对等大对数的 UTP 电缆（用于语音通信的干线子系统中）。

为了便于管理，每对双绞线都配有颜色标识。例如，在常用的 UTP 电缆中，4 对双绞线的颜色分别为蓝色、橙色、绿色和棕色。在每对线中，一根的颜色为线对颜色（纯色），另一根则为白底色再加线对颜色的条纹或斑点。

（3）常见的 UTP 电缆型号

① 一类双绞线 Cat1：电缆最高频率带宽是 750kHz，只适用于报警系统或语音系统。

② 二类双绞线 Cat2：电缆最高频率带宽是 1MHz，用于语音和 EIA-232 系统。

③ 三类双绞线 Cat3：即目前 ANSI/TIA/EIA 568 标准中指定的电缆，该电缆的最高频率带宽为 16MHz，最高数据传输速率为 10Mb/s，主要应用于语音系统、10Mb/s 的以太网和 4Mb/s 令牌环网，最大网段长为 100m，采用 IU 形式的连接器，目前已很少使用。

④ 四类双绞线 Cat4：电缆最高频率带宽为 20MHz，最高数据传输速率为 20Mb/s，主要应用于语音系统、10Mb/s 的以太网和 16Mb/s 令牌环网，最大网段长为 100m，采用 IU 形式的连接器，未被广泛采用。

⑤ 五类双绞线 Cat5：电缆最高频率带宽为 100MHz，最高数据传输速率为 100Mb/s，主要应用于语音系统和 100Mb/s 的快速以太网，最大网段长为 100m。

⑥ 超五类双绞线 Cat5e：即增强型的五类双绞线，电缆最高频率带宽为 100MHz，是目前的主流产品。

⑦ 六类双绞线 Cat6：电缆最高频率带宽在 250MHz 以上。

⑧ 七类双绞线 Cat7：电缆最高频率带宽在 600MHz 以上。

（4）直通线、交叉线

在局域网中网络设备之间的连接会大量用到跳线。其中大量使用的是标准网线，也称为直通线，即两头都是 T568B 的线序（从左至右依次是白橙、橙、白绿、蓝、白蓝、绿、白棕、棕，如表 2-4 所示），主要用作工作区跳线，供计算机与交换机直接的连接，如图 2-12 所示。交叉线则恰好相反，一头是 T568A 的线序，即白绿、绿、白橙、蓝、白蓝、橙、白棕、棕，一头是 T568B 的线序。该跳线主要用于在相同设备之间进行连接，如两台计算机之间互联、路由器与路由器之间互联、交换机与交换机之间互联。

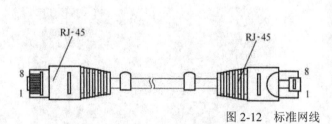
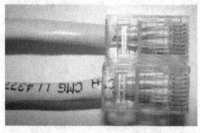

图 2-12　标准网线

在此要提醒的是，新的网络设备已经可以自动识别直通线和交叉线，用户可根据实际情况自行选用。

表 2-4 标准网线的连接线序

RJ-45	信　号	五类双绞线	信　号　方　向
1	TX＋	白橙	→
2	TX＋	橙	→
3	RX＋	白绿	←
4	—	蓝	—
5	—	白蓝	—
6	RX＋	绿	←
7	—	白棕	—
8	—	棕	—

 注意

（5）大对数电缆

大对数电缆，即大对数干线电缆，一般为 25 或更多线对，成束集中在一起，从外观上看是直径很大的单根电缆。它也同样采用颜色编码的方式进行管理，每个线对束都有不同的颜色编码，同一束内的每个线对也有不同的颜色编码，如图 2-13 所示。

2. 同轴电缆

同轴电缆（Coaxial Cable）由一根空心的外圆柱导体及其所包围的单根内导线组成，柱体与导线用绝缘材料隔开，其频率特性比双绞线好，能进行较高速率的传输，如图 2-14 所示。由于它的屏蔽性能好，抗干扰能力强，故常用于基带传输。目前同轴电缆主要用在有线电视系统中，在计算机网络中应用较少。

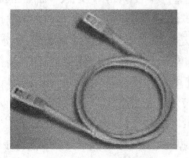

图 2-13 大对数电缆

图 2-14 同轴电缆

3. 光缆

双绞线的传输距离有限，仅有 100m，而且传输信号易受外界的干扰。目前从世界来看，都在大量使用光纤作为主要的传输介质。这主要是基于其具有一系列的优点，如传输性能好、制造成本低、容量大。在未来的光网络市场上，光纤必将占据主导地位，上演"光进铜退"的一幕。下面就来介绍光纤的有关知识。

（1）光纤

光导纤维是一种传输光束的细而柔韧的介质，简称光纤；而由一捆光导纤维组成的线缆即光纤线缆，简称光缆。

光纤是数据传输中最高效的一种传输介质。目前计算机网络中的光纤主要是采用石英玻璃制成的，横截面面积较小，形状为双层同心圆柱体。光纤主要由纤芯和包层组成，折射率高的中心部分称为纤芯，折射率低的外围部分称为包层。为了保护光纤表面、防止断裂、提高抗拉强度并便于应用，一般在一束光纤的外围再附加一个保护层，这个保护层就是光纤的外套。光纤的结构如图 2-15 所示。

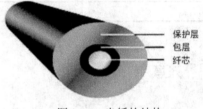

保护层
包层
纤芯

图 2-15　光纤的结构

（2）光纤的优点

① 电磁绝缘性能好。光纤中传输的是光束，而光束是不受外界电磁干扰影响的，而且其本身也不向外辐射信号，因此比较适合长距离的信息传输以及要求高度安全的场合。当然，抽头困难是它固有的难题，因为割开光纤需要再生和重发信号。

② 衰减较小，可以说在较大范围内是一个常数。

③ 中继器的间隔距离较大，因此整个通道的中继器数目减少，可以降低成本。

④ 传输频带宽，通信容量大，短距离时，可达几 Gb/s 的传输速率。

⑤ 线路损耗低，传输距离远。

⑥ 抗干扰能力强，应用范围广。

⑦ 线径细，质量小。

⑧ 抗化学腐蚀能力强。

⑨ 制造资源丰富。

随着各种新技术的出现，光传输正在变得越来越重要。DWDM（Dense Wavelength Division Multiplexing，密集波分复用技术）的采用使全光传输距离将越来越长，传输容量越来越大。

FTTH（Fiber To The Home），顾名思义，就是一根光纤直接到家庭。从全球通信市场的发展来看，FTTH 已是大势所趋。日本、韩国、欧洲等经济发达国家和地区早在 2004 年前就已经掀起了大规模建设 FTTH 工程的热潮，使用光纤接入的用户数量也随之迅速增加。

据国际研究机构 PointTopic 所公布的全球宽带统计调查数据，至 2010 年第四季度止，FTTH 用户为 7500 万（IDATE 的数据是 6100 万）；2010 年新增约 1800 百万用户，大部分在中国；81%的 FTTH 用户在亚洲，约 5863 万。据 GIA 预测，到 2015 年全球 FTTH 用户将达到 1.839 亿户（IDATE 的数据是 2.27 亿）。在全球最大的 FTTH 运营商中，NTT、中国电信、中国联通分列第 1～3 位。

日本是全球 FTTH 发展最早和最快的国家。根据日本总务省发布的信息，截至 2010 年底，日本 FTTH 用户数约为 1977 万户，季度增长数约 65 万户（3.0%）。韩国政府也在 2003 年开始制定"IT839 战略规划"，计划逐步发展 FTTH 替代原有的 DSL 网络，最终实现 u-Korea 的目标。

2004 年，韩国提出了为期 6 年的 BCN（Broadband Convergence Network）计划。该计划将投入 804 亿美元，建设遍及全国的通信网络，其中最后一公里将全面走向 FTTH。2010 年 FTTX 普及率超过 53.5%，世界排名第一；2010 年底 FTTH 用户数达 980 万，世界排名第三。

（3）光纤的分类

在对光纤进行分类时，可以从构成光纤的材料、光纤的制造方法、光纤的传输点模数、光纤横截面上的折射率分布和工作波长等多个方面来划分。

根据传输点模数（所谓"模"，就是指以一定角速度进入光纤的一束光）的不同，可将光纤分为单模光纤和多模光纤。

① 单模光纤（Single Mode Fibre，SMF）：采用固体激光器作为光源，在给定的工作波长（1310nm、1550nm）上只能以单一模式传输，如图 2-16（a）所示。由于没有模分散特性，传输频带宽且传输容量大。另外，光信号可以沿着光纤轴向传播，因此损耗很小，离散也很小，传播的距离较长。不过，因为其需要激光源，故成本较高，通常在建筑物之间或地域分散时使用。单模光纤的纤芯直径很小，一般为 8～10μm（PMD 规范建议），包层直径为 125μm。

② 多模光纤（Multi Mode Fibre，MMF）：采用发光二极管作为光源，在给定的工作波长（850nm、1300nm）上，能以多种模式同时传输，如图 2-16（b）所示。由于存在模分散的现象，其整体传输性能较差（频带窄、速度低、距离短），但成本较低，一般用于建筑物内或地理位置相邻的环境。多模光纤的纤芯直径一般为 50～200μm，包层直径则多为 125～230μm。国内计算机网络一般采用的纤芯直径为 62.5μm，包层为 125μm，也就是通常所说的 62.5/125μm。

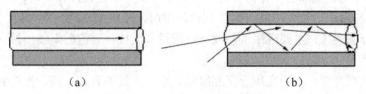

（a）　　　　　　　　　　　　（b）

图 2-16　单模光纤和多模光纤的光轨迹示意图

单模光纤和多模光纤的特性比较如表 2-5 所示。

表 2-5　单模光纤和多模光纤的特性比较

比 较 项 目	单 模 光 纤	多 模 光 纤
速度	高速度	低速度
距离	长距离	短距离
成本	成本高	成本低
其他性能	窄芯线，需要激光源宽芯线，聚光好	耗散极小，高效耗散大，低效

在使用光缆互连多个节点的应用中，必须考虑光纤的单向特性。如果要进行双向通信，就要使用双股光纤。由于要对不同频率的光进行多路传输和多路选择，因此又出现了光学

多路转换器。

常用的由光纤制成的光缆有 8.3/125μm 单模光缆、62.5/125μm 多模光缆、50/125μm 多模光缆和 100/140μm 多模光缆。

光缆在普通计算机网络中的安装是从用户设备那一端开始的。由于光纤的单向传输性，要实现双向通信，光缆就必须成对出现以实现输入和输出。不过，采用现在新的光传输技术，单股光纤也可以完成输入/输出。

在网络工程中，一般使用 62.5/125μm 规格的多模光纤，有时也用 50/125μm 和 100/140μm 规格的多模光纤；户外布线大于 2km 时可选用单模光纤。

（4）光缆知识

把若干根光纤疏松地置于特制的塑料绑带或铝皮内，再涂覆塑料或用钢带铠装，加上外护套，就构成了光缆。其示意图如图 2-17 所示，实物图如图 2-18 所示。

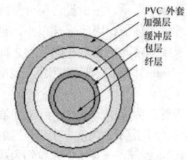

PVC 外套
加强层
缓冲层
包层
纤层

图 2-17　光缆示意图

图 2-18　光缆实物图

（5）光缆的分类

光缆按照环境和实际的工作需要可以分成多种类型。在设计布线时，应查阅相关资料，并根据实际情况来选择光缆产品。但在具体使用时，应根据芯数区别对待。

① 单芯互联光缆：主要应用于跳线、内部设备连接、通信柜配线面板、墙上出口到工作站的连接。

② 双芯互联光缆：主要应用于交连跳线、水平走线的直接端接、光纤到桌面、通信柜配线面板、墙上出口到工作站的连接，以及使用环氧树脂或 LIGHTCRIMP 连接头端接。

③ 多芯互联光缆：一般都在 4 芯以上，如 4 芯、6 芯、8 芯、12 芯、24 芯和 32 芯光缆等。室外布线一般都采用 4 芯以上。

（6）光纤配线架及光纤适配器

① 光纤配线架是光缆与光通信设备之间的配线连接设备，用于光纤通信系统中光缆的成端和分配，可方便实现光纤线路的熔接、跳线、分配和调度等功能。光纤配线架有机架式光纤配线架、挂墙式光缆终端盒和光纤配线箱等多种类型。

② 光纤适配器（Fiber Adapter）又称光纤耦合器，是实现光纤活动连接的重要器件之一。它通过尺寸精密的开口套管在适配器内部实现了光纤连接器的精密对准连接，保证两个连接器之间的连接损耗。局域网中常用的是两个接口的适配器，它实质上是带有两个光纤插座的连接件。如图 2-19 所示为光纤适配器和面板。

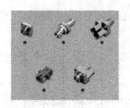

FC SC ST FC-SC SC-ST

各种光纤适配器

TCL 光纤面板

图 2-19　光纤适配器和面板

同类型或不同类型的光纤连接器插入光纤耦合器，即可实现光纤的连接。

（7）光纤连接器

光纤连接器用于在光纤与光纤之间进行可拆卸（活动）连接，是光纤系统中使用最多的无源器件，如图 2-20 所示。

图 2-20　光纤连接器

光纤连接器按连接头结构可分为 FC、SC、ST、LC、D4、DIN、MU、MT 等类型；按光纤端面形状可分为 FC、PC（包括 SPC 或 UPC）和 APC 等类型；按光纤芯数可分为单芯、多芯（如 MT-RJ）等类型。

传统主流的光纤连接器有 FC 型（螺纹连接式）、SC 型（直插式）和 ST 型（卡扣式）3 种，它们的共同特点是都有直径为 2.5mm 的陶瓷插针。小型化（Small Form Factor，SFF）光纤连接器则是目前发展的方向，它压缩了整个网络中面板、墙板及配线箱所需要的空间，使其大小只相当于传统 ST、SC 型光纤连接器的一半。目前 SFF 光纤连接器主要有 4 种类型：LC 型、MU 型、MT-RJ、VF-45 型。

① SC 型光纤连接器。这是由日本 NTT 公司开发的一种光纤连接器，如图 2-21 所示。其外壳呈矩形，所采用的插针、耦合套筒的结构尺寸与 FC 型完全相同。紧固方式是采用插拔销闩式，不需要旋转。此类连接器价格低廉，插拔操作方便，介入损耗波动小，抗压强度较高，安装密度高。

② ST 型光纤连接器。ST 型光纤连接器通常用于布线设备端，如光纤配线架、光纤模块等，如图 2-22 所示。

③ LC 型光纤连接器。LC 型光纤连接器是由著名的 Bell（贝尔）研究所研发的，采用操作方便的模块化插孔（RJ）闩锁机理制成，如图 2-23 所示。其所采用的插针和套筒的尺寸仅为 1.25mm，是普通 SC、FC 等光纤连接器的一半，大大提高了光纤配线架中光纤连接器的密度。目前，在单模 SFF/SFP 方面，LC 型光纤连接器实际已经占据了主导地位，在多模方面的应用也增长迅速。

图 2-21　SC 型光纤连接器

图 2-22　ST 型光纤连接器

图 2-23　LC 型光纤连接器

这里特别要注意的是，光纤连接器和交换机、路由器上的光纤接口一定要区别开来。

（8）光纤跳线

网络设备之间的光连接，需要光纤跳线来完成。总体来说，由于光纤的传输介质和两端光纤连接器的不同，形成了多种类型的光纤跳线。

① 单模与多模光纤跳线：光纤跳线两端的光模块的收发波长必须一致，也就是说光纤的两端必须是相同波长的光模块，简单的区分方法是光模块的颜色要一致。一般情况下，短波光模块使用多模光纤跳线（颜色为橙色），长波光模块使用单模光纤跳线（颜色为黄色），以保证数据传输的准确性。

② 接口种类不同：根据跳线两端接口不同，常用的有 SC/SC、SC/ST、ST/ST、LC/LC。

光纤跳线一般都是成品跳线，制作厂家很多，大家在使用时可根据具体的情况灵活选用。如产品编号为 F020552 的光纤跳线，其规格是双芯 LC-LC 多模 3m 62.5 跳线，说明该跳线是双芯多模，两端是 LC 连接器，长 3m。

 注意

光纤跳线使用完后，一定要用保护套将光纤接头保护起来，否则灰尘和油污会损害光纤的耦合。

4. 光纤收发器

（1）光纤收发器的概念及作用

光纤收发器是一种将短距离的双绞线电信号和长距离的光信号进行互换的以太网传输媒体转换单元，在很多地方也被称为光电转换器。它一般应用在以太网电缆无法覆盖、必须使用光纤来延长传输距离的实际网络环境中，且通常定位于宽带城域网的接入层应用；同时，它在帮助把光纤最后一千米线路连接到城域网和更外层的网络上也发挥了巨大的作用。如图 2-24 所示为桌面式光纤收发器和机架式光纤收发器。

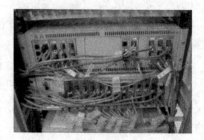

桌面式（独立式）光纤收发器　　　　　　机架式（模块化）光纤收发器

图 2-24　光纤收发器

企业在进行信息化基础建设时，通常更多地关注路由器、交换机乃至网卡等用于节点数据交换的网络设备，却往往忽略介质转换这种非网络核心必不可少的设备。特别是在一些要求信息化程度高、数据流量较大的政府机构和企业，网络建设时需要直接上连到以光纤为传输介质的骨干网，而企业内部局域网的传输介质一般为铜线，此时确保数据包在不同网络间顺畅传输的介质转换设备就成为必需品。

（2）光纤收发器生产要求

目前国外和国内生产光纤收发器的厂商很多，产品线也极为丰富。为了保证与其他厂家的网卡、中继器、集线器和交换机等网络设备的完全兼容，光纤收发器产品必须严格符合 10Base-T、100Base-TX、100Base-FX、IEEE 802.3 和 IEEE 802.3μ 等以太网标准。除此之外，在 EMC 防电磁辐射方面还应符合 FCC Part15。

（3）光纤收发器的分类

随着光纤收发器产品的多样化发展，其分类方法也五花八门，但各种分类方法之间又有着一定的关联。

① 按光纤性质分类。

☑ 单模光纤收发器：传输距离 20～120km。

☑ 多模光纤收发器：传输距离 2～5km。

② 按所需光纤分类。

☑ 单纤光纤收发器：顾名思义，单纤设备可以节省一半的光纤，即在一根光纤上同时实现数据的接收和发送，在光纤资源紧张的地方十分适用。这类产品采用了波分复用技术，使用的波长多为 1310nm 和 1550nm。其缺点是：由于没有统一的国际标准，因此不同厂商的产品在互联互通时可能会存在不兼容的情况；另外，由于采用了波分复用技术，此类产品普遍存在信号衰耗大的特点。

☑ 双纤光纤收发器：接收/发送的数据在一对光纤上传输。目前市面上的光纤收发器多为双纤产品，此类产品较为成熟和稳定，但需要更多的光纤。

③ 按工作层次/速率分类。

☑ 100Mb/s 以太网光纤收发器：工作在物理层。

☑ 10/100Mb/s 自适应以太网光纤收发器：工作在数据链路层。

☑ 1000Mb/s 光纤收发器：可以按实际需要工作在物理层或数据链路层，市场上这两种 1000Mb/s 光纤收发器都有提供。

④ 按结构分类。

☑ 桌面式（独立式）光纤收发器：独立式用户端设备。

☑ 机架式（模块化）光纤收发器：安装于 16 槽机箱，采用集中供电方式。

⑤ 按管理类型分类。

☑ 非网管型以太网光纤收发器：即插即用，通过硬件拨码开关设置电口工作模式。

☑ 网管型以太网光纤收发器：支持电信级网络管理。

⑥ 按电源分类。

☑ 内置电源光纤收发器：内置开关电源为电信级电源。

☑ 外置电源光纤收发器：外置变压器电源，多使用在民用设备上。

（4）光纤收发器的特点

① 提供超低时延的数据传输。

② 对网络协议完全透明。

③ 采用专用 ASIC 芯片实现数据线速转发。可编程 ASIC 将多项功能集中到一个芯片上，具有设计简单、可靠性高、电源消耗少等优点，能使设备具有更高的性能、更低的成本。

④ 机架型设备可提供热插拔功能，便于维护和无间断升级。

⑤ 可网管设备具有网络诊断、升级、状态报告、异常情况报告及控制等功能，能提供完整的工作日志和报警日志。

⑥ 设备多采用 1+1 的电源设计，支持超宽电源电压，实现电源保护和自动切换。

⑦ 支持超宽的工作温度范围。

⑧ 支持齐全的传输距离（0～120km）。

5. 无线介质

在某些种特殊场合（如图 2-25～图 2-28 所示）下，有线传输介质往往无法满足网络需求。

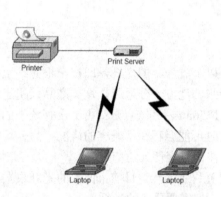

图 2-25　终端与设备之间不方便通过线缆连接

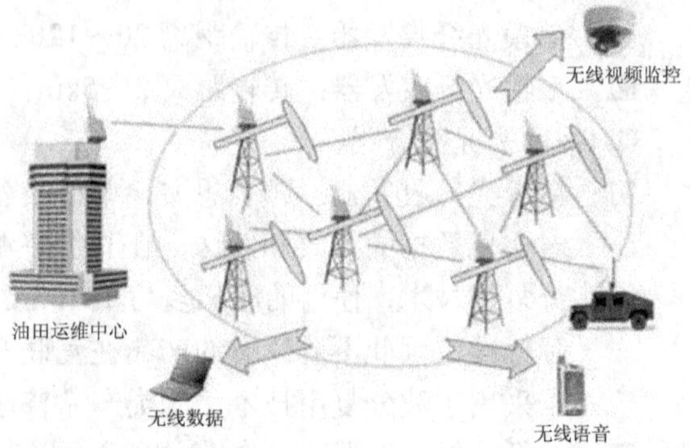

图 2-26　地理环境不适合布设有线网络

图 2-27　展馆或证券大厅

图 2-28　体育场馆新闻中心

此时，是不是能够通过一些无线介质来搭建无线网络，进而实现如下网络需求呢？

☑　不受限于时间和地点地接入网络，满足各行各业对于网络应用的需求。

☑　适于特殊地理环境下的网络架设，如隧道、港口码头、高速公路等。

☑　凡是自由空间均可连接网络，不受限于线缆和端口位置。

从目前的无线技术发展来看，人们已经找到了解决上述问题的方案。例如，国家大剧院、奥运会场馆标志性工程——鸟巢、北京机场三期工程等都采用了无线技术。

（1）无线计算机网络

无线计算机网络是指采用无线电技术传输数据，以无线信道作为传输媒介的计算机网络。无线联网是指将某个计算机站点以无线的方式连入一个计算机网络，作为网络中的一个点。无线网络适用于在不便于架设电缆的网络应用环境中，解决某些特殊区域无法布线的问题。1971 年，美国夏威夷大学创造了第一个基于封包式技术的无线电通信网络，称为 ALOHNET 网络。它是早期的无线局域网，包括 7 台计算机，采用双向星形拓扑结构，横跨 4 座夏威夷的岛屿，中心计算机放置在瓦胡岛上。在该网络中，从客户端接收无线电信号，然后将其转换为网络或服务器能够理解和执行的数字格式。如果用户需要进行信息通信，AP（Access Point，访问接入点）即会向使用者的 PC 传输无线电信号。

当前，计算机无线通信主要采用无线电波（无线电短波、射频、微波）和光波（激光、红外线）两种传输手段。发送和接收数据的无线电技术主要有 3 种：扩展频谱无线电技术、红外线技术和窄带无线电技术。它们的最根本区别是在各节点之间传输信号时，使用的频率不同。

IEEE 802.11 标准，也经常被称作 WiFi，支持世界各地的无线网络应用，如办公室、家庭、飞机场、酒店、餐厅、火车及飞机上的无线连接等。无线计算机网络最初主要用于办公室局域网，业务限于数据存取，速率可达到 2Mb/s。该标准定义了物理层和媒体访问控制（MAC）协议的规范，允许无线局域网及无线设备制造商的网络设备在一定范围内可以进行互操作。2012 年 5 月，新的 IEEE 802.11-2012 修定版发布，现在包含的范围更广，支持更快捷、更安全的设备和网络，同时改善了服务质量和无线移动网络切换。同时，相关标准随着新的应用程序的不断出现而增加，例如，智能电网，通过双向的端到端网络通信和控制设备增强了发电、配电、输电及用电等功能。有关下一代 IEEE 802.11 的制定工作已经开始从各种项目的目标着手，包括数据传输能力增加 10 倍、改善视频/音频传输、扩大范围和减少电力消耗。下面来看应用过以及正在应用中的 IEEE 802.11 系列协议的一些特点。

（2）IEEE 802.11a～g

① 802.11a。高速 WLAN 协议，使用 5GHz 频段；最高速率 54Mb/s，实际使用速率约为 22～26Mb/s，与 802.11b 不兼容，是其最大的缺点，也许会因此而被 802.11g 淘汰。

② 802.11b。目前最流行的 WLAN 协议，使用 2.4GHz 频段；最高速率 11Mb/s，实际使用速率根据距离和信号强度可变（150m 内 1～2Mb/s，50m 内可达到 11Mb/s）；802.11b 的较低速率使无线数据网的使用成本能够被大众所接受；另外，通过统一的认证机构认证所有厂商的产品，802.11b 设备之间的兼容性得到了保证，促进了竞争和用户接受程度。

③ 802.11e。基于 WLAN 的 QoS 协议，通过该协议 802.11a、b、g 能够进行 VoIP（Voice over Internet Protocal）；也就是说，802.11e 是通过无线数据网实现语音通话功能的协议。该协议将是无线数据网与传统移动通信网络进行竞争的强有力武器。

④ 802.11g。802.11g 是 802.11b 在同一频段上的扩展，支持达到 54Mb/s 的最高速率，兼容 802.11b。该标准已经战胜了 802.11a 而成为下一步无线数据网的标准。

⑤ 802.11h。802.11h 是 802.11a 的扩展，目的是兼容其他 5GHz 频段的标准，如欧盟使用的 HyperLAN2。

⑥ 802.11i。802.11i 是新的无线数据网安全协议。已经普及的 WEP 协议中的漏洞，将成为无线数据网络的一个安全隐患，802.11i 提出了新的 TKIP 协议用以解决该安全问题。

⑦ 802.11n。从 1999 年 IEEE 正式颁布 IEEE 802.11a、b 以来，WLAN 市场的发展可以说是日新月异。据不完全统计，到目前为止，全球笔记本电脑内置 WiFi 的比重已接近九

成，而一个即将出炉的 802.11n 标准，再次将以高带宽、高传输速率为特点的 WiMAX 推向新的发展高度。新兴的 802.11n 标准具有最高 600Mb/s 的速率，被公认为是下一代的无线网络技术，可提供对带宽最为敏感的应用所需的速率、范围和可靠性。802.11n 结合了多种技术，其中包括 Spatial Multiplexing MIMO、20 和 40MHz 信道及双频带。如图 2-29 所示为 802.11n 无线设备组成的无线网络。

但是，WiFi 的传输距离有限，只能在方圆数十米的范围内发挥作用。在有效距离达 50km 的无线传输上，WiMAX 将是 WiFi 下一步发展自然而然的延续。WiMAX 利用了和蜂窝式通信网络的收发器类似的基站，能确保在基站周围 3～10km 的范围内固定数据传输速率高达 40Mb/s，3000m 范围内移动数据传输速率达到 15Mb/s，可以将 WiFi 热点连接到互联网，也可作为 DSL 等有线接入方式的无线扩展，实现最后一千米的宽带接入。如图 2-30 所示，802.11n 比 802.11g 传输更远。802.11n 的出现，不仅给 WiFi 支持新兴的多媒体应用以强劲推力，更给了 WiMAX 实现市场飞跃的机会。

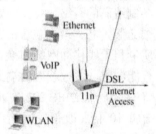

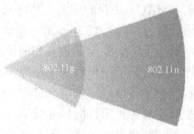

图 2-29　802.11n 无线设备组成的无线网络　　　　图 2-30　802.11n 比 802.11g 传输更远

与目前绝大多数计算机网络硬件都支持的 WLAN 标准 802.11g 和第一个被市场所接受的 WLAN 标准 802.11b 相比，802.11n 规定了具有最大原始数据传输速率的多种可选模式和配置。如果启用所有可选项，802.11n 可能会提供最高 600Mb/s 的原始数据传输速率。同时，得益于 MIMO 与 OFDM 技术结合而成的 MIMO—OFDM 技术，802.11n 在支持 2.4GHz 频段和 5GHz 频段的基础上，使无线传输的质量和速度得到了极大的提升。在理想状况下，802.11n 可使 WLAN 传输速率达到目前传输速率的 10 倍左右。复制 30 分钟的视频文件，同样以最高速率传输，用 802.11b 需要耗时 42 分钟，用双天线草案 802.11n 客户端只需要不到一分钟。

凭借其不可替代的优点，无线网络被迅速地应用于需要在移动中联网和在网间漫游的场合，为那些不易布线的地方和远距离的数据处理提供了强大的网络支持。特别是在石油工业、医护管理、工厂车间、库存控制、展览和会议、金融服务、旅游服务、移动办公系统等场合或行业中，将会有更大的发展机会。可以预见，随着开放办公的流行和手持设备的普及，人们对移动访问和存储信息的需求将越来越多，WLAN 将会在办公、生产和家庭等领域不断获得更广泛的应用。

三、任务实施

本方案提出的综合布线系统可以实现该小区内各弱电系统物理层上"真正"的相互联系，满足各子系统间信息共享的要求，为今后的企业资源管理打下坚实的基础。对于主配

　高等职业教育"十二五"规划教材

线间（BD），在此采用光路线直接连接；对于各分配线间（FD）到信息点端口，采用超五类布线方式，其中主要部分使用光纤到桌面布线方式。

具体来说，本方案提出的综合布线系统支持以下各类应用及其设备。

1．语音

（1）交换机。

（2）电话、传真。

（3）电话会议。

（4）语音信箱、语音存储信息。

2．数据

（1）建立大楼内的局域网，连接办公电脑，实现 OA（办公自动化）系统。

（2）主机（Mainframe、Host）与终端的连接。

（3）各楼层间局域网互联，高速以太网。

（4）FDDI、ATM。

（5）Internet 连接。

由于综合布线系统对一次性施工的要求较高，我们在此项目中选择采用非屏蔽超五类系统解决方案。综合分析国际信息技术的发展情况，以及国际国内布线系统供应厂商解决方案和系统集成商施工的实际，我们使用超五类系统产品就可以为用户提供现时 100MHz 带宽的网络平台，同时还可以很好地支持对未来千兆位速率以上数据传输，为将来升级留有余地。

【小结】

本节主要介绍了常见的网络传输介质。

【练习】

1．光纤连接器按连接头结构可分为哪几种类型？

2．造成光纤衰减的主要因素有_____、_____、_____、_____、_____和_____。

3．光缆分哪几种类型？

4．常见的 UTP 电缆型号有_____、_____、_____、_____、_____、_____、_____和_____。

5．非屏蔽双绞线电缆的优点是什么？

6．无线计算机网络是什么？

7．无线网络的传输技术有_____、_____和_____。

8．简述无线局域网的发展前景。

项目三
需求分析

知识点、技能点：

- ➤ 分析用户需求
- ➤ 分析网络应用目标
- ➤ 分析网络应用约束
- ➤ 分析网络工程指标
- ➤ 网络工程规划
- ➤ 网络工程设计

学习要求：

- ➤ 掌握用户需求分析方法
- ➤ 掌握分析网络应用目标
- ➤ 掌握分析网络应用约束
- ➤ 掌握分析网络工程指标
- ➤ 掌握网络工程规划
- ➤ 掌握网络工程设计

教学基础要求：

了解网络工程需求分析的基础知识

本项目主要介绍如何进行用户需求分析、网络需求分析和网络工程的规划。首先对用户需求进行分析、细化，据此讨论分析网络应用目标的步骤，明确设计的目标和项目范围；然后分析有关网络应用方面的约束，如政策、预算、时间等方面的约束；接着介绍影响网络性能的主要因素以及进行网络分析的技术指标；最后讨论分析网络通信特征的一些常用方法。当网络设计者完成网络需求分析和通信规范后，就可以进入网络的规划设计阶段。网络规划设计的目标是建立一个总体框架，其内容主要涉及网络规模、拓扑结构、业务需求、安全管理等方面。

任务一　用户需求分析

一、任务分析

综合布线系统是智能建筑和智能小区的重要基础之一。为了更好地满足客户需求，在综合布线系统工程规划和设计之前，必须对智能建筑和智能化小区的用户信息需求进行分析。用户信息需求分析就是对信息点的数量、位置以及通信业务需求进行分析，其结果的准确和完善程度将会直接影响综合布线系统的网络结构、设备配置、布线路由和工程投资等重大问题。

由于智能建筑和智能小区的功能、业务范围、人员数量、组成结构以及对外联系的密切程度不同，每个综合布线工程的建设规模、工程范围和性质都是不一样的。只有对用户信息需求进行详细分析，以建设方提供的数据为依据，充分理解建筑物近期和将来的通信需求，才能得出确切的信息点数量和信息分布图，为后续的设计、施工提供依据。在此需要注意的是，分析结果必须得到建设方的确认。设计方和建设方在对工程的理解上肯定会存在一定的偏差，因此对分析结果的确认是个反复的过程，得到双方认可的分析结果才可以作为设计的依据。

二、相关知识

1. 建筑物现场勘察

需求分析之前，综合布线的设计和施工人员必须熟悉建筑物结构。主要通过两种方法来了解，首先是查阅建筑图纸，然后到现场勘察。勘察工作一般是在新建大楼主体结构完成、综合布线工程中标，并将布线工程项目移交到工程设计部门之后进行。勘察参与人包括工程负责人、布线系统负责人、施工督导人、项目经理及其他需要了解工程现场状况的人，当然还应该包括建筑单位的有关技术负责人，以便现场研究决定一些事情。

有关人员到工地对照平面图查看建筑物，逐一完成以下任务：

（1）查看各楼层、走廊、房间、电梯间和大厅等吊顶情况，包括吊顶是否可以打开、吊顶高度、吊顶距梁的高度等。然后根据吊顶的情况确定水平主干线槽的敷设方法。对于新楼，要确定是走吊顶内线槽，还是走地面线槽；对于旧楼，改造工程需确定线槽的敷设线路。找到布线系统要用的电缆竖井，查看竖井有无楼板，询问同一竖井内有哪些其他线路（包括自控系统、空调、消防、闭路电视、保安监视和音响等系统的线路）。

（2）计算机网络线路可与哪些线路共用槽道，特别注意不要与电话以外的其他线路共用槽道；如果需要共用，要有隔离设施。

（3）如果没有可用的电缆竖井，则要和甲方技术负责人商定垂直槽道的位置，并选择垂直槽道的种类是梯级式、托盘式、槽式桥架还是钢管等。

（4）在设备间和楼层配线间，要确定机柜的安放位置，确定到机柜的主干线槽的敷设方式，设备间和楼层配线间有无高架活动地板，并测量楼层高度数据。特别要注意的是，一般主楼和裙楼、一层和其他楼层的楼层高度有所不同。

（5）如果竖井内墙上挂装楼层配线箱，则要求竖井内要有电灯，并且有楼板，而不是直通的。如果是在走廊墙壁上暗嵌配线箱，则要看墙壁是否贴大理石，是否有墙围需要作特别处理，是否离电梯厅或者房间门太近而影响美观。

（6）讨论大楼结构方面尚不清楚的问题。一般包括：哪些是承重墙，大楼外墙哪些部分有玻璃幕墙，设备层在哪层，大厅的地面材质，各墙面的处理方法（如喷涂、贴大理石、不锈钢包面等）。

2. 用户需求分析的对象与范围

（1）需求分析对象

通常，综合布线系统建设对象分为智能建筑和智能小区两种类型。

① 智能建筑

前文中曾经提到，综合布线系统是随着智能建筑技术的发展而发展起来的。有关智能建筑的定义，目前尚无统一的标准。我国对其的定义是：将楼宇自动化系统、通信自动化系统和办公自动化系统通过综合布线系统和计算机网络有效结合，便于集中统一管理，具备舒适、安全、节能等特点的建筑物。

② 智能小区

智能小区是继智能建筑后的又一个热点。随着智能建筑技术的发展，人们把智能建筑技术应用到一个区域内的多座建筑物中，将智能化的功能从一座大楼扩展到一个区域，实现统一管理和资源共享，这样的区域就称为智能小区。

从目前的发展情况看，智能小区可以分为以下几种：

☑ 住宅智能小区（有时称为居民智能小区）。城市中居民居住、生活的聚集地。小区内除了基本住宅外，还应有与居住人口规模相适应的公共建筑、辅助建筑及公共服务设施。

☑ 商住智能小区。由部分商业区和部分住宅区混合组成，一般位于城市中的繁华街道附近。有一边或多边是城市中的骨干道路，其两侧都是商业建筑；其他边或小区内部不是商业区域，有大量城市居民的住宅建筑。

☑ 校园智能小区。通常由高等院校、科研院所、医疗机构等大型单位组成。在小区内，除了教学、科研、医疗等公共活动需要的大型智能化建筑（如教学楼、科研楼和门诊住院楼）外，还有上述单位的大量集体宿舍和住宅楼，以及配套的公共建筑（如图书馆、体育馆）等。

（2）用户信息需求分析的范围

综合布线系统工程设计的范围就是用户信息需求分析的范围，这个范围包括信息覆盖的区域和区域上有什么信息两层含义，因此要从工程地理区域和信息业务种类两方面来考虑。

① 工程区域的大小

综合布线系统的工程区域有智能建筑和智能小区两种。前者的用户信息预测针对的只是单幢建筑的内部需要，后者则包括由多幢大楼组成的智能小区的内部需要。显然，后者用户信息调查预测的工作量要增加若干倍。

② 信息业务种类的多少

从智能建筑的 3A 功能来说，综合布线应当满足以下几个子系统的信息传输要求。

☑ 语音、数据和图像通信系统。

☑ 保安监控系统（包括闭路监控系统、防盗报警 itong、可视对讲、巡更系统和门禁系统）。

☑ 楼宇自控系统（空调、通风、给排水、照明、变配电、换热站等设备的监控与自动调节）。

☑ 卫星电视接收系统。

☑ 消防监控系统。

也就是说，建筑物内的所有信息流、数据流均可接入综合布线系统。

随着社会经济的快速发展、智能建筑技术的不断提高，建筑物的智能化程度将越来越高，加入到综合布线系统中的信息子系统也将越来越多。因此，必须根据建筑物的功能和智能化程度，做好信息业务种类的需求分析。

3. 用户需求分析的基本要求

为了准确分析用户信息需求，必须遵循以下基本要求：

（1）确定工作区数量和性质。对用户的信息需求进行分析，确定建筑物中需要信息点的场所，也就是综合布线系统中工作区的数量，摸清各工作区的用途和使用对象，从而为准确预测信息点的位置和数量创造条件。

（2）主要考虑近期需求，兼顾长远发展需要。智能建筑建成后，其建筑结构已形成，并且其使用功能和用户性质一般变化不大。因此，一般情况下智能建筑物内设置满足近期需求的信息插座的数量和位置是固定的。建筑物内的综合布线系统主要是水平布线和主干布线。水平布线一般敷设在建筑物的天花板内或管道中，如果要更换或增加水平布线，不但会损坏建筑结构，影响整体美观，且施工费要比初始施工时高得多；而主干布线大多敷设在建筑物的弱电井中，和水平布线相比，更换或扩充相对简单。综合布线系统也是随着新技术的发展和新产品的问世，逐步完善而趋于成熟的。以"近期为主，兼顾长远"作为需求预测的方针是非常必要的。目前，国际上各种综合布线产品都提出了 15 年的质量保证，却没有提出多少年投资保证。为了保护建筑物投资者的利益，应采取"总体规划，分步实施，水平布线尽量一步到位"的策略。因此，在用户信息需求分析中，信息插座的分布数量和位置要适当留有发展和应变的余地。

（3）多方征求意见。根据调查收集到的资料，参照其他已建智能建筑的综合布线的情况，初步分析出该综合布线系统所需的用户信息。将得到的用户信息分析结果与建设单位或有关部门共同讨论分析，多方征求意见，进行必要的补充和修正，最后形成比较准确的用户信息需求报告。

三、任务实施

1. 实施要求

对某建筑物或小区进行需求分析，掌握以下第一手资料。

（1）要进行综合布线系统建设的建筑物或小区的概况（功能、结构、面积等）。

（2）该建筑物或小区信息应用系统的种类、信息点数量和分布情况。

（3）设备间和楼层电信间位置。

（4）建筑群子系统、干线子系统和配线（水平布线）子系统管槽路由和距离等信息。

（5）估算管槽结构的工程量。

（6）画出结构和平面草图。

（7）初步确定综合布线系统结构。

（8）整理工程概况，综合布线系统结构，信息点类型、数量与分布等资料，与建设方进行沟通交流，得到建设方确认后，需求分析数据才能作为综合布线系统设计的依据。

2. 实施条件

（1）需要建设方的建设方案或招标书（大型或复杂建筑需建筑平面图）。

（2）需要现场勘察。

（3）需要与建设方相关人员进行交流。

3. 实施步骤

（1）阅读、分析建设方的建设方案或招标书，查阅建筑平面图，初步获取实施要求中1～4条的信息，并做好记录。

（2）咨询建设方相关人员。

（3）对照建设方案或招标书和建筑平面图到现场勘察，解决阅读文件中遇到的问题。

（4）整理资料，与建设方进行沟通，看看对建设需求的理解是否正确。得到确认后，将需求分析数据作为综合布线系统设计的依据。

【小结】

本章主要介绍了需求分析前的建筑物勘察内容，以及用户需求分析的对象和范围。

【练习】

1. 建筑物勘察内容有哪些？
2. 简述用户需求分析的范围。

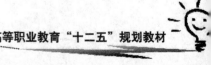

任务二 网络需求分析

一、任务分析

为了使综合布线系统更好地满足客户需求，在综合布线系统规划和设计时，必须对智能建筑和智能化小区的网络需求进行分析。由于智能建筑和智能化小区在使用功能、业务范围、人员数量、组成成分以及对外联系的密切程度不同，每个具体的综合布线的建设规模、工程范围和性质都不一样，因为网络需求分析的准确性和完善程度将会直接影响到综合布线系统的网络结构、线缆规格、设备配置、布线路由和工程投资等重大问题。通过对小区网络需求进行详细分析，设计方以建设方提供的数据为依据，充分调研分析建筑物近期及将来的网络需求，分析得出信息点数量和可能的网络瓶颈，分析结果必须得到建设方的确认。由于双方在网络需求理解上可能存在认识的偏差，对分析结果进行反复确认后，在双方都认可的前提下，分析结果才可作为设计施工的依据。

二、相关知识

1．分析网络应用目标

网络需求分析是在网络设计过程中用来获取和确定系统需求的方法。在需求分析阶段，应确定客户有效完成工作所需的网络服务和性能水平。

网络需求描述了网络系统的行为、特征或属性，是设计、实现网络系统的基础。话虽如此，但令人遗憾的是，许多网络在设计过程中并没有投入足够的精力进行需求分析。究其根本，是因为需求分析是整个设计过程的难点，为了搞清客户网络需求，需要与各方面的人员进行沟通，了解客户所需、所想，并需要学习必要的客户方面的业务知识；其次是需求分析不能立即提供一个结果，它只是设计和建立网络的整体战略的一部分；此外，由于现代网络系统通常采用系统集成方法进行设计，集成构件只能选取产品系列中某些档次的设备，而这些设备之间并不是连续的，存在一定的交叉和覆盖，看起来好像要求并不十分精确。诸如此类的原因还有很多，但这绝不能成为忽视、放松网络需求分析的借口。从而使网络设计结果与客户应用需求相一致，否则会产生不可预测的严重后果。

良好的需求分析有助于为后续工作建立起一个稳定的工作基础，从而使网络设计结果与客户应用需求相一致。在设计前期没有就需求与客户达成一致；在整个项目的实施过程中，没有就需求的变化作出相应的变更……其结果可想而知。

了解客户的网络应用目标及其约束是网络设计中一项至关重要的工作，只有对客户的需求进行全面的分析，才能提出得到客户认可的网络设计方案。

2．工作步骤

需求分析是要决定"做什么，不做什么"。了解需求的主要步骤是：首先，从企业高层管理者开始收集商业需求；其次，收集客户群体需求；最后，收集支持客户和客户应用需求。

　　在与客户探讨网络设计项目的网络目标之前，可以先研究一下该客户的现实情况。例如，搞清该客户从事的行业，研究该客户的市场、供应商、产品、服务和竞争优势。了解到该客户的商业及外部关系以后，就可以对技术和产品进行定位，帮助客户提高其在行业内的地位。

　　（1）要请客户解释公司的组织结构。最终的网络设计很可能要体现公司的结构，因此最好对公司在部门、商业流程、供应商、商业伙伴、商业领域以及本地区或远程办公室等方面的情况有所了解。对公司结构的了解有助于确定其主要的用户群及通信流量特征。公司中信息技术（IT）方面的雇员，可能对公司在这方面的目的和任务较为了解，同时也能够更多地提供与商业一致的网络需求。

　　（2）要请客户说明该网络设计项目的整体目标，简要地说明新网络的商业目的。

　　（3）此外，还要请客户帮助制定衡量网络成功的标准。对管理者或关键人物的访问通常有助于成功地完成该任务。

　　（4）对于整个网络的设计和实施，费用是一个需要考虑的重要因素。至少要有一个 IT 主管或公司董事长能够决定用于项目的资金。这个要求虽不是技术问题，但它会直接影响到网络的设计及投资规模，从而影响到网络提供的服务水平。

　　3. 明确网络设计目标

　　要想设计一个好的网络，首先要明确网络设计目标。典型的网络设计目标包括以下方面：

　　（1）增加收入和利润。
　　（2）加强合作交流，共享宝贵的数据资源。
　　（3）加强对分支机构或部属的调控能力。
　　（4）缩短产品开发周期，提高雇员生产力。
　　（5）与其他公司建立伙伴关系。
　　（6）扩展进入世界市场。
　　（7）转变为国际网络产业模式。
　　（8）使落后的技术现代化。
　　（9）降低通信及网络成本，包括与语音、数据、视频等独立网络有关的开销。
　　（10）将数据提供给所有雇员及所属公司，助其作出更好的商业决定。
　　（11）提高关键任务应用程序和数据的安全性与可靠性。
　　（12）提供新型的客户服务。

　　4. 明确网络设计项目范围

　　确定网络设计的项目范围是网络需求分析的另一个重要方面。要明确是设计一个新网络还是修改现有的网络；是针对一个网段、一个（组）局域网、一个广域网，还是远程网络或一个完整的企业网。

　　设计一个全新、独立的网络的可能性非常小。即使是为一个新建筑物或一个新的园区设计网络，或者用全新的网络技术来代替旧的网络，也必须考虑与 Internet 相连的问题。在更多的情况下，需要考虑现有网络的升级问题，以及升级后与现有网络系统兼容的问题。

5. 明确客户的网络应用

网络应用是网络存在的真正原因。要使网络更好地发挥作用，需要搞清客户的现有应用及新增加的应用。如开展以下应用：

（1）电子邮件。

（2）视频会议。

（3）文件传输。

（4）Internet 或 Intranet 语音。

（5）文件共享/访问。

（6）Internet 或 Intranet 传真。

（7）数据库访问/更新。

（8）销售点（零售商店）。

（9）群件。

（10）销售订单输入。

（11）桌面印刷。

（12）电子商务。

 注意

什么是群件？

群件：以计算机网络技术为基础，以交流（Communaction）、协调（Coordination）、合作（Collaboration）及信息共享（Information Sharing）为目标，支持群体工作需要的应用软件。

6. 分析网络应用约束

除了分析客户目标和判断客户支持新应用的需求之外，由于客户需求对网络设计影响较大，因此也需要认真分析。

（1）正常因素约束

与网络客户讨论他们公司的办公政策和技术发展路线是必要的，但应尽量少发表自己的意见。了解约束的目的是发现隐藏在项目后面可能导致项目失败的事务安排、持续的争论、偏见、利益关系或历史等因素。特别要注意的是，对已经进行过但没有成功的类似项目，应当作出明智的判断，看类似情况是否同样会在本项目中发生、是什么原因导致的项目失败、如何才能保证不再出现类似的情况、如何能够得到较好的结果等。

要与客户就协议、标准、供应商等方面的内容进行讨论，搞清客户在传输、路由选择、桌面或其他协议方面是否已经有了清晰的想法，是否有关于开发和专有解决方案的规定，是否有认可供应商或平台方面的相关规定，是否允许不同厂商竞争等。如果客户已为新网络选择好了技术和产品，那么新的设计方案就一定要与该计划相匹配。

高新技术的引入往往会加剧部分人与机器之间的矛盾，因此不要期待所有人都会拥护新项目。如果能了解该项目将对哪些人产生不利影响，对以后的工作一定会有好处。

（2）预算因素约束

网络设计必须符合客户的预算。预算应包括采购设备、购买软件、维护和测试系统、培训工作人员以及设计和安装系统的费用等。此外，还应考虑信息费用及可能的外包费用。

一般来说，需要对客户单位的网络工作人员的能力进行分析，看他们的工作能力和专业知识是否能胜任以后的工作，从而提出相应的建议，如新增或招聘网络管理员、培训现有员工、将网络操作和管理外包出去，这些都会对项目预算产生影响。

应当就网络设计的投资回报问题向客户进行说明，分析、解释由于降低运行费用、提高劳动生产力和市场扩大等诸多方面的影响，新网络能以多快的速度回报投资。

（3）时间因素约束

网络设计项目的日程安排是需要考虑的另一个问题。项目进度表规定了项目的最终期限和重要阶段。通常是由客户负责管理项目进度，但设计者必须就该日程表是否可行提出自己的意见，使项目日程安排符合实际工作要求。

开发进度表的工具有多种，这些工具可以用于对重要阶段、资源分配和重要步骤分析等。在全面了解项目范围后，要对设计者自行安排的项目计划的分析阶段、逻辑设计阶段和物理设计阶段的时间与项目进度表的时间进行对照分析，及时与客户沟通存在的疑问。

（4）环境因素

环境因素约束是指施工单位的周边环境，如应用环境、技术环境、地理环境（如建筑物）等因素对系统集成的约束。

（5）其他不可控因素约束

包括资金到位、政策变化以及环境的变化等情况。

7. 分析网络工程指标

建设网络信息系统必须要满足设计目标中的要求，遵循一定的系统总体原则，并以总体原则为指导，设计经济合理、技术先进和资源优化的系统方案。网络信息系统的建设原则通常包括以下方面。

（1）影响网络性能的主要因素

计算机网络的基本功能是数字位的传输。随着人们需求的不断提高，也要求网络在性能、范围和综合能力等方面不断扩展。网络所提供的基本架构，要能满足传输、访问和处理信息的需要，而与距离远近无关。

根据 Internet 的发展历程，能够发现以下关键因素影响网络的发展。

① 距离：一般而言，通信双方间的距离越大，它们之间的通信费用就越高，通信速率就越低。随着距离的增加，时延也会随着互联设备（如路由器等）数量的增加而增大。

② 时段：网络通信与交通状况有许多相似之处。一天中的不同时间段，一个星期中的不同日子，或一年中的不同月份或假期，通信流量都会呈现出高低不同的状况，这是因为受到人类生活和生产的影响。

③ 拥塞：拥塞能够导致网络性能严重下降，如果不加抑制，拥塞将使网络中的通信全部中断。因此，需要网络具有能有效地发现拥塞的形成和发展，并使客户端迅速降低通信

量的机制。

④　服务类型：有些类型的服务对网络的时延要求较高，如视频会议；有些类型的服务对差错率要求很高，如银行账目数据；而另一些服务可能对带宽要求较高，如按视频点播（VOD）。因此，不同的数据类型对网络要求差异较大。

⑤　可靠性：现代生活因为需求的增加而变得越来越复杂，事物的可预见性也变得越来越重要。网络能够满足不断增长的需求是建立在网络的可靠性基础上的。

⑥　信息冗余：在网络中传输着大量相同的数据是司空见惯的事情。例如，网络上随时都有大量的人在不断接收股票交易的数据，这些股票信息是相同的。如采用技术不当，这种大量冗余的数据将充斥着 Internet，消耗大量的带宽。

⑦　一点决定整体：如果网络的一端是通过电话线联网或无线上网，即使网络另一端是千兆宽带网络，网络速度仍然会很慢。

（2）网络系统可扩缩性

可扩缩性（Scalability）是指网络技术或设备随着客户需求的增长而扩充的能力。对许多企业网设计而言，可扩缩性是最基本的目标。有些企业常以很快的速度增加客户数量、应用种类以及与外部的连接，网络设计应当能够适应这种增长需求。

对可扩缩性问题主要考虑近 5 年的情况，尤其是关注近两年的发展情况。

可扩缩性的另一方面表现在企业网流量分布的变化。以前网络设计的一个规则是 80/20 规则，即 80%的通信流量发生在部门局域网内部，20%的通信流到其他部门局域网或外部网络。这种情况正在演变为 20/80 规则，即 20%的通信流量发生在部门局域网内部，而 80%的通信流到其他部门局域网或外部网络。这导致了扩大和升级公司企业网的需求，主要有以下原因：

①　以往各部门的数据均放在局域网的服务器上，而现在这些数据集中存放在公司的服务器上。

②　大量的信息来自 Internet 或公司的 Web 服务器。

③　公司企业网与其他公司的网络连接在一起，以便与合作伙伴、分销商、供应商以及战略性合作伙伴进行合作。

④　解决由于网间通信的大量增加而引起的局域网的瓶颈问题。

⑤　增加新网点，以支持区域办公和远程办公。

在分析客户可扩缩性目标时，一定要记住现有网络技术具有某些阻碍网络可扩缩性的特点。例如，网络客户数量增加将使用第二层交换机的网络结构发送大量的广播帧。

（3）网络系统的安全性

随着越来越多的公司加入 Internet，安全性（Security）设计成为企业网设计最重要的方面之一。大多数公司的总体目标是安全性问题不应干扰公司开展业务。在网络设计中，客户希望得到这样的保证，即安全性设计能防止商业数据和其他资源的丢失或破坏，因为每个公司都有商业秘密、业务操作需要保护。

安全性设计的第一个任务是规划。规划包括分析威胁和开发需求。安全性的实现可能增加使用和运行网络的成本。严格的安全性策略会影响到网络效率，为保护资源和数据将不得不牺牲许多客户便利性。如果安全性的实现不理想，客户将会千方百计地绕过安全性策略。如果所有通信都必须通过加密设备，安全性则与网络的冗余设计有关。

由于安全性设计是要付出代价的，因此必须对安全性控制的数据作出风险评估。通过对客户进行调查，了解其网络面临的威胁——客户对各种数据有多么敏感？若商业机密被窃取，公司的损失是多少？如果数据被人篡改，所造成的财务损失是多少？

如果公司企业网连入 Internet，还需要考虑网络黑客非法进入企业网并进行破坏的威胁。通过虚拟专用网（VPN）访问远程站点的客户需要对 VPN 服务提供者提供的安全功能进行分析、评估。

对数据安全性威胁的分析要客观，不能盲目夸大。例如，有人担心黑客会在 Internet 上利用协议分析仪偷窥密码口令、信用卡号及其他私人信息。事实上，这些信息通常已用安全套接层（SSL）或 RSA 算法等技术加密，想破译这些密码几乎没有可能。另外，即使这些信息不被加密，在如此大量的分组中找出这些数据块也是一件非常困难的事情。

另一方面，黑客的确有能力访问和改变企业网上的敏感数据，从许多政府的网站被篡改和核心机密被窃取的报道中反映了这一点。安全性的威胁有两种方式：被动攻击和主动攻击。被动攻击本质上是指在传输过程中进行偷听或监视，其目的是从传输中获得所需的信息；主动攻击涉及某些数据流的篡改或一个虚假流的产生。这些攻击还能进一步划分为 5 类：伪装、重放、篡改消息、拒绝服务和计算机病毒。

对计算机网络的攻击主要有两种途径：

☑　利用已知操作系统和应用软件的安全漏洞。

☑　利用系统配置、软件版本升级时所形成的安全漏洞。

此外，发生安全问题的一个最主要的原因来自网络的内部——员工的疏忽和恶意攻击。内部人员造成的问题要比外部恶意行为严重得多。火灾和自然灾害能够造成重大的财产损失。即使火不直接烧毁计算机系统，由此产生的热、烟或救火用的水也会损坏该系统。由此将会危及计算机网络的完整性和可用性。这种威胁具有发现容易但预防困难的特点。由于火灾和自然灾害发生的不确定性，人们往往会忽视它们对网络安全的威胁。

任何物理设备都有平均无故障时间 MTBF 指标，这意味着所有物理设备都可能会损坏。如果访问控制设备发生故障或者因修复要求除去某些防护设备，这些硬件故障便会危及网络安全性。硬件是花钱可以购买到的，而网络信息系统中的数据有时是无价的。因此，要特别注意存放数据的媒体的安全性问题。

客户最基本的安全性要求是保护资源以防止被非法使用、盗用、修改或破坏。资源包括主机、服务器、客户系统、互联网络设备、系统和应用数据等。其他更为特殊的需求包括以下一个或多个目标：

①　允许外部客户（客户、制造商、供应商）访问 Web 或 FTP 服务器上的数据，但不允许访问内部数据。

②　授权并鉴别部门客户、移动客户或远程客户。

③　检测入侵者并隔离他们的破坏。

④　鉴别从内部或外部路由器接收的选路表的更新。

⑤　保护通过 VPN 传送到远程站点的数据。

⑥ 从物理上保护主机和网络互联设备。

⑦ 利用客户账号核对目录及文件的访问权限，从逻辑上保护主机和网络互联设备。

⑧ 防止应用程序和数据感染软件病毒。

⑨ 就安全性威胁及如何避免安全性问题来培训网络客户和网络管理员。

⑩ 通过版权或其他合法的方法保护产品的知识产权。

（4）网络系统可管理性

每个客户都可能有其不同的网络可管理性（Manageability）目标。例如，有的客户明确希望使用简单网络管理协议（SNMP）来管理网络互联设备，记录每个路由器的接收和发送字节数量；另一些客户可能没有明确管理目标。如果客户有这方面的计划，一定要记录下来，因为选择设备时需要参考这些计划。在某些情况下，为了支持管理功能，可能要排除部分设备而选用另一些设备。

对管理目标不明确的客户，可以使用国际标准化组织（ISO）定义的网络管理的 5 个管理功能域（FCAPS）来说明功能。

① 故障管理（Fault Management）：对网络中被管理对象故障的检测、隔离和排除。网络中的每一个设备都必须有一个预先设定好的故障阈限（此阈限必须能够调整），以便确定是否出了故障，并向最终客户和管理员报告问题，跟踪其发展趋势。

② 配置管理（Configuration Management）：用来定义、识别、初始化、监控网络中的被管理对象，改变被管理对象的操作特性，报告被管理对象状态的变化。

③ 计费管理（Accounting Management）：记录客户使用网络资源的情况并核收费用，同时统计网络的利用率。

④ 性能管理（Performance Management）：分析通信和应用的行为，优化网络，满足服务等级协定和确定扩展规划。

⑤ 安全管理（Security Management）：监控和测试安全性和保护策略，维护并分发口令和其他鉴别与授权信息，管理加密密钥，审计与安全性策略相关的事项，保证网络不被非法使用。

（5）网络系统适应性

适应性（Adaptability）是指在客户改变应用需求时网络的应变能力。一个优秀的网络设计应当能适应新技术和新变化。例如，使用便携机的移动客户对通过访问客户局域网来实现电子邮件和文件传输的需求正是对网络适应性的检验。另一个例子是在短期工程项目设计时，能提供客户逻辑分组的网络服务。对于一些企业来说，能适应类似的网络需求是很重要的；但对于另一些机构来说，可能完全没有考虑的必要。

网络环境的适应性会影响其可用性。例如，有些网络要考虑在大幅度环境变化的情况下工作，而温度的急剧变化可能会影响网络设备电子元件的正常工作，此时适应性不强的网络就无法提供良好的可用性。

灵活的网络设计还应能适应不断变化的通信模式和服务质量（QoS）的要求。例如，某些客户要求选用的网络技术能够提供恒定速率的服务。

此外，以多快的速度适应出现的问题和进行升级也是适应性的一个方面。例如，交换机能以多快的速度适应另一台交换机的故障，并使生成的树形拓扑结构发生变化；路由器能以多快的速度适应加入拓扑结构的新网络；选路协议能以多快的速度适应链路的故障。

（6）网络系统可购买性

可购买性（Purchasable）又称成本效用。可购买性是商业目标的一部分。它的一个基本目标是在给定财务成本的情况下，使通信量最大。财务成本包括一次性购买设备成本和网络运行成本。

在园区网中，低成本通常是一个基本目标。客户期望能购买到具有许多端口的交换机，而且每个端口成本都要很低。客户还希望降低布线成本，降低支付给 ISP 的费用，并购买便宜的终端系统和网卡。总之，在这样的环境中低成本比可用性和性能更重要。

对企业网，可用性比低成本通常要重要得多，不过客户仍在寻找控制企业网成本的办法。由于广域网往往是企业网的最大开支，因此客户希望：

① 使用选路协议以使广域网通信最小化。

② 使用能选择最低价格路由的选路协议。

③ 将传送语音和数据的并行租用线路合并到更少的广域网主干线上。

④ 选择动态分配广域网带宽的技术，例如利用 ATM 技术而不是时分复用技术；通过使用压缩、语音活动检测（VAD）和重复模式压缩（RPS）等功能提高广域网电路利用率。

除了广域网电路成本外，运行网络的第二大开支是操作和管理网络人员的培训和维护费用。为了降低运行成本，客户有以下目标：

① 选择容易配置、操作、维护和管理的网络互联设备。

② 选择易于理解和排除故障的网络设计。

③ 维护好网络文档以减少故障排除的时间。

④ 选择易于使用的网络应用与协议，以便客户在一定范围内可以自己解决问题。

由于设计网络时，可能很难完成所有的目标，因此往往需要对这些目标进行折中。例如，为满足客户对可用性的较高期望，需要使用冗余设备，这会提高网络实现的成本；为满足严格的性能要求，需要高成本的电路和设备；为加强安全性，需要昂贵的监控设施，而且客户必须放弃一些易于使用的功能；为实现可伸缩的网络规模，可用性可能会受到损害，因为可伸缩的网络随着新节点的增加，总是不断地变化；为实现两个应用的良好吞吐量，可能会引起另一个应用的时延问题。

（7）绘制网络结构图

为了确定网络的基础结构特征，首先需要勾画出网络结构图，并标识出主要网络互联设备和网段位置。这包括记录主要设备和网段的名称与地址，以及识别寻址和命名的标准方法；同时也要记录物理电缆的类型和长度及环境方面的约束条件。这张网络结构图也许是现有网络结构的反映，也许反映了上面对网络分析的结果，从而形成了网络设计的基本出发点。

一张较为完整的网络结构图应包括以下内容：

☑ 国家、省、市等地理信息。

☑ 与各种广域网的连接关系。

☑ 楼宇和楼层及可能的房间或配电间。

☑ 楼宇或园区之间的广域网和局域网连接。

☑ 广域网和局域网使用的物理网络技术（如帧中继、ISDN、以太网或 ATM 等）。

☑ 路由器、交换机及集线器等的位置。

☑ VPN 的位置和范围。

☑ 主服务器和服务器场点的位置。

☑ 大型主机的位置。

☑ 虚拟局域网（VLAN）的位置和范围。

☑ 所有防火墙安全系统的拓扑结构。

☑ 拨号接入设备的位置。

☑ 主机所处的位置。

☑ 逻辑拓扑结构或网络的描述。

在绘制网络拓扑结构图的过程中，勾画或归纳出网络的逻辑结构和物理设备的特征是十分重要的工作。

有一些优秀的网络绘图工具可供使用，如 Microsoft 公司的 Visio 2010、Pinpoint Software 公司的 Click Professional 和 NetSuit Development 公司的 NetSuit Professional Audit 等。

三、任务实施

智能社区与宽带小区不同，智能社区是在宽带小区基础上的进一步发展。它是通过家庭局域网构建数字家庭平台，将小区内上网、安防、物业管理、通信、视频业务等多网统一到一个平台，使用户在将来的信息社会中，轻松实现以下应用：

☑ 通过手机控制数字家电（空调、电视、微波炉等家电上网）。

☑ VOD 点播。

☑ 社区会所预定。

☑ 水、电、气三表的抄收、查询和费用收取。

☑ 在小区的公共设施部门，如水电房、停车场等实现远程视频监控管理、网路化的闭路监控、周界防范、门禁控制、可视对讲及出入口和保安巡更。

☑ 小区入口 LED 显示屏发布各种信息。

☑ 在小区的网站上开展电子公告、网上购物、网上教育、远程医疗咨询等诸多网络服务。

☑ 在解决用户社区文化的同时解决家居生活电子化。

建设社区网络，应本着"少花钱办大事"的原则，充分利用有限的投资，在保证网络先进性的前提下，选用性能价格比最好的设备。我们认为社区网络建设应该遵循以下原则：

1. 先进性

以先进、成熟的网络通信技术进行组网，支持数据、语音、图像、视频等多媒体应用，用基于交换的技术替代传统的基于路由的技术。

2. 标准化和开放性

网络协议符合 ISO 及其他标准（如 IEEE、ITUT、ANSI 等），采用遵从国际和国家标准的网络设备。

3. 可靠性和可用性

选用高可靠的产品和技术，充分考虑系统在程序运行时的应变能力和容错能力，确保整个系统的安全与可靠。

4. 设备的兼容性

选用符合国际发展潮流的国际标准的软件技术，提高系统的可靠性、可扩展性和可升级性，保证今后可迅速采用计算机网络的新技术，同时为现存不同的网络设备、小型机、工作站、服务器和微机等设备提供入网和互联手段。

5. 实用性和经济性

从实用性和经济性出发，着眼于近期目标和长期的发展，选用先进的设备，进行最佳性能组合，利用有限的投资构造一个性能最佳的网络系统。

6. 安全性和保密性

在接入 Internet 的情况下，必须保证网上信息和各种应用系统的安全。

7. 扩展性和升级能力

选用具有良好升级能力和扩展性的设备；在以后对该网络进行升级和扩展时，必须能保护现有投资；应支持多种网络协议、多种高层协议和多媒体应用。

8. 网络的灵活性

网络的灵活性主要表现在软件配置与负载平衡等方面。配合交换机产品与路由器产品支持的最先进的虚拟网络技术，整个网络系统可以通过软件快速、简便地将用户或用户组从一个网络转移到另一个网络，可以跨越办公室、办公楼，而无须任何硬件的改变，以适应机构的变化。同时也可以通过平衡网络的流量，提高网络的性能。

我们将根据以上原则和预算情况，合理选择网络的传输介质和网络设备。

【小结】

本节主要介绍了如何对网络应用目标、网络应用约束和网络工程指标等进行分析。

【练习】

1. 网络需求分析的目标是什么？简述网络需求分析的重要性。
2. 简述网络应用约束的各种因素。
3. 给出主要的网络性能参数及其定义和度量的方法。
4. 试分析网络通信特征。
5. 试调研一个企业的网络，对照填写技术目标检查表。
6. 试用 Microsoft Visio 绘制所在学校的逻辑网络拓扑图和物理网络拓扑图。

任务三　网络工程规划与设计

一、任务分析

在网络工程中，网络规划是必不可少的。实施网络工程的首要工作就是要进行周密的规划，深入、细致的规划是成功构建计算机网络的基础。缺乏规划的网络必然是失败的网络，其稳定性、扩展性、安全性、可管理性都没有保障。

1. 建网的目的

小区的网络建设以实现小区的智能化管理为目的，多种业务均可由小区物业统一、集中管理。对于用户而言，则需实现内部用户之间的网络连通，并能访问因特网。

2. 小区主要网络应用和服务

小区内提供丰富的网络应用和服务。对于小区的物业管理而言，需实现小区内住户的信息存储与统计、小区各项活动与通知的公告、小区内监控等安全管理，以及远程抄表等多种业务；而对于小区内居民而言，必须实现其日常的浏览网页、网上聊天、发送和接收电子邮件、网络游戏、网络电视，以及上传和下载文件等。

3. 项目的技术要求

本小区为较大规模的高档小区，组网时必须采用目前较为成熟的主流技术，实现小区网络的高速、安全、稳定。这样既满足了用户的上网需求，也方便了小区通过网络实现智能化管理。

4. 安全要求

对于此类较大规模的高档小区，网络的安全是必不可少的。首先，在小区的内部网络中，一定要防止内部的网络攻击，防止病毒在网络内部扩散。其次，针对小区内部与外部的网络连接，一定要有适当的过滤技术，防止外部非法的或恶意的数据包进入到小区内部网络而造成伤害。最后，网络设备的安全也是必不可少的，一定要保证其工作在良好的环境中，而设备的登录也要实行严格的控制，只有管理员才能登录设备，不给非法用户任何机会。

5. 管理要求

随着社会的发展以及科技的进步，智能化的管理已渐渐成为一种趋势。具体到本小区，智能化管理亦必不可少。应该实现集中管理，即所有业务均通过小区物业统一管理，如小区水电煤气的管理、小区的监控录像、门禁识别等，这些都可以通过网络来管理。随着三网融合的逐步推进，网络的管理会越来越智能。不久的将来，有线电视和电话也会由网络来统一管理。

二、相关知识

（一）网络规划

1. 网络规划的任务和工作

网络规划的主要任务是对以下指标给出尽可能准确的定量或定性分析和估计。

- ☑ 用户业务需求。
- ☑ 网络规模。
- ☑ 网络结构。
- ☑ 网络管理需求。
- ☑ 网络增长预测。
- ☑ 网络安全需求。
- ☑ 与外部网络的互联方式等。

网络规划的主要工作如下：

- ☑ 网络需求分析，包括环境分析、业务需求分析、管理需求分析、安全需求分析。
- ☑ 网络规模与结构分析，包括网络规模确定、拓扑结构分析、与外部网络互联方案。
- ☑ 网络扩展性分析，包括综合布线需求分析、施工方案分析。
- ☑ 网络工程预算分析，包括资金分配分析、工程进度安排等。

只有通过科学、合理的规划，才能够用最低的成本建立最佳的网络，达到最高的性能，提供最优的服务。

2. 规划原则

网络建设在智能化小区建设中不可或缺，规划和设计十分重要。网络建设包括局域网建设、广域互联、移动无线等方面。在此从局域网的建设入手，提供企业网建设的一种简单方法。局域网的建设是一项系统工程，无论规模大小，都希望建成后能够提供高效的服务，长时间稳定运行，在短期内不会技术落后。

局域网建设的规划设计与建筑工程的规划设计有许多相似之处，应遵循以下原则：

- ☑ 实用为本原则。建设局域网的目的是满足用户的应用需要。用户的需求是规划的基础，因此实用为本就是以人为本，以用户利益为本。另外，如果是对现有网络进行升级改造，还应该充分考虑如何利用现有资源，尽量发挥设备效益。
- ☑ 适度先进原则。规划局域网，不但要满足用户当前的需要，还应该有一定的技术前瞻性和用户需求预见性，即应该考虑到未来几年内用户对网络功能和带宽的需求。当然，这并不意味着什么都求新求时髦。如果花费高昂的代价，盲目引入用户在相当长的时期内用不上的网络技术和产品，就是一种浪费。同样，为了贪图省钱，而购买刚刚能够满足用户需求且很快就要被淘汰的技术和产品也是一种浪费。所谓适度，就是要实事求是地根据建设方的投资实力，针对网络基础设施中不便更新的构成部分，在规划中选择适度超前的技术方案和产品。
- ☑ 开放性原则。应该采用开放技术、开放结构、开放系统组件和开放用户接口，以便于将来的维护、扩展升级以及与外界的交流、沟通。

☑ 可靠性原则。可靠性是指局域网要具有容错能力，能保证在各种环境下系统可靠地运行。

☑ 可扩展原则。可扩展是指网络规模和带宽的扩展能力。在技术飞速发展的今天，谁都无法预见将来，但是可以通过规划为将来预留充分的可扩展空间，使系统拥有平滑升级的能力。一旦新技术诞生或用户提出新的需求，可以在保护原来投资的情况下，方便地将新技术和新产品融合到现有网络中，以提供更高水平的服务。

☑ 可维护管理原则。由于越来越多的关键业务依赖于局域网环境运行，网络的管理与维护变得越发重要，因为它关系到网络系统的运行效率、共享资源的使用效率和业务运转的工作效率等。是否能够进行有效的管理直接影响到网络的可用性。

☑ 安全保密原则。如今，信息安全越来越受到重视。为了保证网上信息和各种应用系统的安全，在规划时就要为局域网考虑一个周全的安全保密方案。

3．网络环境分析

环境分析是指对企业信息环境的基本情况的了解和掌握，如单位业务中信息化的程度、办公自动化的应用情况、计算机和网络设备的数量配置和分布、技术人员掌握专业知识和工程经验的状况，以及地理环境（如建筑物的结构、数量和分布）等。通过环境分析，可以对组网环境有一个初步的认识，便于后续工作的开展。

4．网络规模认定

确定网络的规模即明确网络建设的范围，是全面考虑网络设计问题的前提。

网络规模一般分为以下 4 种：

☑ 工作组或小型办公室局域网。

☑ 部门级局域网。

☑ 骨干网络/楼宇间的网络。

☑ 企业级网络。

明确网络规模的一个明显好处是便于制定合适的方案，准确做出工程预算，选购合适的设备，提高网络的性能价格比。

确定网络的规模主要涉及以下方面的内容：

☑ 哪些部门需要连入网络。

☑ 哪些资源需要在网络中共享。

☑ 有多少网络用户/信息插座。

☑ 采用什么档次的设备。

☑ 网络及终端设备的数量等。

5．业务需求规划

业务需求分析的目标是明确企业的业务类型、应用系统软件种类，确定其所产生的数据类型，以及它们对网络功能指标（如带宽、服务质量 QoS 等）的要求。

业务需求分析是企业建网中首先要考虑的环节，是进行网络规划与设计的基本依据。

那种以设备堆砌来建设网络，缺乏企业业务需求分析的网络规划是盲目的，会为网络建设埋下各种隐患。通过业务需求分析，可为以下方面提供决策依据。

☑ 实现或改进的企业网络功能。

☑ 相应技术支持的企业应用。

☑ 电子邮件服务。

☑ Web 服务器。

☑ 是否连入网络。

☑ 数据共享模式。

☑ 带宽范围。

☑ 网络升级或扩展。

☑ 其他。

6. 管理需求规划

网络的管理是企业建网不可或缺的一个方面，网络是否能按照设计目标提供稳定的服务主要依靠有效的网络管理。"向管理要效益"，这句话同样适用于网络工程。

网络管理包括两个方面：

☑ 制定各种管理规定和策略，用于规范相关人员操作网络的行为。

☑ 网络管理员利用网络设备和网管软件提供的功能对网络进行操作、维护。

通常所说的"网管"主要是指第二点，它在网络规模较大、结构复杂时，具有人工不可替代的作用，可以较好地完成网管职能。然而，随着现代企业网络规模的日益扩大，第一点也逐渐显示出它的重要性，尤其是网管策略的制定对保证网管的有效实施和网络的高效运行是至关重要的。

网络管理的需求分析要回答类似以下的问题：

☑ 是否需要对网络进行远程管理。

☑ 谁来负责网络管理，其技术水平如何。

☑ 需要哪些管理功能。

☑ 选择哪个供应商的网管软件，是否有详细的评估。

☑ 选择哪个供应商的网络设备，其可管理性如何。

☑ 怎样跟踪和分析处理网管信息。

☑ 如何更新网管策略。

☑ 其他。

7. 安全性需求规划

随着企业网络规模的扩大和开放程度的增加，网络的安全问题日益突出。网络在为企业做出贡献的同时，也为工业间谍和各种黑客提供了更加方便的入侵手段和途径。早期一些没有考虑安全性的网络不但因此蒙受了巨额经济损失，而且使企业形象遭到无法弥补的破坏。一个著名的例子便是 Yahoo 网站遭黑：在 Yahoo 举办最新网络安全技术发布会的前夜，黑客入侵 Yahoo.com，更改了主页，一时举世哗然。

企业网络安全性分析要明确以下安全性需求：

☑　企业的敏感性数据及其分布情况。

☑　网络用户的安全级别。

☑　可能存在的安全漏洞。

☑　网络设备的安全功能要求。

☑　网络系统软件的安全评估。

☑　应用系统的安全要求。

☑　防火墙技术方案。

☑　安全软件系统的评估。

☑　网络遵循的安全规范和达到的安全级别。

☑　其他。

网络安全要实现的目标包括以下方面：

☑　网络访问的控制。

☑　信息访问的控制。

☑　信息传输的保护。

☑　攻击的检测和反应。

☑　偶然事故的防备。

☑　事故恢复计划的制定。

☑　物理安全的保护。

☑　灾难防备计划等。

8. 网络扩展性规划

网络的扩展性有两层含义，其一是指新的部门（设备）能够简单地接入现有网络；其二是指新的应用能够无缝地在现有网络上运行。可见，在规划网络时，不但要分析网络当前的技术指标，还要预测网络未来的发展，以满足新的需求，保证网络的稳定性，保护企业的投资。

扩展性分析要明确以下指标：

☑　企业需求的新增长点有哪些。

☑　网络节点和布线的预留比率是多少。

☑　哪些设备便于网络扩展。

☑　带宽的增长估计。

☑　主机设备的性能。

☑　操作系统平台的性能。

☑　网络扩展后对原来网络性能的影响。

☑　其他。

9. 与外部网络的互联规划

建网的目的就是要拉近人们交流信息的距离，网络的范围当然越大越好（尽管有时不是这样）。电子商务、家庭办公、远程教育等 Internet 应用的迅猛发展，使网络互联成为企业建网时一个必不可少的方面。

与外部网络的互联涉及以下方面的内容：

- ☑ 是接入 Internet 还是与专用网络连接。
- ☑ 接入 Internet 选择哪个 ISP。
- ☑ 用拨号上网还是租用专线。
- ☑ 企业需要和 ISP 提供的带宽是多少。
- ☑ ISP 提供的业务选择。
- ☑ 上网用户授权和计费。
- ☑ 其他。

（二）网络工程设计

完成网络规划后，接下来要做的就是网络设计，其中包括工程需求与建网目标、建网原则、网络总体设计、综合布线、设备选型、系统软件、应用系统、工程实施步骤、测试与验收等。

1．设计目标与原则

根据目前计算机网络的现状和需求分析以及未来的发展趋势，在进行网络设计时需要考虑以下方面。

（1）确定目标

首先要确定用户对局域网应用系统的需求和期望。典型的局域网构建需求可以归纳为以下 3 种：

- ☑ 部门级局域网。部门级局域网的用户数量较少，入网计算机的位置分布相对集中，要求的网络功能相对简单，主要是运行管理应用系统和办公自动化系统，实现资源共享、无纸化办公、能够访问 Internet 查询信息和收发电子邮件等。
- ☑ 企业级局域网。企业级局域网的用户数量较多，分散在机构内的多个部门，但是入网计算机通常集中在一座建筑物内或几个相距不远的建筑物内。企业级局域网通常作为 Intranet 提供各种应用服务和管理服务，运行办公自动化系统，实现广泛的资源共享，并提供如电子邮件、网站等的信息服务。企业级局域网常常需要设立信息中心，对信息网络服务和建设提供统一的管理。
- ☑ 园区级局域网。园区级局域网是指那些连入的部门较多、有众多用户的网络，入网各个部门的地理位置分布相对分散，有时还有远程连接的需求。在园区级局域网中，各个部门往往独立管理自己的局域网，独立建设本部门的信息服务。在园区级局域网上运行的是服务于整个机构的办公自动化系统和 Internet 服务。园区级局域网常常需要设立网络中心，统一规划、管理整个园区网的建设；对内统一提供 Intranet 信息访问服务和电子邮件服务；对外提供基于 Internet 网站的信息服务和电子邮件服务；必要时还要提供电话拨号或专线方式的远程连接服务。

（2）设计原则

① 先进性。

- ☑ 采用具有国际先进水平的综合布线系统。
- ☑ 设计具有前瞻性，以适应未来技术的发展。

☑ 采用星形拓扑结构。

☑ 采用区域布线的方法。

☑ 起点要高，采用目前和未来一段时期内符合国内、国际标准，具有代表性和先进性的技术和设备。

② 可靠性。

☑ 采用高品质的器材，以保证整个系统的正常运行。

☑ 采用模块化的系统结构，以保证任何单一系统发生故障或被更改时不会影响其他系统的运行。

③ 灵活性。布线系统的设计应尽量考虑到使用时的方便，以适应设备的移位、更新换代的需求，适应办公室的重新组合。终端设备的移动只需将设备移到新的位置，在配线架上进行一些简单的跳接即可完成。

采用区域布线方法，以使局部的变化不影响整个系统的结构。

④ 兼容性。

☑ 系统应尽量保持与用户以往系统的兼容，以保护投资。

☑ 系统应支持不同应用、不同厂家、不同产品类型，如支持 IBM、HP、DEC、Honeywell 等系列，支持局域网（以太网、令牌环网）/广域网，支持远程控制/楼宇管理、保安监控等系统。

⑤ 扩充性。设计时应尽量考虑到将来系统扩充上的需要。扩充系统时应只需增加一些设备，而布线系统则不需改变或变化很小。

⑥ 开放性和标准化。采用开放和标准化的技术保证互联简单易行。

⑦ 安全性。建成的网络要有严格的权限管理、先进可靠的安全保密和应急措施，以确保数据/系统万无一失。

⑧ 实用性。根据办公自动化或业务处理等方面的需求，采用适度的规模、适用的通信平台和网络设备，力求简单实用、易学易用。

⑨ 可维护性。网络系统在运行中尚需不断修正、完善、调整和扩充，因此在设计时要充分考虑到可维护性，要具有可读性、可测试性。

2. 总体设计步骤

当确定建网目标并按照设计原则对计算机网络进行了全面规划后，就进入了设计阶段。该阶段可分为 5 个步骤来进行。

（1）确定用户需求

计算机网络设计的第一步是分析和确定用户需求，在分析前必须调查清楚用户都有哪些需求。下列基本问题应首先搞清。

☑ 网络使用单位的工作性质、业务范围和服务对象。

☑ 网络使用单位目前的用户数量及准备入网的节点计算机数量，预计将来发展会达到的规模等。

☑ 分布范围是在一座建筑物内，还是在一个园区内跨越多座建筑物。如果是分布在一座建筑物内，是否最终分布到各个楼层，在每层中是否所有的房间都有入网需求。计划每个房间最多允许多少台设备连入局域网，建筑物的公共使用空间（如走廊、门厅、地下室、会议室等）是否有设备临时接入局域网的需求。

☑ 网络使用单位是否有建立专门部门（如网络中心、信息中心或数据中心）进行信息业务处理的需求。

☑ 是否有多媒体业务的需求，对多媒体业务的服务性能要求达到什么程度。

☑ 是否考虑将本单位的电信业务（电话、传真）与数据业务集成到计算机网络中统一处理。

☑ 网络使用单位对网络安全性有哪些需求，对网络与信息的保密性有哪些需求，需求的程度怎样。

☑ 网络使用单位是否有距离较远的分公司、分园区，是否需要互联，以及互联的要求是什么。

只有在对网络使用单位和部门的需求进行了充分的调研和分析之后，才能搞清用户建设网络的实现目标和将来的期望目标。计算机网络的总体设计必须以这些目标作为基本依据。

（2）确定计算机网络的类型、分布架构、带宽和网络设备类型

在搞清了系统的建设目标后，就可以对局域网的类型、分布架构、带宽和网络设备类型进行设计。

① 确定类型。根据用户需要确定合适的局域网类型。目前在局域网建设中，由于以太网性能优良、价格低廉、升级和维护方便，通常都将它作为首选。当然，这里的以太网通常是指通信速率不低于 100Mb/s 的以太网。是选择快速以太网还是千兆以太网，还需要根据用户的应用需求和资金条件来决定。如果网络使用单位的环境在布线方面存在困难，也可以选择无线局域网。

② 确定网络分布架构。局域网的网络分布架构与入网计算机的节点数量和网络分布情况直接相关。如果所建设的局域网在规模上是一个由数百台至上千台入网节点计算机组成的网络，在空间上跨越一个园区的多个建筑物，则称这样的网络为大型局域网。对于大型局域网，通常在设计上将它分为核心层、分布层和接入层 3 层来考虑。接入层节点直接连接用户计算机，它通常是一个部门或一个楼层的交换机；分布层的每个节点可以连接多个接入层节点，通常它是一个建筑物内连接多个楼层交换机或部门交换机的总交换机；核心层节点在逻辑上只有一个，它连接多个分布层交换机，通常是一个园区中连接多个建筑物总交换机的核心网络设备。如果所建设的局域网在规模上是由几十台至几百台入网节点计算机组成的网络，在空间上分布在一座建筑物的多个楼层或多个部门，这样的网络称为中型局域网。在设计上常常分为核心层和接入层两层来考虑，接入层节点直接连接到核心层节点。有时也将核心层称为网络主干，将接入层称为网络分支。如果所建设的局域网是由空间上集中的几十台计算机构成的小型局域网，设计就相对简单多了，在逻辑上不用考虑分层，在物理上使用一组或一台交换机连接所有的入网节点即可。

③ 确定带宽和网络设备类型。计算机网络的带宽需求与网络上的应用密切相关。一般而言，快速以太网足够满足网络数据流量不是很大的中小型局域网的需要。如果入网节点计算机的数量在百台以上且传输的信息量很大，或者准备在局域网上运行实时多媒体业务，

建议选择千兆以太网。主干设备或核心层设备需要选择具备第三层交换功能的高性能主干交换机。如果要求局域网主干具备高可靠性和可用性，还应该考虑核心交换机的冗余与热备份方案设计。分布层或接入层的网络设备，通常选择普通交换机即可，交换机的性能和数量由入网计算机的数量和网络拓扑结构决定。

（3）确定布线方案

局域网布线设计的依据是网络的分布架构。由于网络布线是一次完成、多年使用的工程，因此必须有较长远的考虑。对于大型局域网，连接园区内各个建筑物的网络通常选择光纤，统一规划，冗余设计，使用线缆保护管道并且埋入地下。建筑物内又分为连接各个楼层的垂直布线子系统和连接同一楼层各个房间入网计算机的水平布线子系统。如果设有信息中心网络机房，还应该考虑机房的特殊布线需求。由于计算机网络的迅速普及，在局域网布线时，应该充分考虑到将来网络扩展可能需要的最大接入节点数量、接入位置的分布和用户使用的方便性。若整座建筑物接入局域网的节点计算机不多，可以采用从一个接入层节点直接连接所有入网节点的设计。若建筑物的每个楼层都分布有大量的接入节点，就需要设计垂直布线子系统和水平布线子系统，并且在每层楼设置专门的配线间，安置该楼层的接入层节点网络设备和配线装置。水平布线子系统通常采用非屏蔽双绞线或屏蔽双绞线，如何选择线缆类型和带宽应根据应用需求决定。连接各个楼层交换机的垂直布线子系统通常采用光纤。

（4）确定操作系统和服务器

网络操作系统的选择与计算机网络的规模、所采用的应用软件、网络技术人员与管理的水平、网络使用单位的资金投入等多种因素有关。目前，网络操作系统基本上是三大类产品：微软公司的 Windows 2000/2003 系统、传统的 UNIX 系统和新兴的 Linux 系统，以及 Novell 公司的 Netware 系统。

各种服务器既是计算机局域网的控制管理中心，也是提供各种应用和信息服务的数据服务中心，其重要性可想而知。服务器的类型和档次，应该同局域网的规模、应用目的、数据流量和可靠性要求相匹配。如果是服务于几十台计算机的小型局域网，数据流量不大，工作组级服务器基本上就可以满足要求；如果是服务于数百台计算机的中型局域网，一般来说至少需要选用部门级服务器，甚至企业级服务器；对于大型局域网来说，用于网络主干的服务和应用必须选择企业级服务器，其下属的部门级应用则可以根据需求选择其他类型的服务器。对于一个需要与外部世界通过计算机网络进行通信并且有联网业务需求的机构来说，选择功能与档次合适的服务器用于电子邮件服务、网站服务、Internet 访问服务及数据库服务非常重要。根据业务需要，可以由一台物理服务器提供多种应用服务，也可以由多台物理服务器共同完成一种应用服务。

（5）确定服务设施

一个计算机网络建成后，还需要相应的服务设施支持，才能正常运行。若需要保障小型局域网服务器的安全运行，至少需要配备不间断电源设备。对于中、大型局域网，通常需要专门设计安置网络主干设备和服务器的信息中心机房或网络中心机房。机房本身的功能设计、供电照明设计、空调通风设计、网络布线设计和消防安全设计等都必须一并考虑周全。

3. 网络的规模设计

局域网按照其规模可以分为小型、中型和大型 3 种。小型局域网接入的计算机节点一般为几十个，各个节点相对集中，每个节点距离交换机不到 100m；中型局域网一般包括上百个计算机节点，各个节点的距离较远，超过 100m 甚至更远；大型局域网则一般包括数百上千个计算机节点，节点分散且间隔更远。可以通过调查并统计园区内部有多少栋楼、多少楼层、多少房间、每个房间内有多少机器入网等，计算出信息点数，作为布线的设计依据。根据对网络需求应用的轻重缓急定出入网的计算机台数，以便进行设备采购和投资预算。如果是行业性网络，可以按照同样的方法把各个单位和部门的信息点数及工作站台数求和，作为全网的设计规模。

4. 网络拓扑结构设计

拓扑学是几何学的一个分支，是从图论演变而来的。拓扑学首先把实体抽象成与其大小、形状无关的点，将连接实体的线路抽象成线，进而研究点、线、面之间的关系。网络拓扑结构就是把工作站、服务器等网络单元抽象为点，把网络中的电缆等通信媒体抽象为线，从拓扑学的观点看计算机和网络系统，就形成了点和线组成的平面几何图形，从而抽象出网络系统的具体结构。科学、合理的拓扑结构是网络稳定、可靠运行的基础，也是网络工程成功实施的前提。

（1）分层网络设计方法

一个大规模的网络系统往往被分为几个较小的部分，它们之间既相对独立又互相关联。这种化整为零的做法是分层进行的。通常网络拓扑的分层结构包括 3 个层次，即核心层、分布层和接入层。

在这种典型的分层结构中，每一层都有其自身的规划目标。

① 核心层处理高速数据流，其主要任务是数据包的快速交换。

② 分布层负责聚合路由路径，收敛数据流量。

③ 接入层将流量馈入网络，提供网络访问控制和接入服务，并且提供其他相关的边缘服务。

（2）拓扑设计原则

按照分层结构规划网络拓扑时，应遵循以下基本原则：

① 网络中因拓扑结构改变而受影响的区域应被限制到最低。

② 路由器（及其他网络设备）应传输尽量少的信息。

③ 在不影响应用的前提下，应尽量有利于工程的实施。

（3）分层结构特点

不同的拓扑结构采用不同的控制策略，使用不同的网络连接设备。具体采用哪种网络拓扑结构，与采用的传输介质和对介质的访问控制方式密切相关。

（4）拓扑结构

计算机网络的组成元素可以分为两大类，即网络节点（又可分为端节点和转发节点）和通信链路。网络中节点的互连模式叫做网络的拓扑结构。在局域网中常用的拓扑结构有星形结构、环形结构和总线型结构。

① 星形拓扑。星形拓扑结构是由通过点到点链路接到中央节点的各站点组成的。星形网络中有一个唯一的转发节点（中央节点），每一台计算机都通过单独的通信线路连接到中央节点。

星形拓扑的优点是：利用中央节点可方便地提供服务和重新配置网络；单个连接点的故障只影响一台设备，不会影响全网；容易检测和隔离故障，便于维护；任何一个连接只涉及中央节点和一个站点，因此控制介质访问的方法很简单，从而访问协议也十分简单。

星形拓扑的缺点是：每个站点直接与中央节点相连，需要大量电缆，因此费用较高；如果中央节点产生故障，则全网不能工作，所以对中央节点的可靠性和冗余度要求很高。

② 总线型拓扑。总线型拓扑结构采用单根传输线作为传输介质，所有的站点都通过相应的硬件接口直接连接至传输介质或总线上。任何一个站点发送的信号都可以沿着介质传播，而且能被其他所有站点接收。

总线型拓扑的优点是：电缆长度短，易于布线和维护；结构简单，便于扩充，传输介质又是无源元件；从硬件的角度看，十分可靠；网络响应速度快，便于广播式工作。

总线型拓扑的缺点是：因为总线型拓扑的网络不是集中控制的，所以故障检测需要在网上的各个站点上进行；在扩展总线的干线长度时，需重新配置中继器、电缆，调整终端器等；总线上的站点需要介质访问控制功能，这就增加了站点的硬件和软件费用；节点多时网络性能会下降。

③ 环形拓扑。环形拓扑结构是由连接成封闭回路的网络节点组成的，每一个节点与它左右相邻的节点连接。

环形网络常使用令牌环来决定哪个节点可以访问通信系统。在环形网络中信息流只能是单方向的，每个收到信息包的站点都向其下游站点转发该信息包。信息包在环网中"旅行"一圈，最后由发送站进行回收。当信息包经过目标站时，目标站根据信息包中的目标地址判断出自己是接收站，并把该信息复制到自己的接收缓冲区中。为了决定环上的哪个站点可以发送信息，平时在环上流通着一个名为令牌的特殊信息包，只有得到令牌的站点才可以发送信息，当一个站点发送完信息后就把令牌向下传送，以便下游的站点可以得到发送信息的机会。

（5）拓扑选择

在选择网络拓扑结构时，一般要考虑以下 3 个因素：

① 可靠性。可靠性是网络的生命。网络故障的检测和排除，是网络系统可靠性的重要保证。网络拓扑结构决定了网络故障检测和排除的方便性。在选择拓扑结构时，必须考虑到未来网络故障检测和排除的方便性。

② 灵活性。灵活性是选择网络拓扑结构时要充分考虑的问题。任何一个网络都不可能一劳永逸，随着用户数量和网络应用的增加、网络新技术的不断发展，特别是用户需求的改变，计算机网络必须进行相应的调整、扩展和升级，这都与网络拓扑结构直接相关。

③ 经济性。拓扑结构的选择与传输介质的选择、传输距离的长短和所需网络的连接设备密切相关，这将直接决定网络的安装和维护等费用。

总之，选择网络拓扑结构时，需要考虑的因素很多，必须认真对待、考虑周全。

三、任务实施

通过对用户需求、网络规模、网络结构、管理需求、业务预期、安全需求、网络的接入方式等综合考量，我们确定系统设计的基本要求如下。

☑ 在网络结构上建议选用灵活的星形拓朴结构，通过在配线架上进行跳线或网络设备构成不同的逻辑结构，既适合于程控电话的需求，又适合计算机网络系统、保安监控系统，以及楼宇控制系统的要求。

☑ 主干网：提供计算机主干通信服务，应具有较高的通信带宽和稳定、可靠的特点。

☑ 子主干网：为楼宇内或协同工作的计算机集合提供网络互联服务。

☑ 支持在布线平台上远程联网，实现僻远工作点的网络互联。

☑ 为客户或其他个人办公地点提供网络服务。

☑ 在布线平台上建立整个网络，支持多种网络协议、多种高层协议和多媒体应用。

☑ 进行广域网连接，使小区可以实现国内、国际的信息传输。

以上这些这是智能小区建设的重要内容。具体设计见后面的子系统的设计。

【小结】

本节主要介绍了网络规划、网络工程设计等内容。

【练习】

1. 网络设计原则是什么？
2. 网络规划的内容是什么？
3. 网络拓扑结构有哪些？它们的优缺点是什么？

项目四
综合布线系统设计

知识点、技能点：

➢ 电信间的设计
➢ 综合布线七大子系统的设计
➢ 电气防护及接地和防火设计
➢ 综合布线系统方案的设计

学习要求：

➢ 掌握电信间的设计
➢ 掌握综合布线七大子系统的设计
➢ 掌握电气防护及接地和防火设计
➢ 掌握综合布线系统方案的设计

教学基础要求：

掌握一些应用文写作的知识

通过本章的学习，要求读者掌握综合布线各子系统设计的内容和方法，学会综合布线系统方案的设计，培养系统分析、解决问题的良好职业习惯。

任务一 产品选型

一、任务分析

在综合布线系统工程招标文件中，招标方对系统所采用的各种设备部件的类型和性能指标有着明确的要求。要想获得该工程，必须满足其产品需求。目前市场上有大量的综合布线产品供应商，不同厂商提供的产品各有特点。面对如此复杂的市场，我们必须对综合布线中所使用的各种部件有所了解，如传输介质、连接器件、布线器材，认识国内外主要综合布线系统产品，掌握产品选型的工作方法，以便更好地理解招标文件，为获得综合布线工程打下基础。

二、基本知识

1. 了解产品选型的前提条件

综合布线系统的产品选型，有着一定的前提条件，即必须参考以下一些因素：

（1）智能建筑和智能小区的性质、功能和环境等，包括所在城市的级别、地位和重要程度；分清是重要的高科技智能建筑还是普通的办公智能建筑。

（2）智能建筑和智能小区的建设规模和建设计划，包括建筑物分布、建筑的楼层数、平面布置、建筑面积、各种管线系统以及设计和施工进度。

（3）智能建筑和智能小区的近期用户信息需求、未来发展的需要和信息业务的变化情况等。

（4）智能建筑所在的客观环境、今后的发展以及变化情况，如目前和今后有无电磁干扰源的存在，是否有向智能小区发展的可能等。

2. 产品选型时应遵循的原则

在产品选型过程中应该遵循以下原则：

（1）必须和工程实际相结合，满足功能需求和环境需求。

（2）选用的产品应该符合中国的国情以及国际、国内和行业的有关技术标准，选用主流产品。

（3）近期与远期相结合。

（4）技术先进和经济合理相统一。

（5）选用同一品牌的产品。

（6）电磁兼容性。

（7）售后服务保障。

3. 主流布线系统厂家

（1）北美地区主要有 Avaya、3M、西蒙、AMP、康普、IBDN、百通、莫莱克斯（Molex）

和泛达等。

（2）欧洲地区主要有耐克森、德特威勒、施耐德、科龙、罗森伯格、奔瑞等。

（3）大洋洲主要有奇胜等。

（4）中国港台地区主要有万泰、鼎志等。

（5）中国大陆主要有普天、TCL、VCOM、大唐电信、鸿雁电器、宁波东方。

三、职业岗位能力训练

由于综合布线系统工程的建设规模和范围不一，因此所选用的产品品种、规格和数量必然存在一定的差异。这就要求我们必须灵活掌握产品选型的具体步骤和工作方法。

（1）掌握前提条件以及收集基础资料。

（2）产品选型前应该进行调查或者收集产品资料，访问已经使用过该产品的单位，充分掌握其使用效果；听取各种反馈意见，以便对产品进行分析，认真筛选两三种产品，为进一步评估考察做好准备。

（3）对初选产品客观、公正地进行技术、经济的比较和全面评估，选出理想的产品。

（4）重点考察初选产品的生产厂家的技术力量、生产装备、工艺流程和售后服务等，实地考察产品的使用情况，对某些基本性能进行现场测试，以求得第一手资料。

（5）经过上述工作后，对所选的产品已有了比较全面的综合性认识。接下来，本着经济实用、切实可靠的原则，提出最后选用产品的意见，提请建设单位或者有关决策部门确定。

（6）最后将综合布线系统工程中所需要的主要设备、各种线缆、布线部件以及其他附件的规格、数量进行计算和汇总，与生产厂商洽谈具体订购产品的细节，特别是产品质量、供货日期、地点和付款方式等，这些都应该在订货合同中明确规定，以保证综合布线系统工程能够按计划顺利进行。

四、任务实施

在完成用户需求分析后，我们对该小区要进行网络建设的需求情况已经有了明确的认识，下一步要做的便是进行综合布线产品的选型。

（1）根据用户需求分析后得出的结论，该小区网络建设的建筑性质确定为智能小区，智能化程度为普及型，要求有语音、数据、视频、监控、保安等信息业务。以某一建筑为例，计算出网络建设信息点数共88个。

（2）根据以往其他综合布线工程使用的产品经验和用户使用信息反馈，结合本次智能小区网络建设需求，经过详细的技术、经济比较，本着经济实用、切实可靠的原则，向建设方提出一份产品选型评估报告，建议综合布线产品选择 AMP 品牌，并最终得到了建设方认可。

（3）根据该建筑物网络建设布线点数和建筑分布情况，对综合布线系统工程中所需要的主要设备、各种线缆、布线部件以及其他附件的规格、数量进行计算和汇总，并给出综合布线设备清单，如表4-1所示。

表 4-1 某小区××楼综合布线设备清单

序 号	名 称	品 牌	产品规格	数 量	单 位
一、工作区					
1	超五类 RJ-45 信息模块	AMP	1375055-1	88	个
2	双孔国标面板	AMP	1427003-2	44	个
3	超五类原厂 RJ-45 跳线，蓝色，3m	AMP	1-219886-0	44	条
二、水平区					
1	超五类非屏蔽双绞线，带十字骨架	AMP	1427254-6	12	箱/305m
三、垂直主干					
1	8 芯室内万兆多模光缆（50/125）	AMP	8-1664044-1	40	米
2	三类 25 对大对数电缆	AMP	57242-1	1	轴
四、主机房和分配线间					
1	超五类 24 口配线架	AMP	1375014-2	23	个
2	19in 线缆管理器（1U）	AMP	623021-1	23	个
3	超五类原厂 RJ-45 跳线，蓝色，1m	AMP	219886-4	80	条
7	100 对 110XC 配线架，带连接块、标签盖板	AMP		3	套
8	110XC 配线架背板，1U	华美		3	套
9	24 口光纤配线架，带 MT-RJ 耦合器	AMP	1206704-4	3	个
10	24 芯光纤熔接盘	AMP	E96145-000	4	个
11	MT_RJ-SC 万兆光纤跳线，50/125μm，3m	AMP	1693414-3	16	条
3	超五类原厂 RJ-45 跳线，蓝色，1m	AMP	219886-4	80	条
12	MT-RJ 万兆光纤尾纤，1m（熔接用）	AMP	1536556-1	32	条
其他					
1	机柜 20U	华美	20U	4	个
2	机柜 42U	华美	42U	5	个
3	六类 SL 打线工具	AMP	1725150-1	2	把
4	地插	TCL		14	套

【小结】

本节主要介绍了综合布线系统工程中的产品选型相关知识，如产品选型的前提条件、遵循的原则、具体步骤、工作方法，以及主流综合布线厂家的产品等。

【练习】

1. 调查 5 家目前国内综合布线市场主流的布线系统厂家，了解各个厂家的产品特点和布线系统解决方案，并且对各厂家所提供的超五类或者六类双绞线布线产品和方案从性能、价格等方面进行比较，写出调查报告。

2. 根据对国内综合布线市场主流的布线系统厂家的了解，以及所设计的某单位的教学楼或者宿舍楼等的综合布线方案，对产品进行选型。

补充知识　图纸设计

【目标要求】

（1）了解绘图工具。

（2）掌握各种图纸的设计方法。

一、基本知识

下面介绍两种绘图软件。

1. AutoCAD

AutoCAD 广泛应用在综合布线系统的设计中。当建设单位提供了建筑物的 CAD 建筑图纸的电子文档后，设计人员可以在 CAD 建筑图纸上进行布线系统的设计，非常方便、快捷。目前，AutoCAD 主要用于绘制综合布线管线设计图、楼层信息点分布图和布线施工图等。如图 4-1 所示为 AutoCAD 工作界面。

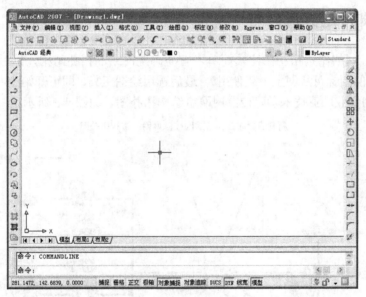

图 4-1　AutoCAD 工作界面

2. Microsoft Office Visio

Visio 是 Microsoft Office 家族成员，是一套易学易用的图形处理软件，使用者经过很短时间的学习就能上手。通过该软件，专业人员和管理人员等可以快捷、灵活地制作各种建筑平面图、管理机构图、网络布线图、机械设计图、工程流程图、审计图及电路图等。同时，Visio 还提供了对 Web 页面的支持，用户可轻松地将所制作的绘图文件发布到 Web 页面上。此外，用户还可以在 Visio 工作界面中直接对其他应用程序文件（如 Microsoft Office

系列、AutoCAD 等）进行编辑和修改，如图 4-2 所示。

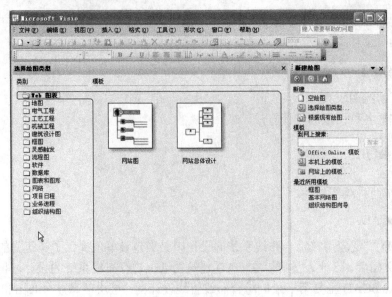

图 4-2　Microsoft Visio 工作界面

二、职业岗位能力训练

（1）设计网络结构拓扑图比较简单。首先确定网络的拓扑结构，然后确定标识图标（预设中没有的图标可从网上下载使用），最后选用绘图工具，即可开始绘制。例如，使用 Visio 绘制新疆农业职业技术学院校园网网络结构拓扑图，如图 4-3 所示。

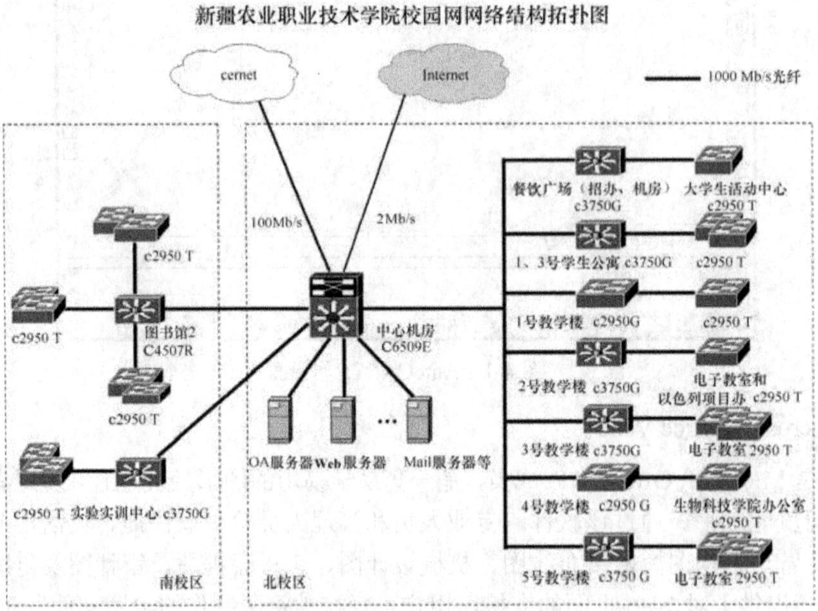

图 4-3　网络拓扑图

（2）设计综合布线系统结构图和布线路由图时，采用树状结构思想，从上往下绘制。

综合布线系统结构图反映了综合布线系统中的七大子系统，即工作区子系统、配线子系统、干线子系统、管理子系统、设备间子系统、进线间子系统、建筑群子系统的内容，主要包括信息面板、连线、配线架，不会出现具体的网络设备，如图4-4所示。

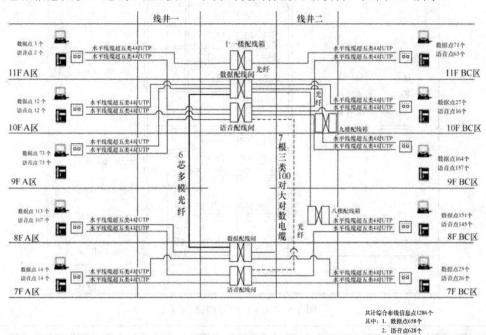

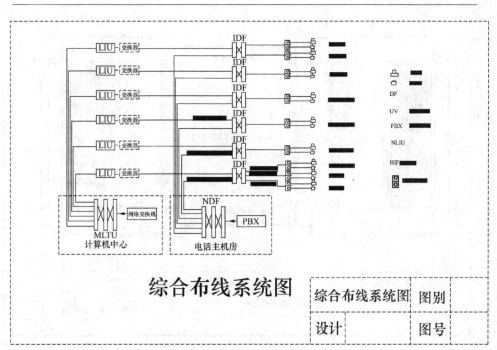

图4-4 综合布线系统结构图

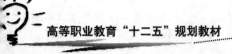

布线路由图反映了在布线的平面图上线管的走向情况，主要包括建筑群分布、建筑物的楼层、信息面板、具体的线缆（双绞线、光纤）、具体的管槽（金属管、金属槽、PVC管、PVC槽）、电缆竖井等，如图4-5～图4-8所示。

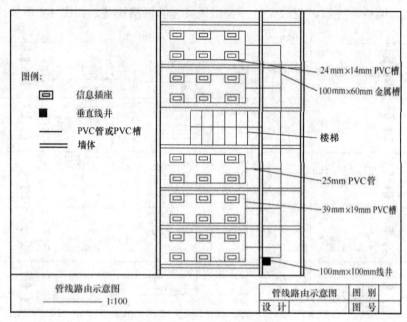

图4-5　综合布线管线路由图

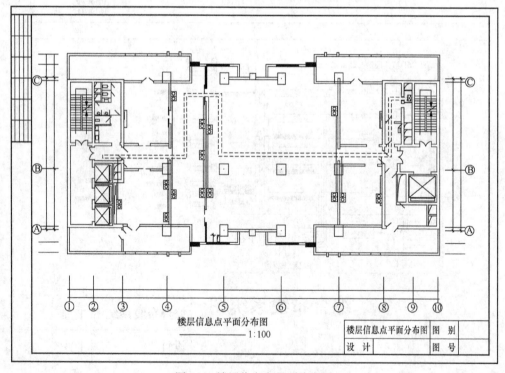

图4-6　楼层信息点平面分布图

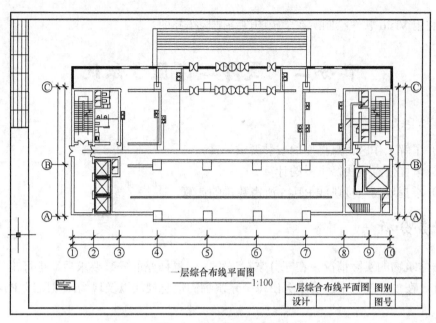

图 4-7　综合布线平面图

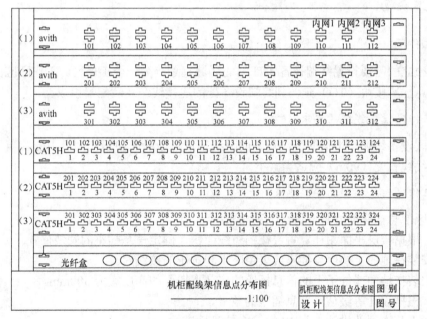

图 4-8　机柜配线架信息点分布图

【小结】

本节主要介绍了综合布线中绘制各种图纸时的绘图软件以及运用绘图软件绘制各种图纸的方法。

【练习】

1．利用 AutoCAD 软件绘制所在学校教学楼的楼层信息点分布图。

2. 利用 Visio 软件绘制所在学校的网络结构拓扑图。

任务二　设计工作区子系统

【目标要求】

（1）了解工作区信息插座的安装要求。

（2）掌握信息模块需求量的计算。

（3）掌握现场压接跳线 RJ-45 所需数量的计算。

一、任务分析

根据建筑物的实际情况，在充分掌握工作区信息插座的安装要求后，进行工作区子系统的设计。在设计过程中，要求算出每个建筑物的信息模块以及现场压接跳线 RJ-45 所需的数量。

二、基本知识

1. 工作区

一个独立的需要设置终端设备（TE）的区域宜划分为一个工作区。工作区应由配线子系统的信息插座模块（TO）延伸到终端设备处的连接线缆及适配器组成。

2. 工作区设备线缆的要求

工作区设备线缆、电信间配线设备的跳线和设备线缆之和不应大于 10m，当大于 10m 时，水平线缆长度（90m）应适当减小。

3. 工作区信息插座的安装要求

工作区信息插座的安装应符合下列要求：

（1）根据楼层平面图计算每层楼的布线面积，确定信息插座的安装位置。

① 安装在地面上的信息插座应采用防水和抗压的接线盒。

② 安装在墙面或柱子上的信息插座的底部离地面的高度宜为 300mm。

（2）根据设计等级估算信息插座的数量。

① 对于基本型的设计，每 $10m^2$ 一个信息插座。

② 对于增强型或综合型的设计，每 $10m^2$ 两个信息插座。

（3）信息模块的类型多种多样，安装方式也各不相同。在设计过程中，应根据应用系统的具体情况，选定信息模块的类型并确定信息插座的数量。

① 三类信息模块，支持 16Mb/s 的信息传输，适合语音应用。

② 超五类信息模块，支持 100Mb/s，最高支持 1000Mb/s 的信息传输，适合语音、数据和视频应用。

③ 六类信息模块，支持 1000Mb/s 的信息传输，适合语音、数据和视频应用。

4. 工作区的电源要求

（1）每个工作区至少应配置一个 220V 交流电源插座。

（2）工作区的电源插座应选用带保护接地的单相电源插座，保护接地与零线应严格分开。

三、职业岗位能力训练

1. 信息模块需求量的计算

可按照以下公式计算信息模块的需求量：

$$m=n+n\times3\%$$

式中，m——信息模块的总需求量；

n——信息点的总量；

$n\times3\%$——富余量。

2. 计算现场压接跳线 RJ-45 所需的数量

可按照以下公式计算现场压接跳线 RJ-45 所需的数量：

$$m=n\times4+n\times4\times15\%$$

式中，m——RJ-45 的总需求量；

n——信息点的总量；

$n\times4\times15\%$——预留的富余量。

3. 工作区面积的划分

目前建筑物的种类较多，按功能划分，大体上可以分为商业、文化、媒体、体育、医院、学校、交通、住宅、通用工业等类型。因此，对工作区面积的划分应根据应用的场合进行具体的分析。工作区面积的划分可参照表 4-2 来确定。

表 4-2　工作区面积的划分

建筑物类型及功能	工作区面积/m^2
网管中心、呼叫中心、信息中心等终端设备较为密集的场地	3～5
办公区	5～10
会议、会展	10～60
商场、生产机房、娱乐场所	20～60
体育场馆、候机室、公共设施区	20～100
工业生产区	60～200

四、任务实施

下面就来为小区物业楼设计工作区子系统。

（1）将信息插座安装在墙面上，且离地面的高度为 300mm。

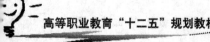

（2）按照增强型或综合型来设计，每 $10m^2$ 两个信息插座。

（3）选用六类信息模块。

（4）计算信息模块的需求量。

根据物业楼办公室有 8 间且每间面积都是 $15m^2$ 以下，现在假定每间办公室都有 3 个信息点，则估算出该建筑信息模块的需求量为 8（办公室数量）×3（每个办公室的信息点数量）=24，也就是 $n=24$。

$$m=n+n×3\%=24+24×3\%≈25$$

（5）计算现场压接跳线 RJ-45 所需的数量。

$$m=n×4+n×4×15\%=24×4+24×4×15\%≈111$$

【小结】

本节介绍了工作区子系统的设计，其中主要包括信息插座的安装要求、信息模块需求量的计算，以及现场压接跳线 RJ-45 所需数量的计算等。

【练习】

到某单位设计工作区子系统，写出总结报告。

任务三 设计配线子系统

【目标要求】

（1）了解配线子系统的设计要求。

（2）掌握配线子系统管槽路由设计。

（3）熟练掌握电缆长度的估算。

一、任务分析

无论什么类型的建筑物，配线子系统都应该符合信息化的要求，根据设计目标和未来的升级需要合理进行设计，掌握好电缆长度的计算，同时也要考虑屏蔽、接地和美观等要求。

二、基本知识

1. 配线子系统

配线子系统（也称水平子系统）主要由工作区的信息插座模块、信息插座模块至电信间配线设备（FD）的配线电缆和光缆、电信间的配线设备及设备线缆和跳线等组成。

2. 配线子系统的设计要求

（1）根据工程提出的近期和远期终端设备的配置要求、用户性质、网络构成及建筑物各层的实际情况，确定信息插座模块的数量及安装位置（注意配线应留有扩展余地）。

（2）配线子系统的线缆应采用非屏蔽或屏蔽 4 对双绞线电缆，在需要时也可采用室内多模或单模光缆。

（3）每一个工作区信息插座模块（电、光）数量不宜少于两个，并满足各种业务的需求。

（4）底盒数量应以插座盒面板设置的开口数确定，每一个底盒支持安装的信息点数量不宜大于两个。

（5）光纤信息插座模块安装的底盒大小应充分考虑到水平光缆（双芯或4芯）终接处的光缆盘留空间和光缆对弯曲半径的要求。

（6）工作区的信息插座模块应支持不同的终端设备接入，每一个8位模块通用插座应连接一根4对双绞线电缆；对每一个双工或两个单工光纤连接器件及适配器连接一根双芯光缆。

（7）从电信间至每一个工作区的水平光缆宜按双芯光缆配置。如果面对的是用户群或大客户，光纤芯数至少应有双芯备份，即按4芯水平光缆配置。

（8）连接至电信间的每一根水平电缆/光缆应终接于相应的配线模块，配线模块与线缆容量相适应。

（9）电信间FD主干侧各类配线模块应按电话交换机、计算机网络的构成及主干电缆/光缆的所需容量要求及模块类型和规格的选用进行配置。

（10）电信间FD采用的设备线缆和各类跳线宜按计算机网络设备的使用端口容量、电话交换机的实装容量、业务的实际需求或占信息点总数的比例（范围为25%～50%）进行配置。

三、职业岗位能力训练

1. 配线子系统管槽路由的设计

（1）在天花板吊顶内敷设线缆
① 分区方式。
② 内部布线方式。
③ 电缆槽道方式。

（2）在地板下敷设线缆
① 直接埋管方式。
② 地面线槽布线方式，如图4-9所示。
③ 蜂窝状地板布线方式。
④ 高架地板布线方式，如图4-10所示。

图4-9　地面线槽布线方式　　　　　　　图4-10　高架地板布线方式

（3）走廊槽式桥架方式，如图 4-11 所示。

（4）墙面线槽方式，如图 4-12 所示。

图 4-11　走廊槽式桥架方式

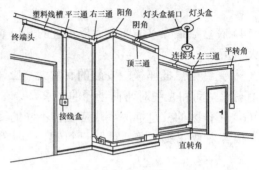

图 4-12　墙面线槽方式

2．电缆长度的估算

（1）确定布线的方法和走向。

（2）确定每个楼层配线间所要服务的区域。

（3）确认离楼层配线间距离最远的信息插座（IO）位置。

（4）确认离楼层配线间距离最近的信息插座（IO）位置。

（5）用平均电缆长度估算每根电缆长度。

平均电缆长度=(信息插座至配线间的最远距离＋信息插座至配线间的最近距离)/2

总电缆长度=平均电缆长度＋备用部分（平均电缆长度的 10%）＋端接容差 6（m）

每个楼层用线量（单位：米）的计算公式如下：

$$C=[0.55(L+S)+6]×N$$

式中，C——每个楼层的用线量；

　　　L——服务区域内信息插座至配线间的最远距离；

　　　S——服务区域内信息插座至配线间的最近距离；

　　　N——每层楼的信息插座（IO）数量。

整幢大楼的用线量：

$$W=\sum MC$$

式中，M——楼层数。

（6）电缆订购数。按 4 对双绞线电缆包装标准，一箱线长为 305m，则：

电缆订购数=W/305（箱）（不够一箱时按一箱计）

3．工作区信息点数量

确定工作区的信息点数量时，范围比较大。从现有的工程情况分析，设置 1～10 个信息点的现象都存在，并预留了电缆和光缆备份的信息插座模块。因为建筑物用户性质不同，功能要求和实际需求不一样，信息点数量不能仅按办公楼的模式确定，尤其是对专用建筑（如电信、金融、体育场馆、博物馆等建筑）及计算机网络存在内、外网等多个网络时，更应加强需求分析，作出合理的配置。

对于工作区的信息点数量，可按用户的性质、网络构成和需求来确定。表 4-3 列出了一些分类，供读者参考。

表 4-3　信息点数量的配置

建筑物功能区	信息点数量（每个工作区）			备　注
	电　话	数　据	光纤（双工端口）	
办公区（一般）	1 个	1 个		
办公区（重要）	1 个	2 个	1 个	对数据信息有较大的需求
出租或大客户区域	2 个或 2 个以上	2 个或 2 个以上	1 个或 1 个以上	指整个区域的配置量
办公区	2~5 个	2~5 个	1 个或 1 个以上	涉及内、外网络时

四、任务实施

下面就来为物业楼设计水平子系统。

（1）因为物业楼是由老式建筑改建而来，所以选择墙面线槽方式。

（2）根据实际情况，每个楼层放一个配线间。

（3）离楼层配线间距离最远的信息插座（IO）位置是二楼配线间到会议室的距离，L=20m。

（4）离楼层配线间距离最近的信息插座（IO）位置是二楼配线间到网络中心办公室的距离，S=5m。

（5）根据前面的计算，得到每层的信息点是 N=8。

（6）每个楼层用线量 $C=[0.55(L+S)+6]\times N=[0.55\times(20+5)+6]\times 8=158$（m）。

（7）整幢大楼的用线量 $W=\sum MC=158\times 3=474$（m）。

（8）按 4 对双绞线电缆包装标准，一箱线长为 305m，则电缆订购数=474/305≈2 箱。

【小结】

本节介绍了配线子系统的设计，主要包括设计要求、管槽路由设计，以及电缆长度的估算等。

【练习】

到某单位设计配线子系统，写出总结报告。

任务四　设计干线子系统

【目标要求】

（1）了解干线子系统的设计要求。

（2）掌握干线子系统线缆类型和布线距离。

（3）熟练掌握干线子系统的布线路由。

一、任务分析

根据用户信息需求分析和现场勘察，在充分了解干线子系统的设计要求后，进行干线子系统的设计。在设计过程中，应选择合适的线缆类型，并计算合适的布线距离，尤其对干线子系统的布线路由要充分考虑。

二、基本知识

1. 干线子系统

干线子系统（也称垂直子系统）由设备间至电信间的干线电缆和光缆、安装在设备间的建筑物配线设备（BD）及设备线缆和跳线组成。

2. 干线子系统的设计要求

（1）干线子系统所需要的电缆总对数和光纤总芯数，应满足工程的实际需求，并留有适当的备份容量。主干线缆宜设置电缆与光缆，并互相作为备份路由。

（2）干线子系统主干线缆应选择较短的、安全的路由。主干电缆宜采用点对点终接，也可采用分支递减终接。

（3）如果电话交换机和计算机主机设置在建筑物内不同的设备间，宜采用不同的主干线缆来分别满足语音和数据的需要。

（4）在同一层若干电信间之间宜设置干线路由。

（5）主干电缆和光缆所需的容量要求及配置应符合以下规定：

① 对语音业务，大对数主干电缆的对数应按每一个电话 8 位模块通用插座配置一对线，并在总需求线对的基础上至少预留约 10%的备用线对。

② 对于数据业务，应按每个集线器（HUB）或交换机（SW）群（4 个 HUB 或 SW 组成一群）（也可以每个 HUB 或 SW 设备为准）配置一个主干端口。另外，每一群网络设备或每 4 个网络设备宜考虑一个备份端口。主干端口为电端口时，应按 4 对线容量配置为光端口时，则按双芯光纤容量配置。

③ 当工作区至电信间的水平光缆延伸至设备间的光配线设备（BD/CD）时，主干光缆的容量应包括所延伸的水平光缆光纤的容量在内。

三、职业岗位能力训练

1. 干线子系统线缆类型的选择

在设计过程中，可根据建筑物的楼层面积、建筑物的高度、建筑物的用途和信息点数量来选择干线子系统的线缆类型。在干线子系统中可采用以下 4 种类型的线缆：

（1）100Ω 双绞线。

（2）62.5/125μm 多模线缆。

（3）50/125μm 多模线缆。

（4）8.3/125μm 单模线缆。

2. 干线子系统的布线距离

无论是电缆还是光缆，干线子系统都会受到最大布线距离的限制，即建筑群配线架（CD）到楼层配线架（FD）的距离不应超过 2000m，建筑物配线架（BD）到楼层配线架（FD）的距离不应超过 500m。通常将设备间的主配线架放在建筑物的中部，以使线缆的距离最短。当超出上述距离限制时，可以分成几个区域布线，使每个区域都满足规定的距离要求。与配线（水平）子系统一样，干线（垂直）子系统布线的距离也与信息传输速率、信息编码技术和选用的线缆及相关连接件有关。

3. 干线子系统的布线路由

干线子系统的布线通道有电缆孔和电缆井两种形式。

（1）电缆孔

在干线子系统的布线通道中所用的电缆孔是很短的管道，通常用一根或数根直径为 10cm 的钢管做成。

在浇注混凝土地板时将钢管嵌入其中，并比地板表面高出 2.5～10cm 即可。此外，也可直接在地板中预留一个大小适当的孔洞。电缆往往捆在钢绳上，而钢绳又固定到墙上已铆好的金属条上。当楼层配线间上下都对齐时，一般采用电缆孔方法，如图 4-13 所示。

（2）电缆井

电缆井方法常用于干线通道，也就是常说的竖井。它是指在每层楼板上开出一些方孔并上下对齐，各种粗细不同的电缆可以以任何组合方式通过这些方孔并从这层楼延伸到相邻的楼层，如图 4-14 所示。电缆井的大小视所用电缆的数量而定。与电缆孔方法一样，电缆也是捆在或箍在支撑用的钢绳上，钢绳由墙上的金属条或地板三角架固定。

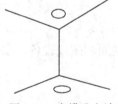 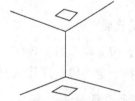

图 4-13　电缆孔方法　　　　　　　　图 4-14　电缆井方法

电缆井虽然比电缆孔灵活，但在原有建筑物中采用这种方法安装电缆造价较高，另外不使用的电缆井很难防火。如果在安装过程中没有采取措施去防止损坏楼板的支撑件，则楼板的结构完整性将受到破坏。在多层楼房中，经常需要使用横向通道，干线电缆才能从设备间连接到干线通道或在各个楼层上从二级交接间连接到任何一个楼层配线间。横向走线需要寻找一条易于安装的便利通路，因而两个端点之间很少是一条直线。在配线子系统和干线子系统布线时，可考虑数据线、语音线以及其他弱电系统共槽问题。

四、任务实施

主干线子系统部分提供了建筑物中主配线间 BD 与分配线间 FD 连接的路由。为保证

数据有效、高速地传输，同时考虑到本项目中应用的带宽要求，本次设计采用 LIGHTSYSTEM 千兆级分布式光纤。光纤接头及相应的耦合器应采用 LC 标准，方便和其他网络设备的连接。

【小结】

本节主要介绍了干线子系统的设计要求、线缆类型、布线距离和布线路由。

【练习】

到某单位设计干线子系统，写出总结报告。

任务五　设计管理子系统

【目标要求】

（1）了解管理子系统的设计要求。

（2）掌握标识管理。

（3）掌握连接件管理。

一、任务分析

对照用户需求分析和综合布线规划，根据综合布线方案对管理子系统进行设计。在设计过程中，应认真进行标识管理，合理选择管理方案，做好连接件管理。

二、基本知识

1. 管理子系统

管理子系统主要是对工作区、设备间、电信间、进线间的配线设备、线缆、信息插座模块等设施按一定的模式进行标识和记录。

2. 管理子系统的设计要求

对工作区、设备间、电信间和进线间的配线设备、线缆、信息插座模块等设施进行标识和记录时，应符合下列规定：

（1）综合布线系统工程宜采用计算机进行文档记录与保存（对于那些简单且规模较小的综合布线系统工程，也可采用图纸资料等纸质文档进行管理），并做到记录准确、更新及时、便于查阅；文档资料应实现汉化。

（2）电缆、光缆、配线设备、端接点、接地装置、敷设管线等组成部分均应给定唯一的标识符，并设置标签。标识符应采用相同数量的字母和数字等标明。

（3）电缆和光缆的两端均应标明相同的标识符。

（4）设备间、电信间、进线间的配线设备宜采用统一的色标区别各类业务与用途的配线区。

（5）所有标签均应保持清晰、完整，并满足使用环境要求。

（6）对于规模较大的布线系统工程，为提高布线工程维护水平与网络安全，宜采用电子配线设备对信息点或配线设备进行管理，以显示与记录配线设备的连接、使用及变更状况。

（7）综合布线系统相关设施的工作状态信息应包括设备和电缆的用途、设备位置、线缆走向、使用部门、组成局域网的拓扑结构、信息传输速率、终端设备配置状况、占用器件编号、色标、链路与信道的功能和各项主要指标参数及完好状况、故障记录等内容。

三、职业岗位能力训练

1. 标识管理

标识管理是管理子系统的一个重要组成部分。完整的标识应提供以下信息：建筑物的名称、位置、区号和起始点。综合布线时通常采用 3 种标识，即电缆标识、场标识和插入标识，其中插入标识最常用。这些标识一般采用硬纸片的形式，供安装人员在需要时取下来使用。

（1）电缆标识

背面带有不干胶，可以直接贴到各种电缆表面上。

（2）场标识

背面带有不干胶，可贴在设备间、配线间、二级交接间和建筑物布线场的平整表面上。

（3）插入标识

这种标识可以插在 1.27cm×20.32cm 的透明塑料夹（位于 110 型接线块上的两个水平齿条之间），每个标识都用色标来指明电缆的源发地（这些电缆端接于设备间和配线间的管理场）。插入标识所用的底色及其含义介绍如下。

① 在设备间。

☑ 蓝色：从设备间到工作区的信息插座（IO）实现连接。

☑ 白色：干线电缆和建筑群电缆。

☑ 灰色：端接与连接干线到计算机机房或其他设备间的电缆。

☑ 绿色：来自电信局的输入中继线。

☑ 紫色：公用系统设备连线。

☑ 黄色：交换机和其他设备的各种引出线。

☑ 橙色：多路复用输入电缆。

☑ 红色：关键电话系统。

☑ 棕色：建筑群干线电缆。

② 在主接线间。

☑ 白色：来自设备间的干线电缆的点对点端接。

☑ 蓝色：到配线接线间 I/O 服务的工作区线路。

☑ 灰色：到远程通信（卫星）接线间各区的连接电缆。

☑ 橙色：来自卫星接线间各区的连接电缆。

☑ 紫色：来自系统公用设备的线路。

③ 在远程通信（卫星）接线间。

☑ 白色：来自设备间的干线电缆的点对点端接。

☑ 蓝色：到干线接线间 I/O 服务的工作区线路。

☑ 灰色：来自干线接线间的连接电缆。

☑ 橙色：来自卫星接线间各区的连接电缆。

☑ 紫色：来自系统公用设备的线路。

（4）管理方案

在综合布线系统中，应用系统的变化会导致连接点经常移动或增减。没有标识或使用不恰当的标识都会使最终用户不得不支出更高的维护费来解决连接点的管理问题，而引入标识管理则可以进一步完善和规范综合布线工程。

标识方案随具体应用系统的不同而有所不同。在大多数情况下，通常由用户的系统管理人员或通信管理人员提供标识方案的制定原则。为了有效地进行线路管理，方案必须作为技术文件存档。

物理件需要标识线缆、通道（线槽/管）、空间（设备间）、端接件和接地 5 个部分，它们的标识相互联系、互为补充，而每种标识的方法及使用的材料又各有各的特点。像线缆的标识，要求在线缆的两端都进行标识。严格地说，每隔一定距离都要进行标识，并且在维修口、接合处和牵引盒处的线缆也要进行标识。

配线架和面板的标识除了清晰、简洁、易懂外，还要连续、美观。从材料和应用的角度讲，线缆的标识尤其是跳线的标识要求使用带有透明保护膜（带白色打印区域和透明尾部）的耐磨损、抗拉的标签材料，像已烯基这种适合于包裹和高伸展性的材料最好，这样线缆的弯曲变形以及经常的磨损才不会使标签脱落和字迹模糊不清。另外，套管和热缩套管也是线缆标签很好的选择。

由于各厂家的配线架规格不同，所留标识的宽度也不同，所以选择标签时，宽度和高度都要多加注意。

通常施工人员为保证线缆两端的正确端接，会在线缆上贴好标签。用户可以通过每条线缆的唯一编码，在配线架和面板插座上识别线缆。由于用户每天都在使用布线系统，而且通常自己负责维护，因此越是简单易识别的标识越易被用户接受。

应用系统管理人员还应当与应用技术人员或其他人密切合作，随时做好移动或重组的各种记录；而且标识要清晰，标签要耐腐蚀。《商业建筑物电信基础设施管理标准》（ANSI/TIA/EIA 606）中推荐了两种标签：一类是专用标签，另一类是套管和热缩套管。

（5）标签种类

① 专用标签。专用标签可直接粘贴、缠绕在线缆上。这类标签通常以耐用的化学材料作为基层而绝非纸质。

② 套管和热缩套管。套管类产品只能在布线工程完成前使用，因为需要从线缆的一端套入并调整到适当位置。如果是热缩套管，还要使用加热枪使其收缩固定。套管线标的优势在于紧贴线缆，能够提供最大的绝缘性和永久性。

（6）标签印刷

① 使用预先印制的标签。

② 使用手写的标签。

③ 借助软件设计和打印标签。

④ 使用手持式标签打印机现场打印。

2. 连接件管理

由于主要的管理集中在楼层配线间（楼层配线间在 ANSI/TIA/EIA 568-A 标准中被称为管理间，管理子系统被称为管理间子系统），所以应根据管理的信息点的多少安排管理间的大小。如果信息点多，就应该考虑用一个房间来放置；信息点少时，则没有必要单独设立一个管理间，可选用墙上型机柜来处理该子系统。管理间内一般提供机柜、交换机、信息点集线面板、语音点 S110 集线面板和交换机整压电源线等设备。

在管理子系统中，数据信息点的线缆是通过信息点集线面板（配线架）进行管理的，而语音点的线缆是通过 110 交连硬件进行管理的。

信息点的集线面板有 12 口、24 口和 48 口等，应根据信息点的多少配备集线面板。

四、任务实施

管理子系统由交连、互联配线架组成，由管理点为连接其他子系统提供连接手段。交连和互联允许将通信线路定位或重定位到建筑物的不同部分，以便能更容易地管理通信线路，如在移动终端设备时可方便地进行插拔。

管理子系统是整个布线系统的管理中枢，所有水平线、主干线均端接于此，用户可以很方便地根据需要通过跳线对信息端口进行管理。管理间内的配线设备主要由配线架、跳线及相关的连接硬件构成。管理子系统的数量须根据大楼的结构、用户需求、功能区域的划分及水平线缆的长度来确定。在满足水平线缆小于 90m 及方便管理的前提下，应尽可能减少管理区的数量，从而减少系统的整体投资，方便用户的管理。

分配线间是各管理子系统的安装场所。对于信息点不是很多，使用功能又近似的楼层，为便于管理，可共用一个分配线间；对于信息点较多的楼层，应在该层设立分配线间。分配线间的位置可选在弱电竖井附近的房间内。

分配线间的环境要求：分配线间（HC）应尽量保持室内无尘，地面建议安装防静电地板，散热良好，室内照度不小于300lx，符合有关消防规范。此外，为保障未来网络系统可靠工作，建议在分配线间内布置专用 UPS 电源线路，采用 UPS 集中供电方式供电。每个电源插座的容量不小于 300W。每个配线间的面积为 2～4m^2。因后期网络开通时要安装一定数量的有源设备（如集线器、交换机等），一定要保持配线间的温度和湿度，安装空调（或将楼层空调送风口引入到配线间内）及排风设施。

在此设计主配线间（BD）设在小区中心机房，在每栋楼各设置 1 个楼内配线间，针对多个单元的楼则在每个单元设置 1 个综合配线箱（FD），构成小区的综合布线系统主干节点。因考虑到组网的灵活性，采用 19in 机柜型配线架，大大方便语音及数据网络的灵活配置及管理。

【小结】

本节主要介绍了管理子系统的设计要求、标识管理和连接件管理等。

【练习】

到某单位设计管理子系统，写出总结报告。

任务六 设计设备间子系统

【目标要求】

（1）了解设备间子系统的设计要求。

（2）掌握设备间的线缆敷设。

一、任务分析

设备间是在每一幢大楼的适当地方安装进出线设备和主配线架，并进行综合布线系统管理和维护的场所。设备间子系统主要由综合布线系统的建筑物进线设备，如语音、数据、图像等各种设备及其保安配线设备和主配线架等组成。

设备间的位置及大小应根据进出线设备的数量、规模、最佳管理等进行综合考虑，择优选取。

二、基本知识

1. 设备间子系统

设备间是在每幢建筑物的适当地点进行网络管理和信息交换的场地。对于综合布线系统，在设备间内主要是安装建筑物配线设备。电话交换机、计算机主机设备及入口设施也可与配线设备安装在一起。

2. 设计设备间子系统时应考虑的问题

（1）设备间位置应根据设备的数量、规模、网络构成等因素，综合考虑确定。

（2）每幢建筑物内应至少设置一个设备间；如果电话交换机与计算机网络设备分别安装在不同的场地或根据安全需要，也可设置两个或两个以上设备间，以满足不同业务的设备安装需要。

（3）建筑物综合布线系统与外部配线网连接时，应遵循相应的接口标准要求。

（4）设备间的设计应符合下列规定：

① 设备间宜处于干线子系统的中间位置，并考虑主干线缆的传输距离与数量。

② 设备间应尽可能靠近建筑物线缆竖井位置，以利于主干线缆的引入。

③ 设备间的位置宜便于设备接地。

④ 设备间应尽量远离高低压变配电、电机、X 射线、无线电发射等有干扰源存在的

场地。

⑤ 设备间室温应为 10℃~35℃，相对湿度应为 20%~80%，并有良好的通风条件。

⑥ 设备间内应有足够的设备安装空间，其使用面积不应小于 $10m^2$（该面积不包括程控用户交换机、计算机网络设备等设施所需的面积在内）。

⑦ 设备间梁下净高不应小于 2.5m；采用外开双扇门，门宽不应小于 1.5m。

（5）设备间应防止有害气体（如氯、碳水化合物、硫化氢、氮氧化物、二氧化碳等）侵入，并应有良好的防尘措施，尘埃含量限值宜符合表 4-4 所示的规定。

表 4-4　尘埃含量限值

尘埃颗粒的最大直径/μm	0.5	1	3	5
灰尘颗粒的最大浓度/（粒子数·m^{-3}）	$1.4×10^7$	$7×10^5$	$2.4×10^5$	$1.3×10^5$

注：灰尘粒子应是不导电的、非铁磁性和非腐蚀性的。

（6）在地震区内，设备安装应按规定进行抗震加固。

（7）设备安装应符合下列规定：

① 机架或机柜前面的净空不应小于 800mm，后面的净空不应小于 600mm。

② 壁挂式配线设备底部离地面的高度不宜小于 300mm。

（8）设备间应提供不少于两个 220V 带保护接地的单相电源插座，但不作为设备供电电源。

（9）设备间如果安装电信设备或其他信息网络设备，设备供电应符合相应的设计要求。

三、职业岗位能力训练——设备间的线缆敷设

（1）活动地板

活动地板一般在建筑物建成后安装敷设。目前有两种敷设方法：

☑　正常活动地板。高度为 300~500mm，地板下面空间较大，除敷设各种线缆外还可兼作空调送风通道。

☑　简易活动地板。高度为 60~200mm，地板下面空间小，只作线缆敷设用，不能作为空调送风通道。

两种活动地板在新建建筑中均可使用，一般用于电话交换机房、计算机主机房和设备间；也适用于已建成的原有建筑或地下管线和障碍物较复杂且断面位置受限制的区域。

（2）地板或墙壁内沟槽

线缆在预先建成的墙壁或地板内的沟槽中敷设时，沟槽的大小根据线缆容量来设计，上面设置盖板保护。

☑　地板或墙壁内沟槽敷设方式只适用于新建建筑，在已建建筑中较难采用。

☑　由于不易制成暗敷沟槽，沟槽敷设方式只能在局部段落中使用，不宜在面积较大的房间内全部采用。

☑　在今后有可能变化的建筑中不宜使用沟槽敷设方式，因为沟槽是在建筑中预先制成的，所以在使用时会受到限制，线缆路由不能自由选择和变动。

（3）预埋管路

在建筑的墙壁或楼板内预埋管路，其管径和根数根据线缆需要来设计。预埋管路只适用于新建建筑，管路敷设段落必须根据线缆分布方案的要求设计。预埋管路必须在建筑施工中建成，所以在使用时会受到限制，必须精心设计和考虑。

（4）机架走线架

对于在设备（机架）上沿墙安装走线架（或槽道）的敷设方式，走线架和槽道的尺寸应根据线缆需要来设计。在已建或新建的建筑中均可使用这种敷设方式（除楼层层高较低的建筑外），其适应性较强，使用场合较多。在机架上安装走线架或槽道时，应结合设备的结构和布置来考虑。

四、任务实施

本系统的主设备间设在七层机房内，光缆主干所采用的光纤配线架与楼层配线间相同，设备均安装在 19in 标准机柜内。

设备间的环境条件，如温度、湿度、照明、噪声、电磁场干扰、供电、消防及内部装修等，须按照《电子计算机机房设计规范》（GB 50174—1993）的有关规定，由专业公司来完成（中心机房 IDC 建议部分）。

此外，对于接入线路部分，主要为电信局铜缆或光缆，因此部分由电信局安装。这要求实地勘测现场。

当外线进入建筑物内部时，可能会受到雷击或电势感应而引入高电压，对人和电器设备造成损害，因此对外部线路应进行过电流、过电压保护。

【小结】

本节主要介绍了设备间子系统的设计要求、设备间子系统的工程设计步骤和设备间子系统管槽路由设计。

【练习】

到某单位设计设备间子系统，写出总结报告。

任务七　设计进线间子系统

一、任务分析

了解进线间子系统的设计要求。

二、基本知识

1. 进线间子系统

进线间是建筑物外部通信管线的入口部位，并可作为入口设施和建筑群配线设备的安装场地。

2. 进线间子系统设计时应该考虑的问题

（1）进线间应设置管道入口。

（2）进线间应满足线缆的敷设路由、成端位置及数量、盘长空间和弯曲半径，以及充气维护设备、配线设备安装所需要的场地空间和面积。

（3）进线间的大小应按进线间的进局管道最终容量及入口设施的最终容量设计，同时应考虑满足多家电信业务经营者安装入口设施等设备的面积。

（4）进线间宜靠近外墙、在地下设置，以便于线缆的引入。

① 进线间应防止渗水，宜设有抽排水装置。

② 进线间应与布线系统垂直竖井沟通。

③ 进线间应采用相应防火级别的防火门，门向外开，宽度不小于 1000mm。

④ 进线间应设置防有害气体措施和通风装置，排风量按每小时不小于 5 次容积计算。

（5）与进线间无关的管道不宜通过。

（6）进线间入口管道口所有布放线缆和空闲的管孔应采取防火材料封堵，做好防水处理。

（7）进线间如安装配线设备和信息通信设施，应符合设备安装设计要求。

（8）建筑群主干电缆和光缆、公用网和专用网电缆、光缆及天线馈线等室外线缆进入建筑物时，应在进线间成端转换成室内电缆、光缆，并在线缆的终端处可由多家电信业务经营者设置入口设施，入口设施中的配线设备应按引入的电、光缆容量配置。

（9）电信业务经营者在进线间设置入口配线设备时，应在其与 BD 或 CD 之间敷设相应的连接电缆、光缆，实现路由互通。线缆类型与容量应与配线设备一致。外部接入业务及多家电信业务经营者线缆接入的需求，并应留有 2～4 孔的余量。

三、任务实施

进线间是在每一幢大楼的适当位置安装进出线设备和主配线架，并进行布线系统管理和维护的场所。进线间子系统应由综合布线系统的建筑物进线设备，如语音、数据、图像等各种设备及其保安配线设备和主配线架等组成。

进线间的位置及大小应根据进出线设备的数量、规模、最佳管理等，进行综合考虑，择优选取。

本系统的光缆主干所采用的光纤配线架与楼层配线间相同。设备均安装在 19in 标准机柜内。

此外，对于接入线路部分，主要为电信局铜缆或光缆，因此部分由电信局安装。这要求实地勘测现场。对此，我们建议：当外线进入建筑物内部时，可能会受到雷击或电势感应而引入高电压，对人和电器设备造成损害，因此对外部线路进行过电流、过电压保护，避免外部高电压给建筑物内人或设备可能造成的损害。

【小结】

本节主要介绍了进线间子系统的设计要求。

【练习】

到某单位设计进线间子系统，写出总结报告。

任务八 设计建筑群子系统

【目标要求】

（1）了解建筑群子系统的设计要求。

（2）掌握建筑群子系统的设计步骤。

（3）掌握建筑群子系统管槽路由设计。

一、任务分析

建筑群子系统将一个建筑物中的线缆延伸到其他建筑物中的通信设备和装置上，主要包括线缆、连接设备、保护设备以及其他用于与室外连接的设备等。线缆通常会采用光缆，一般需要根据现场的敷设情况如工地大小、建筑物位置特点等来选择敷设的方法。

二、基本知识

1. 建筑群子系统

建筑群子系统主要由连接多个建筑物的主干电缆和光缆、建筑群配线设备（CD）及设备线缆和跳线组成。

2. 建筑群子系统的设计要求

（1）CD宜安装在进线间或设备间，并可与入口设施或BD合用场地。

（2）CD配线设备内、外侧的容量应与建筑物内连接BD配线设备的建筑群主干线缆容量及建筑物外部引入的建筑群主干线缆容量相一致。

三、职业岗位能力训练

1. 建筑群子系统的设计步骤

建筑群子系统的设计步骤如下：

（1）确定敷设现场的特点。

（2）确定电缆系统的一般参数。

（3）确定建筑物的电缆入口。

（4）确定明显障碍物的位置。

（5）确定主电缆路由和备用电缆路由。

（6）选择所需电缆类型和规格。

（7）确定每种选择方案所需的劳务成本。

（8）确定每种选择方案的材料成本。

（9）选择最经济、最实用的设计方案。

2．建筑群子系统管槽路由设计

建筑群子系统的线缆架设有地下和架空两种类型，地下又分为电缆管道、电缆沟和直埋 3 种方式；架空又分为架空杆路和墙壁挂放两种方式。

（1）地下

① 电缆管道：主要针对塑料护套电缆，对钢带铠装电缆不太适合，如图 4-15 所示。线缆管道一般适用于如下场合：

☑ 较为定型的智能小区和道路基本不变的地段。

☑ 要求环境美观的校园式小区或对外开放的示范性街区。

☑ 广场或绿化地带的特殊地段。

☑ 交通道路或其他建筑方式不适用时。

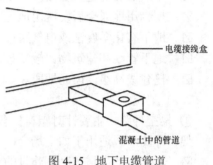

图 4-15 地下电缆管道

电缆管道一般不适用于如下场合：

☑ 小区或道路尚不定型，今后有可能变化的地段。

☑ 地下有化学腐蚀或电气腐蚀的地段。

☑ 地下管线和障碍物较复杂且断面位置受限制的地段。

☑ 地质情况不稳定，土质松软、塌陷的地段，以及地面高低相差较大和地下水位较高的地段。

② 电缆沟：如图 4-16 所示。

电缆沟一般适用于如下场合：

☑ 在较为定型的小区和道路基本不变的地段。

☑ 在特殊场合或重要场所，要求各种管线综合建设公共设施的地段。

☑ 已有电缆沟道且可使用的地段。

电缆沟一般不适用于如下场合：

☑ 附近有影响人身和电缆安全的地段。

☑ 地面要求特别美观的广场等地段。

③ 直埋：主要针对按不同环境条件采用不同方式的铠装电缆，对塑料护套电缆不太适合，如图 4-17 所示。

直埋一般适用于如下场合：

☑ 用户数量比较固定，电缆容量和条数不多的地段，以及今后不会扩建的场所。

☑ 要求电缆隐蔽，但电缆条数不多，采用管道不经济或不能建设的场合。

☑ 敷设电缆条数虽少，但却是特殊或重要的地段。

☑ 不宜采用架空电缆的校园式小区，要求敷设直埋电缆。

图 4-16 电缆沟

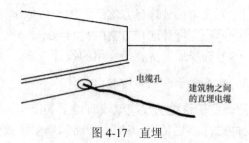

图 4-17 直埋

直埋一般不适用于如下场合：

☑ 今后需要翻建的道路或广场。

☑ 规划用地或今后发展用地。

☑ 地下有化学腐蚀或电气腐蚀以及土质不好的地段。

☑ 地下管线和建筑物比较复杂，常有可能挖掘的地段。

☑ 已建成高级路面的地段。

（2）架空

① 架空杆路：主要针对塑料护套电缆，对钢带铠装电缆不太适合。

架空杆路一般适用于如下场合：

☑ 不定型的街道或刚刚建设的小区以及道路有可能变化的地段。

☑ 有其他架空杆路可利用，可采取合杆的地段。

☑ 因客观条件限制无法采用地下方式，需采用架空方式的地段。

架空杆路一般不适用于如下场合：

☑ 附近有空气腐蚀或高压电力线。

☑ 环境要求美观的街区或校园式小区。

☑ 特别重要的地段，如广场等。

② 墙壁挂放。

墙壁挂放一般适用于如下场合：

☑ 建筑较坚固、整齐的小区，且墙面较为平坦、齐直的地段。

☑ 相邻的办公楼等建筑和内外沿墙可以敷设的地段。

☑ 不宜采用其他建筑方式的地段。

☑ 已建成的建筑采用地下引入有困难的地段。

墙壁挂放一般不适用于如下场合：

☑ 要求房屋建筑立面极为美观的场合。

☑ 排列不整齐的、不坚固或临时性的建筑。

☑ 今后可能拆除或变化的建筑。

☑ 建筑布置分散，相距较远。

☑ 电缆跨距太大的地段。

四、任务实施

由于该小区为新建智能化小区，根据规划，建筑群子系统采用光缆连接各个建筑物，走线主要以地下管道为主，部分不适宜走地下管道的采用悬空架或墙壁挂放。

【小结】

本节主要介绍了建筑群子系统的设计要求、设计步骤和管槽路由设计。

【练习】

到某单位设计建筑群子系统，写出总结报告。

补充知识　设计电气防护及接地和防火

【目标要求】

（1）掌握电气防护设计原则。

（2）掌握接地系统设计。

一、电气防护设计应把握的原则

（1）为了保证综合布线系统正常运转，设备间或干线交接间内应设有独立的、稳定的、可靠的 50Hz、220V 交流电源，以便于维护检修和日常管理，有条件的可配备 50Hz、220V UPS 电源。

（2）当线路处在危险中，如受到雷击、工作电压大于 250V 的电源碰地、电源感应电势或地电势上升电压大于 250V 时，要对其进行过压过流保护。

（3）综合布线系统的过压保护宜采用放电保护器，过流保护宜采用能够自己恢复的保护器。

（4）综合布线系统的配线架、线缆等接地点在任何层次上都不能与避雷系统相连，与强电接地系统的连接只能在两个接地系统的最底层。

（5）综合布线区域内存在的电磁干扰场强大于 3V/m 时，应采取屏蔽防护措施，抑制外来的电磁干扰。建议采用钢管、金属线槽方式或采用屏蔽电缆、光缆。

（6）使用钢管或金属线槽敷设非屏蔽双绞线电缆时，各段钢管或金属线槽应保持电气连接并接地；当使用屏蔽双绞线电缆时，从配线架到工作区设备的整条通道都应有可靠的屏蔽措施。

（7）采用电缆屏蔽层组成接地网时，各段的屏蔽层必须保持可靠连通并接地，任意两点的接地电压不应超过 1Vr.m.s，不能满足接地条件时宜采用光纤。

（8）在设备间、楼层配线间都应提供合适的接地端，机架应采用直径 4mm 的铜线连接至接地端，设备间必须把电缆的屏蔽层连至合格的楼层接地端，屏蔽层在各楼层的接地端都应采用直径 4mm 的铜线把干线电缆的屏蔽层焊接到合格的楼层接地端。

（9）每个楼层配线架不应串联，而应该并联连接到接地端上。

（10）通信线与电力线的间隔距离应符合表 4-5 所示的要求。

表 4-5　综合布线电缆与电力电缆的间距

类　别	与综合布线接近状况
380V 电力电缆	与线缆平行敷设
	有一方在接地的金属线槽或钢管中
<2 kV·A	双方都在接地的金属线槽或钢管中
380V 电力电缆	与线缆平行敷设
	有一方在接地的金属线槽或钢管中
2~5 kV·A	双方都在接地的金属线槽或钢管中
380V 电力电缆	与线缆平行敷设
	有一方在接地的金属线槽或钢管中
>5 kV·A	双方都在接地的金属线槽或钢管中

（11）墙上敷设的电缆、管线与其他管线的间隔距离应符合表 4-6 所示的要求。

表 4-6　墙上敷设的电缆、管线与其他管线的间距

其 他 管 线	最小平行净距/mm	最小交叉净距/mm
	电缆、光缆或管线	电缆、光缆或管线
避雷引下线	1000	300
保护地线	50	20
给水管	150	20
压缩空气管	150	20
热力管（不包封）	500	500
热力管（包封）	300	300
煤气管	300	20

注意

如墙壁电缆敷设高度超过 6000mm 时，与避雷引下线的交叉净距应按下式计算：

$$S \geqslant 0.05L$$

式中，S——交叉净距（mm）；

L——交叉处避雷引下线距地面的高度（mm）。

二、职业岗位能力训练——接地系统设计

（1）接地线

接地线是指综合布线系统中各种设备与接地母线之间的连线。所有接地线均采用铜质绝缘导线，截面不小于 $4mm^2$。当综合布线系统采用屏蔽双绞线电缆布线时，可利用电缆屏蔽层作为接地线连至每层的配线柜。若综合布线的电缆采用穿钢管或 PVC 线槽敷设时，钢管或 PVC 线槽应保持连续的电气连接，并应在两端良好接地。

（2）接地母线（层接地端子）

接地母线是水平布线与系统接地线的公用中心连接点。每一层的楼层配线柜与本楼层接地母线相焊接，与接地母线处于同一配线间的所有综合布线用的金属架及接地干线均与该接地母线相焊接。接地母线采用铜母线，其最小尺寸为 6m（厚）×50m（宽），长度视工程实际需要来确定。接地电阻应尽量采用电镀锡以减小接触电阻；若不采用电镀，则在将导线固定到母线之前，要对母线进行细致的清理。

（3）接地干线

接地干线是由总接地母线引出，连接所有接地母线的接地导线。考虑到建筑物的结构形式、大小以及综合布线的路由与空间配置，为了与综合布线电缆干线的敷设相协调，布线系统的接地干线应安装在不受物理和机械损伤的保护处，建筑物内的水管及 PVC 电缆屏蔽层不能作为接地干线使用。接地干线采用截面不小于 $16m^2$ 的绝缘铜芯导线。当建筑物中使用两个或多个垂直接地干线时，垂直接地干线之间每隔三层及顶层需用与接地干线等截面的绝缘导线相焊接。当接地干线上的接地电位差有效值大于 1V 时，楼层配线间应单独用接地干线接至主接地母线。

（4）主接地母线（总接地端子）

一般情况下，每个建筑物有一个主接地母线。主接地母线作为综合布线接地系统中接地干线及设备接地线的转接点，其理想位置是在外线引入间或建筑配线间。主接地母线应布置在直线路径上，同时要考虑从保护器到主接地母线的焊接导线不宜过长。接地引入线、接地干线、直流配电屏接地线和外线引入间的所有接地线以及与主接地母线处于同一配线间的所有综合布线用的金属架均应与主接地母线良好焊接。当外线引入电缆配有屏蔽或穿有金属保护管时，此屏蔽和钢管应焊接至主接地母线。主接地母线应采用铜母线，其最小截面积通常为 $6\sim100m^2$，长度可视工程实际需要而定。主接地母线应尽量采用电镀锡以减小接触电阻。与接地母线相同，如不是电镀，则主接地母线在固定到导线前必须进行清理。

（5）接地引入线

接地引入线指主接地母线与接地体之间的接地连接线，采用镀锌扁钢。接地引入线应作绝缘防腐处理，在其出土部位采用适当的防机械损伤措施。接地引入线不宜与暖气管道同沟布放。

（6）接地体

接地体分为自然接地体和人工接地体两种。

当综合布线采用单独接地系统时，接地体一般采用人工接地体，并应满足以下条件：

① 距离工频低压交流供电系统的接地体不宜小于10m。

② 距离建筑物防雷系统的接地体不应小于2m。

③ 接地电阻不应大于 40Ω。

当综合布线采用联合接地系统时，一般利用建筑物基础内钢筋网作为自然接地体，其接地电阻应小于 1Ω。在实际应用中通常采用联合接地系统，这是因为与单独接地系统相比，联合接地方式具有以下几个显著的优点：

① 当建筑物遭受雷击时，楼层内各点电位分布比较均匀，工作人员和设备的安全能得到较好的保障。

② 大楼的框架结构对中波电磁场能提供 10～40dB 的屏蔽效果。

③ 容易获得较小的接地电阻。

【小结】

本节主要介绍了电气防护设计原则和接地系统设计。

【练习】

到某单位设计电气防护及接地和防火，写出总结报告。

任务九 制定综合布线系统设计方案

【目标要求】

（1）掌握综合布线系统设计方案的格式。

（2）掌握综合布线系统设计方案的内容。

一、任务分析

一般来说，综合布线系统的使用寿命至少是 15 年。对于专业的设计人员来说，应清楚建筑物中的布线系统既要满足用户当前的需求，又要考虑未来发展的需要。因此，最好的解决办法是设计出灵活、合理、经济的信息传输管路和空间设施。这就要求设计人员在熟悉综合布线概念及用户业务的基础上，掌握综合布线工程 6 个子系统的设计方法以及在布线时所需要的技术。

二、基本知识

1. 综合布线系统设计方案的格式

本节是概述的内容，包括客户的单位名称、工程的名称、设计单位（指施工方）的名称、设计的意义和设计内容概要。

2. 定义与惯用语

本节应对设计中用到的综合布线系统的通用术语、自定义的惯用语作出解释，以利于用户对设计的精确理解。

3. 综合布线系统概念

本节的内容主要是 ANSI/TIA/EIA 568（或 ISO/IEC 11801）所规定的综合布线系统的 6 个子系统的结构以及每个子系统所包括的器件，并应有 6 个子系统的结构示意图。

4. 综合布线系统设计

（1）概述

① 工程概况。包括以下内容：建筑物的楼层数；各层房间的功能概况；楼宇平面的形

状和尺寸；层高（各层的层高有可能不同，要列清楚，这关系到电缆长度的计算）；竖井的位置（竖井中有哪些其他线路，如消防报警、有线电视、音响和自控等；如果没有专用竖井，则要说明垂直电缆管道的位置）；甲方选定的设备间位置；电话外线的端接点；如果有建筑群子系统，则要说明室外光缆入口；楼宇的典型平面图，图中标明主机房和竖井的位置。

② 布线系统总体结构。包括该布线系统的系统图和系统结构的文字描述。

③ 设计目标。阐述综合布线系统要实现的目标。

④ 设计原则。列出设计所依据的原则，如先进性、经济性、扩展性、可靠性等。

⑤ 设计标准。包括综合布线设计标准、测试标准和参考的其他标准。

⑥ 布线系统产品选型。探讨下列选择：Cat3、Cat5e、Cat6 布线系统的选择，布线产品品牌的选择，屏蔽与非屏蔽的选择，以及双绞线与光纤的选择。

（2）工作区子系统设计

描述工作区的器件选配和用量统计。

（3）配线子系统设计

配线子系统设计应包括信息点需求、信息插座设计和水平电缆设计 3 部分。

（4）管理子系统设计

描述该布线系统中每个配线架的位置、用途、器件选配、数量统计和各配线架的电缆卡接位置图。描述宜采用文字和表格相结合的形式。

（5）干线子系统设计

描述垂直主干的器件选配和用量统计以及主干编号规则。

（6）设备间子系统设计

包括设备间、设备间机柜、电源、跳线、接地系统等内容。

（7）布线系统工具

列出在布线工程中要用到的工具。

5. 综合布线系统施工方案

本节内容作为设计的一部分，主要是阐述总的槽道敷设方案，而不是指导施工，因此不包括管槽的规格；另有专门的给施工方的文档用于指导施工。

6. 综合布线系统的维护、管理

综合布线系统竣工后，应将信息点编号规则、配线架编号规则、布线系统管理文档、合同、布线系统详细设计、布线系统竣工文档（包括配线架电缆卡接位置图、配线架电缆卡接色序、房间信息点位置表、竣工图纸、线路测试报告）等技术资料移交给甲方，以利于后期的维护、管理。

7. 验收测试

在综合布线系统中有永久链路和通道两种测试，应对测试链路模型、所选用的测试标准、电缆类型、测试指标和测试仪进行简略介绍。

8. 培训、售后服务与保证期

包括对用户的培训计划、售后服务的方式，以及质量保证期。

9. 综合布线系统材料总清单

包括综合布线系统材料预算和工程费用清单。

10. 图纸

包括图纸目录、图纸说明、系统图和各层平面图。

三、任务实施

下面结合之前所学的知识，为本小区制定综合布线系统的设计方案。

1. 方案说明

在本方案中充分考虑了布线系统的高度可靠性、高速率传输特性、可扩充性及安全性。整个综合布线系统由工作区子系统、配线子系统、管理子系统、干线子系统、设备间子系统、建筑群子系统构成。下面对各个子系统分别进行说明。

（1）工作区子系统

共设数据点 X 个、语音点 X 个。为满足办公环境信息高速传输要求，数据点、语音点全部采用五类非屏蔽信息模块，使用国标双口防尘墙上型插座面板。使用的墙盒面板为 X 个、T568AB 插座芯为 2X 个、3m UTP CAT5 跳线为 X 根。

（2）配线子系统

为了满足高速率数据传输要求，数据、语音传输选用五类非屏蔽 4 对双绞线。

（3）管理子系统

各种设备所需的具体数量，视实际情况而定。

（4）干线子系统

采用 6 芯多模室内光缆，支持数据信息的传输；采用五类 25 对非屏蔽电缆，支持语音信息的传输。所需光纤和 UTP 电缆的数量，视实际情况而定。

（5）设备间子系统

在设备间子系统中，将计算机中心设在一层，电话主机房设在一层，实现每层楼汇接来的电缆的最终管理。

（6）建筑群子系统

在建筑群子系统中，主要是连接中心机房和其他建筑的次中心机房，这里采用单、多模的室外光缆连接。根据楼宇间的距离和承载的信息量可选择使用单、多模光纤。

2. 管线方案

原则上尽量利用大厦已经铺好的管路，对不满足布线要求的管路、需重新铺管的部位，应尽可能减少对建筑环境的破坏。

（1）配线子系统布线要求

配线子系统连接配线间和信息出口，水平布线距离应不超过 90m，信息口到终端设备连接线和配线架之间连接线之和不超过 10m。

两种布线方式：

① 采用走吊顶的轻型槽型电缆桥架的方式。这种方式适用于大型建筑物。为水平线缆

提供机械保护和支持的装配式槽型电缆桥架，是一种闭合式金属桥架，安装在吊顶内，从弱电竖井引向设有信息点的房间，再由预埋在墙内的不同规格的铁管将线路引到墙上的暗装铁盒内。

综合布线系统的水平布线是放射状的，线路量大，因此线槽容量的计算很重要。按照标准的线槽设计方法，应根据水平线缆的直径来确定线槽的容量，即线槽的横截面积=水平线路横截面积×3。

② 线槽的材料为冷轧合金板，表面可进行相应处理，如镀锌、喷塑、烤漆等，线槽可以根据情况选用不同的规格。为保证线缆从弱电竖井引出，沿走廊引向设有信息点的各房间，再用支架槽引向房间内的信息点出线口。强电线路可以与弱电线路平等配置，但需分隔于不同的线槽中。这样可以向每一个用户提供一个包括数据、话音、不间断电源、照明电源出口的集成面板，真正做到在一个清洁的环境中实现办公自动化。

由于地面垫层中可能会有消防等其他系统的线路，所以必须由建筑设计单位根据管线设计人员提出的要求，综合各系统的实际情况，完成地面线槽路由部分的设计。

（2）管理子系统设计建议

管理子系统是整个布线系统的中心单元，其布放、选型及环境条件的考虑是否恰当，都直接影响到将来信息系统的正常运行和使用的灵活性。

室内照明不低于 150lx；室内应提供 UPS 电源配电盘，以保证网络设备运行及维护的供电；每个电源插座的容量不小于 300W。

管理子系统（配线室）应尽量靠近弱电竖井旁，而弱电竖井应尽量在大楼的中间，以方便布线并节省投资。

设备室的环境条件如下：

☑ 温度保持在 8℃～27℃。
☑ 湿度保持在 30%～50%。
☑ 通风良好，室内无尘。

3. ××公司将提供下列各项服务

☑ 现场勘察。
☑ 布线工程的设计、规划与管理。
☑ 电缆敷设。
☑ 安装主配线架和各楼层分配线架。
☑ 安装各楼层信息插座及其他附件。
☑ 电缆端接和测试。
☑ 电缆标记，编写综合布线工程的文档。
☑ 提供给相关部门一套布线工程文档。

4. 服务支持体系

（1）综合布线材料质量

工程经××公司授权的认证工程公司施工并经检测合格后，××公司提供布线系统 20 年质量保证。除人为因素（如机械性损伤等）及其他不可抗力外，在布线材料交付用户后，

20年内如出现质量问题，公司将无偿提供有关赔偿。

（2）工程质量

××公司提供一年工程质量保证，除人为因素（如机械性损伤）及其他不可抗力等外，在工程完工后一年内，××公司将免费提供工程维修服务。

（3）培训

① 免费培训。免费为用户培训综合布线系统的维护人员，目的是使客户在工程完工后，能简单、轻松地对本工程进行必要的维护和管理。

② 培训人数：2～3人。

③ 培训内容：

☑ 本工程综合布线的结构。

☑ 本工程所使用的主要器件的功能及用途。

☑ 综合布线逻辑图介绍。

☑ 综合布线平面布局图介绍。

☑ 本布线工程文件档案介绍。

☑ 垂直区布线。

☑ 配线架安装与卡接。

☑ 信息插座的安装与端接。

【小结】

本节主要介绍了综合布线系统设计方案的格式和内容。

【练习】

到某单位制定综合布线系统设计方案，写出总结报告。

【拓展知识】

1. 著名综合布线厂家简介

（1）AVAYA（美国）

AVAYA公司于1983年首先推出综合布线的概念，1992年率先将综合布线产品引入中国。该公司的前身为AT&T的科技与系统部；1995年9月，从AT&T分出，成为Lucent（朗讯科技）企业网络部；2000年6月，又从Lucent分出，正式成为独立的上市公司。

① 典型产品。AVAYA公司为各种类型的综合布线工程提供了全面的解决方案，典型产品如下。

☑ SYSTIMAX Power Sun 超五类布线解决方案。

☑ SYSTIMAX GigaSPEED 千兆布线解决方案。

☑ Smart-Office Solution 智能办公室布线解决方案。

☑ SYSTIMAX Smart-Home Wiring Solution 智能住宅布线解决方案。

☑ SYSTIMAX OptiSPEED 光纤网络解决方案。

☑ SYSTIMAX LazrSPEED 光纤网络解决方案。

☑ ORINOCO（WaveLAN）无线网络解决方案。

② 主要应用。AVAYA 公司的产品主要应用于大型项目、邮电、政府以及商业大厦，如上海金茂大厦、中央电视台、上海证券大厦、珠海机场、新上海国际大厦、云南省保险大楼、四川国际金融大厦等。

③ 选型推荐。AVAYA 是目前国内最知名的布线品牌，其应用非常广泛，但是价位稍高。另外，该品牌没有屏蔽布线系统，但有无线局域网产品。

④ 公司网址：http://connectivity.avaya.com。

（2）SIEMON（西蒙）

西蒙公司 1903 年创立于美国康州水城，是著名的智能布线专业制造生产厂商，具有全系列的布线产品。该公司在全球首家推出六类全系列产品及系统，并第一个提出 TBICSM 集成布线系统解决方案。1996 年进入中国，目前已为中国数千家重要用户提供布线连接及服务。

公司网址：http://www.siemon.com.cn。

（3）Nexans（耐克森）

耐克森是由阿尔卡特电缆及部件总部的大部分机构改组而成的，并于 2001 年 6 月成功上市，继承了一百多年专业生产电缆及相关系统的经验。

① 选型推荐。耐克森综合布线系统居全球第二，屏蔽布线居世界第一，是世界屏蔽布线的领导者，ISO、IEC 等国际组织的重要成员，国际标准的参与制定者，屏蔽布线标准的推动者，是 FTP 屏蔽电缆、六类中心十字骨架、未来七类插头和模块等技术的发明者。根据用户网络应用、周围电磁环境及网络规模的不同，耐克森提供不同的布线系统解决方案。既有非屏蔽（UTP）系统，也有屏蔽及 EMC 系统（FTP/S-FTP/STP）；既有大中型企业解决方案，也有适合中小企业的布线系统；还能提供光纤到桌面（FTTD）、无线局域网（Wireless LAN）等。

② 公司网址：http://www.nexans.com.cn。

（4）PANDUIT（泛达）

美国泛达公司是一家勇于创新的全球公司，也是全球布线和通信应用行业中享有盛名的制造商。该公司于 1955 年发明了尼龙扎线带，用于线束的绑扎，并在电器附件领域最先获得美国军方 MIL 认证。

① 选型推荐。泛达公司提供全系列的屏蔽和非屏蔽布线产品、连接硬件及光纤产品，综合性价比高、售后服务好，是 Cisco 指定的布线产品全球唯一合作伙伴。

② 公司网址：http://www.panduit.com.cn。

（5）CORNING（康宁）

美国康宁公司在电信行业拥有超过 150 年的研发营销经验，作为值得信赖的合作伙伴为全球客户提供极高性价比的通信设备解决方案。在光通信领域，CORNING 是首屈一指的技术领导者。

① 选型推荐。2003 年，康宁光缆系统正式把其光纤布线培训和综合布线质量保证体系引入中国，其布线系统的测试参数远远高于国际标准。

② 公司网址：http://www.corning.com。

（6）AMP（安普）

美国安普公司是全球最大的电子、电气连接件制造及供应商。该公司创建于1941年，总部位于美国宾夕法尼亚州首府哈里斯堡，在全球五十多个国家设有生产及销售部门。安普布线（AMP NETCONNECT）是泰科电子公司的一部分，为各种建筑物的布线系统提供完整的产品和服务。建筑结构化布线系统的可靠性和杰出工艺受到整个行业的赞赏。安普布线可为客户提供符合行业标准的完整解决方案。设计和生产端到端布线解决方案，包括单模和多模光纤系统以及屏蔽和非屏蔽铜缆布线系统。

① 选型推荐。AMP布线系统以其系统的完善性和制造工艺的精确性而著称于世。AMP是目前全球唯一实现了一次布线之后无须再作更改即可满足用户永久应用变化需求的布线系统制造商。安普的布线系统由安普指定的工程承包商（ND&I）提供设计、安装及维护，并提供25年的性能保证。

② 公司网址：http://www.amp.com。

以上仅列举了一些大型厂家，实际上布线的厂家非常多。例如，2007年中国智能建筑品牌奖推荐了一些布线品牌。2007中国十大综合布线品牌是康普、美国西蒙、泛达、MOLEX、施耐德电气VDI、TCL-罗格朗、南京普天、耐克森、3M、立维腾；荣获综合布线领先品牌的是百通；荣获综合布线新锐品牌的是韩国DEK、SIMON电气、上海天诚；荣获综合布线最佳民族品牌的是南京普天；荣获综合布线最具发展潜力品牌的是普利驰；荣获综合布线最佳电缆桥架品牌的是卡博菲；荣获综合布线民族创新品牌的是深圳日海；荣获综合布线最佳屏蔽产品奖的是耐克森。更多资料参见千家综合布线网（http://www.cabling-system.com）。

2. 电信间

电信间是放置电信设备、电缆和光缆终端配线设备并进行线缆交接的专用空间。

电信间的设计要求如下：

（1）电信间的数量应根据所服务的楼层范围及工作区面积来确定。如果该层信息点数量不大于400个，水平线缆长度在90m范围以内，宜设置一个电信间；当超出这个范围时宜设置两个或多个电信间；每层的信息点数量较少，且水平线缆长度不大于90m的情况下，宜几个楼层合设置一个电信间。

（2）电信间应与强电间分开设置，电信间内或其紧邻处应设置线缆竖井。

（3）电信间的使用面积不应小于$5m^2$，也可根据工程中配线设备和网络设备的容量进行调整。

（4）电信间应采用外开丙级防火门，门宽大于0.7m。电信间内温度应为10℃～35℃，相对湿度宜为20%～80%。如果安装信息网络设备，应符合相应的设计要求。

电信间的安装工艺要求如下：

（1）在电信间内主要是安装配线设备（如机柜、机架、机箱等）和计算机网络设备（HUB或SW），并可考虑在该场地设置线缆竖井、等电位接地体、电源插座、UPS配电箱等设施。在场地面积满足的情况下，也可设置诸如安防、消防、建筑设备监控系统、无线信号覆盖等系统的布缆线槽和功能模块。如果综合布线系统与弱电系统设备合设于同一场地，从建筑的角度出发，称为弱电间。

（2）一般情况下，综合布线系统的配线设备和计算机网络设备采用 19in 标准机柜安装。机柜尺寸通常为 600mm（宽）×900mm（深）×2000mm（高），共有 42U 的安装空间。机柜内可安装光纤连接盘、RJ-145（24 口）配线模块、多线对卡接模块（100 对）、理线架、计算机 HUB/SW 设备等。如果按建筑物每层电话和数据信息点各为 200 个考虑配置上述设备，大约需要有两个 19in（42U）的机柜空间，以此测算电信间面积至少应为 $5m^2$（2.5m×2.0m）。当设置内、外网或专用网时，19in 机柜应分别设置，并在保持一定间距的情况下预测电信间的面积。

（3）如在机柜中安装计算机网络设备（HUB/SW），其环境应满足设备提出的要求，温、湿度的保证措施由空调专业负责。

项目五
综合布线工程施工

知识点、技能点：

- ➤ 工程准备
- ➤ 布线器材与布线工具
- ➤ 安装管槽系统
- ➤ 制作和安装信息插座
- ➤ 安装机柜、使用配线架
- ➤ 双绞线施工
- ➤ 光缆施工

学习要求：

- ➤ 掌握如何进行工程准备
- ➤ 熟练掌握布线器材与布线工具
- ➤ 掌握如何安装管槽系统
- ➤ 掌握如何制作和安装信息插座
- ➤ 掌握如何安装机柜、使用配线架
- ➤ 掌握如何进行双绞线施工
- ➤ 掌握如何进行光缆施工

教学基础要求：

掌握一些工程方面的知识

本章主要介绍综合布线各子系统如何具体施工，掌握施工的技巧、注意事项等，培养读者养成吃苦耐劳、团结协作的良好职业习惯。

工 程 准 备

【目标要求】

（1）熟悉工程设计文件和施工图纸。

（2）掌握施工方案的编制。

（3）掌握施工场地的准备。

（4）掌握施工工具的准备。

一、基本知识

1. 熟悉工程设计文件和施工图纸

施工单位应详细阅读工程设计文件和施工图纸，了解设计内容及设计意图，搞清工程所采用的设备和材料，明确图纸所提出的施工要求，熟悉和工程有关的其他技术资料，如施工及验收规范、技术规程、质量检验评定标准以及制造厂提供的资料（包括安装使用说明书、产品合格证和测试记录数据等）。

2. 编制施工方案

在做好上述工作的基础上，依据图纸并根据施工现场情况、技术力量及技术装备情况、设备材料供应情况，编制出合理的施工方案。施工方案的主要内容包括施工组织和施工进度。施工方案要做到人员组织合理，施工安排有序，工程管理有方，同时要明确综合布线系统工程和主体工程以及其他安装工程的交叉配合，确保在施工过程中不会降低建筑物的强度，不会对建筑物的外观造成破坏，不会与其他工程发生位置冲突，以保证工程的整体质量。

（1）编制原则：坚持统一计划的原则，认真做好综合平衡，切合实际，留有余地，注意施工的连续性和均衡性。

（2）编制依据：工程合同的要求，施工图、概预算和施工组织计划，企业的人力和资金等保证条件。

（3）施工组织机构编制：采用分工序施工作业法，根据施工情况分阶段进行，合理安排交叉作业，提高工效。

3. 施工场地的准备

为了加强管理，要在施工现场布置一些临时场地和设施，如管槽加工制作场、仓库、现场办公室和现场供电供水等。

（1）管槽加工制作场：在管槽施工阶段，根据布线路由实际情况，对管槽材料进行现场切割和加工。

（2）仓库：对于规模稍大的综合布线系统工程，设备材料都有一个采购周期。同时，每天使用的施工材料和施工工具不可能存放到公司仓库，因此必须在现场设置一个临时仓库存放施工工具、管槽、线缆及其他材料。

（3）现场办公室：现场施工的指挥场所，配备照明、电话和计算机等办公设备。

（4）现场供电、供水等。

4. 施工工具的准备

（1）室外沟槽施工工具：铁锹、十字镐、电镐和电动蛤蟆夯等。

（2）线槽、线管和桥架施工工具：电钻、充电手钻、电锤、台钻、钳工台、型材切割机、手提电焊机、曲线锯、钢锯、角磨机、钢钎、铝合金人字梯、安全带、安全帽、电工工具箱（老虎钳、尖嘴钳、斜口钳、一字旋具、十字旋具、测电笔、电工刀、裁纸刀、剪刀、活络扳手、呆扳手、卷尺、铁锤、钢锉、电工皮带和手套）等。

（3）线缆敷设工具：包括线缆牵引工具和线缆标识工具。线缆牵引工具有牵引绳索、牵引缆套、拉线转环、滑车轮、防磨装置和电动牵引绞车等；线缆标识工具有手持线缆标识机和热转移式标签打印机等。

（4）线缆端接工具：包括双绞线端接工具和光纤端接工具。双绞线端接工具有剥线钳、压线钳、打线工具；光纤端接工具有光纤磨接工具和光纤熔接机等。

（5）线缆测试工具：简单铜缆线序测试仪、Fluke DSP 4×××系列线缆认证测试仪、光功率计和光时域反射仪等。

5. 环境检查

在对综合布线系统的线缆、工作区的信息插座、配线架及所有连接器件进行安装前，要对与综合布线有关的现场条件进行检查，只有在符合《建筑与建筑群综合布线系统设计规范》（GB/T 50312—2000）和设计文件要求后，方可进行安装。

（1）设备间、配线间检查

① 检查房间的面积是否符合设计要求。

② 墙面要求。墙面应涂浅色、不易起灰的涂料或无光油漆。

③ 地面要求。房屋地面应平整、光洁，满足防尘、绝缘、耐磨、防火、防静电、防酸等要求。如果安装了活动地板，则应符合国家标准《计算机机房用活动地板技术条件》（GB 6650—1986），地板板块敷设严密坚固，每平方米水平允许偏差不应大于 2mm，地板支柱牢固，用于防静电的接地应符合设计和产品说明要求。

④ 环境要求。温度要求为 10℃～30℃，湿度要求为 20%～80%，灰尘和有害气体指标符合要求。

⑤ 门的高度和宽度应不妨碍设备和器材的搬运，房间的门应向走道方向开启。

⑥ 检查预留地槽、暗管和孔洞的位置、数量、尺寸是否符合设计要求。

⑦ 照明宜采用水平面一般照明，照度为 75～100lx。

⑧ 电源插座应为 220V 单相带保护的电源插座，插座接地线从 380/220V 三相五线制的 PE 线引出。根据所连接的设备情况，部分电源插座应考虑采用 UPS 的供电方式。

⑨　综合布线系统要求在设备间和配线间设有接地体,接地体的电阻值如果为单独接地则不应大于4Ω,如果是采用联合接地则不应大于1Ω。

（2）管路系统检查

①　检查所有设计要求的预留暗管系统是否都已安装完毕,特别是接线盒是否已安装到管路系统中,是否畅通。

②　检查垂井是否满足安装要求。

③　检查预留孔洞是否齐全。

（3）天花板、活动地板检查

检查天花板和活动地板是否已安装,净空是否方便施工,敷设质量和承重是否满足要求。

（4）安全和防火检查

①　检查是否有安全制度,要求戴安全帽、穿劳保服进入施工现场,高空作业要系安全带。

②　检查垂井和预留孔洞是否有防火措施,消防器材是否齐全、有效。

二、布线器材

1. 桥架

在安装电缆的过程中,为了美观、安全,通常将其放置在金属制成的桥架中。超过一定长度时,需加伸缩节以使其牢固。

桥架按结构可分为梯级式、托盘式和槽式3种类型。

（1）梯级式。梯级式桥架（如图5-1所示）具有重量轻、成本低、造型别致、通风散热好等特点,适于在地下层、垂井、活动地板下和设备间敷设直径较大的电缆。

（2）托盘式。托盘式桥架（如图5-2所示）具有重量轻、载荷大、造型美观、结构简单、安装方便、散热透气性好等优点,适用于地下层、吊顶内等场所。

（3）槽式。槽式桥架（如图5-3所示）是全封闭电缆桥架,适用于敷设计算机线缆、通信线缆、热电偶电缆及其他高灵敏系统的控制电缆等。它对屏蔽干扰和在重腐蚀环境中电缆的防护都有较好的效果,因此多布置在室外和需要屏蔽的场所。

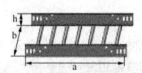  

图5-1　梯级式桥架示意图　　　图5-2　托盘式桥架示意图　　　图5-3　槽式桥架示意图

2. 理线架

理线架为电缆提供了平行进入RJ-45模块的通路,使其在压入模块之前不再需要多次直角转弯,减少了自身的信号辐射损耗,同时也减少了对周围电缆的辐射干扰。由于理线架使水平双绞线有规律地、平行地进入模块,因此在今后线路扩充时,将不会因改变一根电缆而引起大量电缆的变动,使整体可靠性得到了保证,又提高了系统的可扩充性。如图5-4所示为装在机柜中的理线架。

图 5-4　装在机柜中的理线架

3. 配线架

配线架是管理子系统中最重要的组件，是实现干线子系统和配线子系统交叉连接的枢纽。配线架通常安装在机柜或墙上。通过安装附件，配线架可以全面满足 UTP、STP、同轴电缆、光纤、音视频的需要。在网络工程中，常用的配线架有双绞线配线架和光纤配线架。

- ☑ 双绞线配线架（如图 5-5 所示）的作用是在管理子系统中将双绞线进行交叉连接，通常配置在主配线间和各分配线间。双绞线配线架的型号很多（每个厂商都有自己的产品系列，并且对应三类、五类、超五类、六类和七类线缆分别有不同的规格和型号），在具体项目中，应参阅产品手册，根据实际情况进行配置。
- ☑ 光纤配线架的作用是在管理子系统中将光缆进行连接，通常配置在主配线间和各分配线间。如图 5-6 和图 5-7 所示分别为 SC 光纤配线架和 ST 光纤配线架。

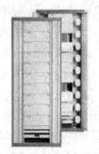

图 5-5　双绞线配线架　　　图 5-6　SC 光纤配线架　　　图 5-7　ST 光纤配线架

4. 聚氯乙烯管材

聚氯乙烯管材也叫 PVC-U 管，是综合布线工程中使用最多的一种塑料管，管长通常为 4m、5.5m 或 6m。PVC 管具有优异的耐酸性、耐碱性和耐腐蚀性，耐外压强度和耐冲击强度等都非常高。另外，它还具有优异的电气绝缘性能，适用于各种条件下的电线、电缆的保护套管配管工程。如图 5-8 所示为聚氯乙烯管材。

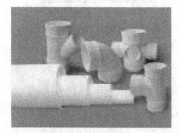

图 5-8　聚氯乙烯管材

5. 钢管

钢管按照制造方法的不同可分为无缝钢管和焊接钢管两大类。无缝钢管在综合布线系统中使用较少，只有在诸如管路引入屋内承受极大压力时的一些特殊场合，在短距离内采用。暗敷管路系统中常用的钢管为焊接钢管。

钢管按壁厚不同分为普通钢管（水压实验压力为 2.5MPa）、加厚钢管（水压实验压力为 3MPa）和薄壁钢管（水压实验压力为 2MPa）。普通钢管和加厚钢管统称为水管（有时简称为厚管），具有管壁较厚、机械强度高和承压能力较大等特点，在综合布线系统中主要用在干线子系统上升管路和房屋底层。薄壁钢管简称为薄管或电管，因为管壁较薄，所以承受压力不能太大，常用于建筑物天花板内外部受力较小的暗敷管路。

钢管的规格有多种，工程施工中常用的有 D16、D20、D25、D32、D40、D50 和 D63 等规格（以外径 mm 为单位）。在钢管内穿线比线槽布线难度更大，因此在选择钢管时要注意选择稍大管径的（一般管内填充物占 30%左右），以便于穿线。

钢管具有屏蔽电磁干扰能力强，机械强度高，密封性能好，抗弯、抗压和抗拉性能好等特点，管材可任意切割、弯曲以符合不同的管线路由结构。在机房的综合布线系统中，常常在同一金属线槽中安装双绞线和电源线（先将电源线安装在钢管中，再与双绞线一起敷设在线槽中），可以起到良好的电磁屏蔽作用。与市场上许多金属产品逐渐被塑料产品所取代一样，由于钢管存在管材重、价格高和易锈蚀等缺点，随着塑料管的机械强度、密封性、抗弯、抗压和抗拉等性能的提高，且它具有阻燃防火等特性，所以目前在综合布线工程中电磁干扰较小的场合常常用塑料管来代替钢管。

6. 双壁波纹管

塑料双壁波纹管（如图 5-9 所示）结构先进，除和普通塑料管一样，具有耐腐性好、绝缘性好、内壁光滑和使用寿命长等优点外，还具有以下独特的技术性能。

（1）刚性大，耐压强度高于同等规格的普通塑料管。

（2）重量是同规格普通塑料管的一半，从而方便施工，降低工人劳动强度。

（3）密封好，在地下水位高的地方使用更能显示其优越性。

（4）波纹结构能加强管道对土壤负荷的抵抗力，便于连续敷设在凹凸不平的地面上。

7. 铝塑复合管

铝塑复合管是一种用特种胶粘合而成的复合管材，其内外层为特种高密度聚乙烯（或交联聚乙烯），中间层为铝合金，如图 5-10 所示。它集金属和塑料管的优点于一身，具有耐温、耐压、耐腐蚀、安全卫生、不结污垢、不透氧、抗静电、阻燃、管内光滑、流量大、施工安装简便、使用寿命长（可达 50 年）等特点。铝塑管的种类和用途如表 5-1 所示。

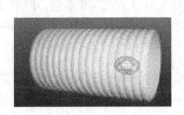

图 5-9　双壁波纹管

图 5-10　铝塑复合管

表 5-1　铝塑复合管的产品种类和用途

管材	热水管	建筑给水管	煤气管	特殊用途管	室外用管	电线套管
颜色	橙色	蓝色、白色	黄色	绿色	黑色	灰色
用途	热水供应管、中央供暖管、空调器管	上下水道给水管	城市煤气管、工业用煤气及流体管	压缩空气管、船舶用管、工业用管、真空管	室外裸露管	电磁波隔断管
材料质量	PEX/AL/PEX	PE/AL/PE	PE/AL/PE	PE/AL/PE	PEX/AL/PEX	PE/AL/PE
连接使用温度/℃	95	65	65	65	95	65
最高使用温度/℃	120	100	100	100	120	100
耐压/MPa	1	1	1	2	1	

8. 硅芯管

硅芯管可作为直埋光缆套管，如图 5-11 所示。其内壁预置永久润滑内衬，具有较小的摩擦系数。采用气吹法布放光缆，敷管快速，一次性穿缆长度可达 500～2000m，沿线接头、入孔、手孔可相应减少。

9. 混凝土管

混凝土管（如图 5-12 所示）按所用材料和制造方法的不同可分为干打管和湿打管两种。湿打管因制造成本高和养护时间长等缺点，用得较少，目前采用较多的是干打管（又称为砂浆管），适用于一些大型的电信通信施工。

图 5-11　硅芯管

图 5-12　混凝土管

10. PVC 塑料线槽

PVC 塑料线槽是明敷管槽时广泛使用的一种材料，带盖板、封闭式，盖板和槽体通过卡槽合紧，如图 5-13 所示。其品种规格较多，从型号上分有 PVC-20 系列、PVC-25 系列、PVC-30 系列、PVC-40 系列和 PVC-60 系列等。

11. 标准机柜

标准机柜主要用于计算机网络设备、有/无线通信器材、电子设备等的叠放，具有增强电磁屏蔽、削弱设备工作噪声、减少设备占地面积等优点（一些高档机柜还具备空气过滤功能，可以提高精密设备工作环境质量）。很多工程级设备的面板宽度都采用 19in，所以

19in 的机柜是最常见的一种标准机柜。19in 标准机柜的种类和样式非常多，有进口和国产之分，价格和性能差距也非常明显，同样尺寸、不同档次的机柜价格可能相差数倍之多。选购标准机柜时，要根据安装、堆放器材的具体情况和预算综合考虑，择优选择合适的产品。

标准机柜的结构比较简单，主要包括基本框架、内部支撑系统、布线系统、通风系统，如图 5-14 所示。标准机柜根据组装形式和材料选用的不同，可以分成很多性能和价格档次。19in 标准机柜的外形有宽度、高度、深度 3 个常规指标。虽然 19in 面板设备的安装宽度为 465.1mm，但常见的机柜物理宽度为 600mm 和 800mm 两种。高度一般为 0.7～2.4m，由柜内设备的多少和统一格调而定。通常厂商可以定制特殊的高度，常见的成品 19in 机柜高度为 1.6m 和 2m。机柜的深度一般为 400～800mm，由柜内设备的尺寸而定。通常厂商也可以定制特殊深度的产品，常见的成品 19in 机柜深度为 500mm、600mm、800mm。19in 标准机柜内设备安装所占高度用一个特殊单位 U 来表示（1U=44.45mm）。使用 19in 标准机柜的设备面板一般都是按 nU 的规格制造。对于一些非标准设备，大多可以通过附加适配挡板装入 19in 机框并固定。

图 5-13　PVC 塑料线槽　　　　　图 5-14　标准机柜

选购机柜时应当注意以下几个方面：

（1）质量保证，确保发货质量合格、稳定。

（2）承重保证，确保柜内仪器的安全性。

（3）内部有良好的温度控制系统，以免仪器过热或过冷，确保仪器高效运转。条件许可时，在炎热的环境下可安装独立空调系统，在严寒环境下可安装独立加热保温系统。

（4）机柜尺寸符合国际仪器安装标准。

（5）提供各类门锁及其他功能，如防尘、防水或电子屏蔽 EMC 等高度抗扰性能。

（6）提供适合附件及安装配件支持。

（7）产品种类齐全。

安装机柜时要考虑以下因素：

（1）方便机柜门的开关，特别是前门的开关。在确定机柜的摆放位置时，要对开门和关门的动作进行实验，观察打开和关闭机柜时柜门打开的角度。所有的门和侧板都应很容易打开，以便于安装和维护。

（2）机柜内设备的摆放位置。要根据设备的大小和多少来确定机柜的高度（通过标准高度单位 U 来计算），并使其保持一定的冗余空间和扩展空间。在综合布线工程中，机柜内安装的设备主要有网络设备和配线设备。必须合理地安排网络设备和配线设备的摆放位置（机柜内设备的摆放方式有上层网络设备、下层配线设备，上层配线设备、下层网络设备，以及网络设备与配线设备交错摆放等几种），主要是要考虑网络设备的散热性和配线设备的线缆接入的方便性。同时，也要注意线缆的走线空间。在设备最后定位后，要确保外部进入的电信线缆、双绞线、光缆、各种电源线和连接线都用扎带和专用固定环进行了固定，确保机柜的整洁美观和管理方便。

（3）机柜中电源的配置。当机柜中用电设备较少时，使用机柜标准配置的电源即可；当机柜中用电设备越来越多时，可使用电源插座条。如果机柜有冗余空间，可配置 1U 支架模型的电源插座条；当机柜空间较小时，可将电源插座条安装在机柜内壁的任一角落，以给其他设备让出空间。

（4）接地线。由于网络设备全部安装在机柜中，要保障网络安全地运行，必须有规范的接地系统。机柜的底部必须焊有接地螺柱，机柜中的所有设备都要与机柜金属框架有效连接，网络系统通过机柜经接地线接地。

12．信息插座面板

信息插座面板用于在信息出口位置安装、固定信息模块。其常见类型有 3 种，即英式、美式和欧式，国内普遍采用的是英式面板（86mm×86mm 规格的正方形，一般分为单口、双口两种型号），如图 5-15 所示。

工作区信息插座面板有 3 种安装方式。

（1）安装在地面上。要求安装在地面上的金属底盒应当是密封的，防水、防尘，可带有升降的功能。此方法的安装造价较高，并且由于事先无法预知工作人员的办公位置，也不知分隔板的确切位置，因此灵活性不是很好。

图 5-15　信息面板

（2）安装在分隔板上。此方法适用于分隔板位置确定后的情况，安装造价较低。

（3）安装在墙上。

三、布线安装工具

1．剥线钳

工程技术人员往往直接用压线工具上的刀片来剥除双绞线的外套，凭借经验来控制切割深度。这就留下了隐患，一不小心就会伤及导线的绝缘层。由于双绞线的表面是不规则的，而且线径存在差别，所以采用剥线钳剥去双绞线的外护套更安全可靠。剥线钳使用高度可调的刀片或利用弹簧张力来控制合适的切割深度，保证切割时不会伤及导线的绝缘层。

剥线钳包括钳柄、刀片、夹持钩、压力弹簧、调整螺母（夹持钩、压力弹簧和调整螺母依次安装在钳柄的下部，夹持钩可相对钳柄上下自由活动）以及安装在钳柄内的进刀装置，如图 5-16 所示。该工具具有使用快捷方便、工作效率高的优点，不但可实现径向切割，而且仅通过简单的旋转即可实现螺旋切割和纵向切割，并可控制切割深度，适用于切剥不同直径、不同绝缘层厚度的电缆线。

图 5-16　剥线钳

购买剥线钳时需注意以下事项：

（1）购买与剥离线径吻合的剥线钳刀片。如果要剥离的线径为 0.6～2.6mm，而购买的却是 0.2～1.8mm 的剥线钳刀片，那肯定是不够用的。

（2）购买符合性能要求的剥线钳。例如，如果是带电操作、日使用频繁、剥线强度大等，就要购买具有绝缘手柄、钳体结实（采用优质碳钢或高强度锌合金制造）、带有强效弹簧的剥线钳。

（3）不单一认准国外品牌产品，国内的产品也很不错。

好的剥线钳具有以下特征：

（1）表面光滑细腻，不粗糙。

（2）钳体匀称，比例合理，用起来轻松省力（好的产品是完全基于力学角度来为客户所设计的）。

（3）刀片锋利，不伤线；钳套有手感，不滑手。

（4）钳体结实耐用，弹簧富有伸缩性；铆钉到位，不松动。

剥线钳的使用方法：

（1）根据电缆的粗细型号，选择相应的剥线刀口。

（2）将准备好的电缆放在剥线工具的刀刃中间，选择好要剥线的长度。

（3）握住手柄，将电缆夹住，缓缓用力使电缆外表皮慢慢剥落。

（4）松开手柄，取出电缆线。这时电缆金属整齐露在外面，其余绝缘塑料完好无损。

安全注意事项：

（1）操作时应戴上护目镜。

（2）为了不伤及断片周围的人和物，在确认断片飞溅方向后再进行切断。

（3）务必关紧刀刃尖端，放置在幼儿无法伸手拿到的安全场所。

2. 压线工具

压线工具又叫网钳，主要用来压接 8 位的 RJ-45 插头和 4 位、6 位的 RJ-11、RJ-12 插头，如图 5-17 所示。其设计可保证模具齿和插头的角点精确地对齐，可同时提供切和剥的功能。通常的压线工具都是固定插头的，有 IU-45 或 RJ-11 单用的，也有双用的。

图 5-17　网钳

压接时，先用网钳把网线外皮剥去（注意不要把里面的线芯切断）。对于带有剥线口的网钳，操作比较简便，只需将线塞进去切下，就可以不伤害线芯而剥去线皮；如果网钳只有压线口，而没有剥线口，则操作时必须做到小心谨慎。剥去线皮后，可以看到一对一对绞在一起的 4 对线。将每对线分开，然后按标准顺序排列好，再将其排成一排，用手指夹住拉直，接着把这 8 条线插入到水晶头里，让每条线的线头都能接触到金属脚上，随后把线连同水晶头插到网钳上的压线口（注意不要让线脱离出来），最后用力压下网钳。一般好的水晶头在压上的时候会发出"滴"的一声，即表示压好了；质量较差的只能用力压，压好后用手轻拉，如果能拉出来就是没压好，用力拉不出就算接好了。接下来，将两头接好水晶头的网线用测试仪测试连通状况，如果连通不了，就要重新将接好的水晶头剪掉重接。一般线芯留 1cm 就够了，以水晶头能压住外皮为准。

3. 110 打线工具

打线工具用于将双绞线压接到信息模块和配线架上。信息模块和配线架是采用绝缘置换连接器（IDC）与双绞线连接的。IDC 实际上是一个 V 形豁口的小刀片，当把导线压入豁口时，刀片将割开其绝缘层，与其中的导体接触。

打线工具由手柄和刀具两部分组成。刀具呈两端式，一端具有打接和裁线功能，可以裁剪掉多余的线头；另一端则不具有裁线功能（显示有清晰的 CUT 字样），但可使用户在安装的过程中方便地识别正确的打线方向。手柄握把具有压力旋转钮，可进行压力大小的选择。下面以 110 打线工具为例介绍其使用方法，如图 5-18 所示。

图 5-18　110 打线工具

110 打线工具的使用方法是：（切割余线的刀口永远朝向模块的外侧）将打线工具与模块垂直插入槽位，用力冲击，听到"卡嗒"一声，说明工具的凹槽已经将线芯压到位，即已经嵌入金属夹子里，金属夹子也已经切入绝缘皮咬合铜线芯形成通路。这里千万注意以下两点：

- ☑　刀口向外。若忘记变成向内，压入的同时也将切断本来应该连接的铜线。
- ☑　垂直插入。如果打斜了，将使金属夹子的口撑开，再也没有咬合的能力，并且打线柱也会歪掉，难以修复，这个模块可就报废了。新买的好刀具在冲击的同时，应能切掉多条线芯；若不行，多冲击几次，也可以用手拧掉。

4. 手掌保护器

手掌保护器为 UTP 和 ScTP 等的 CT 插座及 MAX 插座的终结提供了极大的安全和方便：在工作时，可以通过它吸收终结冲力，防止插座移动；可调节的弹性拉手，使用户运用自如，如图 5-19 所示。

5. 光纤剥离钳

光纤剥离钳用于剥离光纤涂覆层和外护层。光纤剥离钳的种类很多，如图 5-20 所示为双口光纤剥离钳。它具有双开口、多功能的特点，钳刃上的 V 形口用于精确剥离 250gm、500pm 的涂覆层和 900μm 的缓冲层；第二开孔用于剥离 3mlTl 的尾纤外护层；所有的切端面都有精密的机械公差以保证干净、平滑地操作；不使用时可使刀口锁在关闭状态。

下面介绍一款比较知名的光纤剥离钳产品米勒钳（Miller）。

（1）用于剥离 250μm 涂层及 900μm 缓冲层。

（2）140μm 的激光开孔，可精确剥离涂料覆层。

（3）生产厂家预设，无须调整。

图 5-19 手掌保护器

图 5-20 双口光纤剥离钳

（4）所有刀刃面精确成型，再经淬火、回火并打磨。

（5）沾塑减震手柄，经久耐用。

（6）美国进口。

6. 光纤剪刀

在对光纤进行处理时，光纤剪刀经常要用到。其细微锯齿形刀刃配以 IDEAL 专利技术的切断刻痕槽口，可一次性完成对光纤护套与纤芯的剪切，如图 5-21 所示。

光纤剪刀系列产品介绍如下。

（1）光纤专用凯夫拉锯齿快剪刀 951

① 刀片以硬度 HRC60～62 高碳钢材质精制，刀口显微硬度高

图 5-21 光纤剪刀

达 HV1200°。

② 刀片采用锯齿状设计，有效消除剪切凯夫拉线的滑动，轻松剪切更能提高工作效率。

③ 手柄由弹性 TPR 塑料制成，人性化设计手柄更适合长时间使用，不易疲劳。

④ 高性价比，特别为剪切光纤外层凯夫拉线而打造，保证品质。

（2）凯夫拉锯齿剪刀 HT-C151

① 高碳钢材质锻造刀片，硬度高达 HRC60～62。

② 刀片采用锯齿状设计，有效消除剪切凯夫拉线的滑动，轻松剪切更能提高工作效率。

③ 人性化设计手柄更适合长时间使用，不易疲劳。

④ 专为剪切凯夫拉线而打造，经久耐用。

7. 光纤接续子

光纤接续子是一种简单、易用的光纤接续工具，可以接续多模或单模光纤，如图 5-22 所示。

（1）应用场合

① 尾纤接续。

② 不同类型的光缆转接。

③ 室内外永久或临时接续。

④ 光缆应急恢复。

（2）特点

① 无须黏合剂和环氧胶。

图 5-22 光纤接续子

② 通用性强，适合不同涂敷层种类的光纤。

③ 光纤无须研磨。

④ 光纤中心自对准。

⑤ 可选 900μm 光纤导引保护管。

⑥ 可重新匹配，可精细调整。

⑦ 对准区域光纤无应力。

⑧ 推荐使用小型夹具配件，但属用户选件。

⑨ 符合工业接续标准。

（3）使用方法

光纤接续子使用起来非常简单，没有太多的附件，几乎不需要培训。操作步骤是：剥纤并把光纤切割好，将需要接续的光纤分别插入接续子内，直到它们互相接触，然后旋转凸轮以锁紧并保护光纤。这个过程中无须任何黏结剂或其他专用工具，尽管推荐使用夹具选件。一般来说，接续一对光纤不会超过 2min。

8．光纤切割笔

光纤切割笔用于粗糙地切割光纤，如图 5-23 所示。

光纤切割笔具有以下特点：

（1）碳化钨笔尖，锐利无比。

（2）旋转式笔尖控制，使用便利。

（3）外形设计精巧，携带方便。

9．光纤切割刀

光纤切割刀用于精确地切割光纤，如图 5-24 所示。

图 5-23　光纤切割笔

图 5-24　光纤切割刀

其特点如下：

（1）自动回收光纤碎屑。通过光纤碎屑回收装置，光纤切断后打开压盖，其碎屑即可自动被回收。

（2）一步完成操作。仅需推动刀片滑槽一步，即可完成光纤的切断。

（3）维护、调整简单。采用 V 形刀片支架，刀片回转后无须调整刀压高低。刀片寿命长且更换容易。

10．熔接机

采用芯对芯标准系统（PAS）的熔接机可进行快速、全自动熔接。它配备有双摄像头和 5in 高清晰度彩色显示器，能进行 x、y 轴同步观察；深凹式防风盖能够保证在 15m/s 的强风下也能进行接续工作；可以自动检测放电强度，放电稳定可靠；能够进行自动光纤类型识别，自动校准熔接位置，自动选择最佳熔接程序，自动推算接续损耗。其可选件及必备件有主机、AC 转换器/充电器、AC 电源线、监视器罩、电极棒、便携箱、操作手册、精密光纤切割刀、充电/直流电源和涂覆层剥线钳等。

熔接机的类型有多种，在此以光纤熔接机为例进行介绍。光纤熔接机就是利用电弧放电原理对光纤进行熔接的机器，如图 5-25 所示。

其主要特点是快速、全自动熔接；结构紧凑、轻巧；彩色显示屏幕，可同时观测 X、Y 光纤；体积小，重量轻；提供存储熔接数据等功能；适用光纤类型广泛，如 SM、MM、DSF 等光纤都可以。

熔接过程如下。

（1）工具

主机、切割刀、光纤、剥线钳、酒精（99%工业酒精最好，用 75%的医用酒精也可以）、棉花（用面巾纸也可以）、热缩套管。

图 5-25　光纤熔接机

（2）放电

目的：让光纤熔接机适应当前的环境。

为什么做：更好地适应环境，放电更充分，熔接效果更好。

怎么做：

① 加入光纤，选择"放电实验"功能，按 SET 键即可，屏幕显示出放电强度，直到显示"放电 OK"为止。

② 空放电，按 ARC 键。

做多少次：在这过程中会出现"放电过强，放电过弱"的情况，直到放电完成为止。

什么时候做：

① 位置改变时（一般超过 300km）。

② 海拔变化时（一般超过 1000m）。

③ 在更换电极后一定要做放电实验。

④ 纬度变化时。

 注意

不是每次熔接前都要做放电实验。

（3）确认所熔接的光纤类型和需要加热的热缩套管类型

☑　光纤类型：在熔接模式下选择 SMF、MF、DSF、NZDF 等。

☑　热缩套管类型：在加热模式下选择，一般热缩套管分 40mm、60mm 两种。当然也有的生产厂家按照自己生产的光纤熔接机来定做热缩套管，不要出现不匹配现象。

（4）制备光纤

用光纤剥线钳剥出一段裸光纤，用酒精棉清洁干净，然后用光纤切割刀进行切割，切割长度按照上面的参数来确定（切割刀上面有尺寸刻度）。注意保持切割的端面保持垂直状态，误差一般是 2°以下、1°以上。在此要注意的是，先清洁后切割！另外，在切割前放置好热缩套管。

（5）熔接

光纤切好后，把其放入光纤熔接机内（具体位置：V 形槽端面直线与电极棒中心直线之间大约 1/2 的地方），然后放好光纤压板，放下压脚（另一侧同），盖上防风盖，按 SET 键。此时屏幕上出现两个光纤的放大图像，经过调焦、对准一系列的位置、焦距调整动作后开始放电熔接。整个过程需要持续 15s 左右的时间（不同熔接机所需时间不一样，但差别不大）。熔接完成后，把热缩套管放在需要固定的部位，把光纤的熔接部位放在热缩套管的正中央（一定要放在中间），给它一定的张力（注意，不要让光纤弯曲），拉紧，压放入加热槽，盖上盖，按 HEAT 键。此时下面的指示灯会亮起。持续 90s 左右，机器会发出警告，提示加热过程完成，同时指示灯也会不停地闪烁。拿出冷却，这样一个完整的熔接过程就算完成了。

（6）整理

整理工具，放到指定的位置；收拾垃圾，收拾时注意碎小的光纤头。

（7）在操作过程中需注意的问题

① 光纤熔接机的内外以及光纤都要做好清洁工作，重点是 V 形槽、光纤压脚等部位。

② 切割时，保证切割端面 89°±1°，近似垂直。在把切好的光纤放在指定位置的过程中，光纤的端面不要接触任何地方，碰到则需要重新清洁、切割。在此再次强调：先清洁后　　切割！

③ 将光纤放入光纤熔接机内时，其位置不要太远也不要太近，最好是在 V 形槽端面直线与电极棒中心直线之间大约 1/2 处。

④ 在熔接的整个过程中，不要打开防风盖。

⑤ 加热热缩套管的过程，专业术语称之为接续部位的补强。加热时，光纤熔接部位一定要放在正中间，加一定张力，以防止加热过程中出现气泡、固定不充分等现象。在此要强调的是加热过程和光纤的熔接过程可以同时进行。加热后拿出时，不要接触加热后的部位，以免烫伤。

⑥ 整理工具时，注意碎光纤头，以防发生危险。

11. 穿线器

在建筑物室内外的管道中布线时，如果管道较长、弯头较多且空间紧张，就要使用穿线器牵引线绳。

穿线器主要是解决塑料套管穿线难的问题，如图 5-26 所示。其壳体形似梭子，以发条或微电机为动力源，通过传动机构推进行走轮前进。行走轮的固定杆与稳定轮的固定杆在不同平面内互相垂直；其两端均设有自动伸缩轮叉，以适应塑料套管的孔径变化，使穿线器行走稳定。

图 5-26　小型穿线器

12. 牵引机

当大楼主干布线采用由下向上的敷设方法时，就需要用牵引机向上牵引线缆。牵引机有手摇式牵引机和电动牵引机两种，如图 5-27 所示。当大楼楼层较高且线缆数量较多时使用电动牵引机，当楼层较低且线缆数量少而轻时可用手摇式牵引机。电动牵引机能根据线缆情况通过控制牵引绳的松紧随意调整牵引力（通过拉力计可随时读出拉力值）和速度，并有重负荷警报及过载保护功能。手摇式牵引机是两级变速棘轮机构，安全省力，是最经济的选择。

13. 线轴支架

大对数电缆和光缆一般都缠绕在线缆卷轴上，放线时必须将线缆卷轴架设在线轴支架上，并从顶部放线。线轴支架适用于电缆盘的支撑，具有液压顶升，装卸重量大，装有小轮，便于移动特点。如图 5-28 所示为大型线轴支架；表 5-2 列出了大型线轴支架的规格。

15221

图 5-27　电动牵引机和手摇式牵引机　　　图 5-28　大型线轴支架

表 5-2　大型线轴支架（液压放线支架）

产品编号	型　号	适用线盘				单支架	
		盘径/mm	盘宽/mm	轴孔直径/mm	盘重/t	外形尺寸/mm	重量/kg
15221	SI-5	≤ϕ2400	≤1600	ϕ76～103	≤5	1000×630×1385	90
15222	SI-10	≤ϕ2700	≤1700	ϕ120～135	≤10	1000×630×1500	110

14. 滑车

从上而下垂放线缆时，经常要用到滑车。通过滑车，可以使线缆从线缆卷轴拉出后平滑地往下放线。

滑车按轮数的多少分为单轮（其特点如表 5-3 所示）、双轮和多轮滑车，如图 5-29 所示。按滑车与吊物的连接方式可分为吊钩式、链环式、吊环式和吊梁式 4 种。一般中小型的滑车多属于吊钩式、链环式和吊环式，而大型滑车多采用吊环式和吊梁式。按轮和轴的接触不同可分为轮轴间装滑动轴承及滚动轴承两种。按夹板是否可以打开来分，有开口滑车和闭口滑车。开口滑车的夹板是可以打开的，便于装绳索，一般都是单轮滑车，常用于扒杆底脚处做导向滑车用。按使用的方式不同又可分为定滑车和动滑车。

图 5-29　单轮滑车、双轮滑车、三轮滑车、六轮滑车

滑车使用方便，用途广泛，可以手动、机动，主要用于工厂、矿山、农业、电力、建

筑的生产施工、码头、船坞、仓库的机器安装、货物起吊等。

表 5-3　单轮滑车

| 名　　称 | 型　号 | 额定起重量 /t | 试验载荷 /kN | 钢丝绳直径/mm | | 轮槽直径 /mm | 机体重量 /kg |
				适用	最大		
单轮开口吊钩 链环式滑车	HQG（L）KI-0.5	0.5	8	6.2	7.7	71	1.75
	HQG（L）KI-1	1	16	7.7	11	85	3.25
	HQG（L）KI-2	2	32	11	14	112	6

15. 型材切割机

在布线管槽的安装中，常常需要加工角铁横担、割断管材。此时可以使用型材切割机来完成，其切割速度之快、用力之省，是钢锯望尘莫及的。型材切割机主要由砂轮锯片、护罩、操纵手把、电动机（一般是三相交流电动机）、工件夹、工件夹调节手轮、底座和胶轮等组装而成，如图 5-30 所示。

下面以 J1G-AD-355 型材切割机为例进行详细介绍，如图 5-31 所示。

图 5-30　型材切割机　　　　　　图 5-31　J1G-AD-355 型材切割机

- ☑ 切割片直径（mm）：ϕ305/355/405。
- ☑ 输入功率（W）：1600/1800/2000。
- ☑ 空载转速（r/min）：3600。
- ☑ 包装尺寸（cm）：54×30×40。
- ☑ 每箱台数（PC）：1。
- ☑ 毛净重（kg）：16/15。

16. 角磨机

金属槽、管切割后会留下锯齿形的毛边，很容易刺穿线缆的外套。此时可以使用角磨机将切割口磨平以保护线缆。

（1）角磨机操作规程

① 带保护眼罩。

② 打开开关之后，要等待砂轮转动稳定后才能工作。

③ 长头发职工一定要先把头发扎起。

④ 切割方向不能向着人。

⑤ 连续工作半小时后要停 15min。

⑥ 不能用手握住小零件用角磨机进行加工。

⑦ 工作完成后自觉清洁工作环境。

（2）安易角磨机 AY-C920 产品参数

① 8 台/箱，1 箱起订。

② 产品编号：S1M-AY-100。

③ 砂轮片直径：100mm。

④ 空载转速：10000r/min。

⑤ 额定输入功率：800W。

⑥ 额定电压：220V。

⑦ 额定频率：50Hz。

17. 台钻

完成桥架等材料的切割后，可使用台钻钻上新的孔，再与其他桥架连接安装。

台式钻床简称台钻，是一种体积小巧、操作简便的小型孔加工机床，通常安装在专用工作台上使用，如图 5-32 所示。台式钻床钻孔直径一般在 13mm 以下，最大不超过 16mm。其主轴变速一般通过改变三角带在塔型带轮上的位置来实现，主轴进给靠手动操作。

台式钻床安全操作规程：

（1）使用前要检查台钻各部件是否正常。

（2）钻头与工件必须装夹紧固；不能用手握住工件，以免钻头旋转引起伤人事故以及设备损坏事故。

图 5-32　台钻

（3）集中精力操作，摇臂和拖板必须锁紧后方可工作；装卸钻头时不可用手锤或其他工具物件敲打，也不可借助主轴上下往返撞击钻头，应用专用钥匙和扳手来装卸；钻夹头不得夹锥形柄钻头。

（4）钻薄板需加垫木板，钻头快要钻透工件时，要轻施压力，以免折断钻头，损坏设备或发生意外事故。

（5）钻头在运转时，禁止用棉纱和毛巾擦拭钻床及清除铁屑；完成工作后，必须将钻床擦拭干净，切断电源；零件堆放及工作场地应保持整齐、整洁；认真做好交接班工作。

18. 曲线锯

曲线锯（如图 5-33 所示）可按各种曲线（当然也可以是直线）在各类板材上锯割出具有较小曲率半径的几何图形。更换不同齿型的锯条，可以锯割木材、金属、塑料、橡皮、皮革、纸板等，适用于汽车、船舶、木模、家具制造、布景、广告加工，以及 MOD 等。

图 5-33　曲线锯

（1）使用前的注意事项（适用于大多数电动工具，这是作者个人的经验）

① 不要穿过分宽大的衣服和裤子，也不要穿短裤和拖鞋。

② 在操作时戴一副护目镜。眼睛是心灵的窗户，谁也不知道锯屑会飞向何处。

③ 准备一副电焊工用的粗帆布手套，一是可以防止木刺和铁刺扎伤手；二是如果不小心手碰到了转动部分，可以在手受伤之前有足够的反应时间。注意，不要用普通的纺织棉

手套，尤其是使用电钻时，因为手套上的细小纤维会缠进转动着的钻头刀刃。

④ 不要让未成年人在操作者操作工具时旁观。小孩子都是有好奇心的，当他的小手伸过来时，即使及时切断电源，高速旋转下的电机在惯性作用下也很容易造成人身伤害。同时，小孩在旁边时，操作者也会分心照顾他，对操作不利。另外，存放时应把工具锁在工具柜中。不是为了防盗，而是不要让小孩偷偷拿来玩。

（2）操作中需要注意的问题

① 如果是欧式插头，可能插不进普通的墙插。接一个多功能的拖线板即可解决问题。

② 注意板材厚度。太薄的板材没有足够的刚度支撑锯片高速上下运动，很容易失败。

③ 选用合适的锯片。常用的款式有 5 种，每种款式的锯片根据被切割材料的材质、厚度、切断面的粗糙度、切割效率、锯片的材料等又分为数十种类型（主要的区别是夹持部分）。只有根据自己的需要正确选用，方能事半功倍。使用时把两颗固定螺丝拧紧锁死，并用手顺着锯片纵向运动方向用力拉扯，看看有无松动。换锯片时一定要拔出电源插头！

④ 部分机型有自动进刀功能，其工作原理是紧贴锯片的滑轮臂会快速地横向摆动（滑轮靠着的是锯条光的一边，而非齿边。锯片安装的时候要卡在滑轮中间的沉槽中），以驱使锯片前进。摆动的幅度（也就是锯条前进的速度）由上方的旋钮调节，0～3 共 4 档，0 档最小，3 档最大（3 档确实是很快，但同时锯也会跳动，比较难控制，而且切割面也会毛一些）。具体操作时，可根据被切割材料的厚度、材质和工作效率自行调节。

⑤ 速度调节。

⑥ 锯屑清理。部分机型有一块防止锯屑飞溅的透明塑料防护罩板（主要是配合集尘功能）。装好锯片后把塑料板上的螺丝松一点，然后把塑料板向下移至底座，锁住螺丝。如果可以自动排屑，在管道的尾端绑扎一只夏天穿的丝袜即可收集飞出的锯屑。如果不是自动排屑的，就要另接吸尘器。

⑦ 切割厚的金属要使用切割液。切割液的作用是润滑锯片运动、排除细小锯屑、防止锯片过热产生火弧、延长锯片寿命。如果没有专用的切割渡，可用普通发动机机油、肥皂水等代替。

⑧ 切割方法有以下几种：

☑ 直线切割。用尺在板材上画一条直线，然后将曲线锯底座紧贴板面，用手按住并控制好其进取方向即可。如果切割线和板材的一边完全平行，可以用配件中的那根金属导轨辅助（大部分的品牌曲线锯的这种配件都是要花钱另外购买的）。使用时将其大头一端紧靠在板材的基准边，另一段插进曲线锯底座上预留的插孔（这个导轨设计得还是比较科学的，上面有基准刻度）。按想要得到的木条宽度，插入到相应的刻度（要计算到锯条相应的位置，也就是底座的中间，而不是底座的一边）后，用附带的两个内六角螺丝把导轨锁死。只要保证锯时导轨一边和板边紧贴，就能锯出平直的木条。如果还要把木条精加工刨边，则应在设置数值刻度时多预留几毫米。在开始下刀的时候，可能会发生锯条比导轨先接触木板的情况，这样就难以保证导轨和木板充分接触。这时可把曲线锯底座上的两个固定螺丝松开，把底座往前移动后拧紧，就可以使导轨先接触木板，保证下刀位置正确。

☑ 曲线切割。如果是半径较小的曲线，要买宽度窄一点的锯条。直线锯条和曲线锯条是不一样的，用曲线锯附带的直线切割锯条可以在 10cm 宽板上锯出 S 形曲线；如果采用更窄的曲线切割锯条，可以锯出更小的转弯半径。如果下刀点在板的中间，要先用钻头钻个孔，才能下刀。曲线切割时应选用最低速 1 档。

☑ 圆形和圆弧切割（适用于 MOD 机箱和音箱开孔等）。这里同样要用到那根导轨，而且要加工一下。在导轨大头的那端钻个孔，孔径 2～5mm 随意（孔的位置最好距离 0 刻度 1cm 或 2cm，用整数是为了能再利用导轨上原来的尺寸刻度计量），然后倒扣在板材上，用比孔小一号的钉子或木螺丝固定在要切割的圆周的圆心点，调整好半径尺寸。如起始下刀点在板材中央，还要用钻头打个孔作为起刀点。

☑ 切割斜边。大部分机型可以切割 45°内的斜边。使用时把连接底座和锯体的螺丝松开，先水平横向移动底座到最右端，再纵向移动底座到所需的角度即可。底座上面有刻度可以参考。使用完后应把底座复位。注意，使用此功能时遮挡锯屑的塑料罩不能放下，所以锯屑清理功能不能用；而且此功能仅适用于直线切割，否则锯片可能会断掉。

19. **手电钻**

手电钻既能在金属型材上钻孔，也适合在木材和塑料上钻孔，在布线系统安装中是经常要用到的工具之一。手电钻由电动机、电源开关、电缆和钻孔头等组成，如图 5-34 所示。用钻头钥匙开启钻头锁，可使钻夹头扩开或拧紧，使钻头松出或固牢。

20. **管子切割器**

在钢管布线的施工中，要大量地切割钢管，这时管子切割器便派上了用场。管子切割器又称为管子割刀，如图 5-35 所示。切割钢管时，先将钢管固定在管子台虎钳上，再把管子切割器的刀片调节到刚好卡在要切的部位，操作者立于三脚铁板工作台的右前方，用手操作管子切割器手柄，按顺时针方向旋割。旋一圈，旋动切割器手柄使刀片向管壁切下一些，这样便可把钢管整齐地切割下来。在快要割断时，须用手扶住待断段，以防断管落地砸伤脚趾。

图 5-34 手电钻　　　　　　　图 5-35 管子切割器

21. **管子钳**

管子钳又称为管钳（如图 5-36 所示），是用来进行钢管布线的工具之一，可以用它来装卸电线管上的管箍、锁紧螺母、管子活接头和防爆活接头等。

22. **管子台虎钳**

管子台虎钳又称为龙门钳，是切割钢管、PVC 塑料管等管形材料的夹持工具，如图 5-37 所示。管子台虎钳的钳座固定在三脚铁板工作台上，扳开钳扣，将龙门架向右扳，便可把管子放在钳口中；再将龙门架扶正，错口即自动落下扣牢；旋转手柄，可把管子牢牢夹住。

23. 梯子

安装管槽和进行拉线工序时，常常需要登高作业。常用的梯子有直梯和人字梯（如图 5-38 所示）两种。直梯多用于户外登高作业，如搭在电杆上和墙上安装室外光缆；人字梯通常用于户内登高作业，如安装管槽、布线拉线等。直梯和人字梯在使用之前，宜将梯脚绑缚橡皮之类的防滑材料；人字梯还应在两页梯之间绑扎一道防自动滑开的安全绳。

图 5-36 管子钳

图 5-37 管子台虎钳

图 5-38 人字梯

24. 线槽剪

线槽剪（如图 5-39 所示）是 PVC 线槽专用剪，利用它剪出的端口整齐、美观。

25. 电源线盘

在施工现场特别是室外施工现场，由于施工范围广，不可能随地都有电源，因此要用长距离的电源线盘（如图 5-40 所示）接电。线盘长度有 20m、30m 和 50m 等多种型号。

26. 电工工具箱

电工工具箱是布线施工中必备的工具，如图 5-41 所示。它一般应包括钢丝钳、尖嘴钳、斜口钳、剥线钳、一字旋具、十字旋具、测电笔、电工刀、电工胶带、活络扳手、呆扳手、卷尺、铁锤、凿子、斜口凿、钢锉、钢锯、电工皮带和工作手套等。此外，工具箱中还应常备诸如水泥钉、木螺钉、自攻螺钉、塑料膨胀管、金属膨胀栓等小材料。

图 5-39 线槽剪

图 5-40 电源线盘

图 5-41 电工工具箱

四、布线测试工具

1. 验证测试仪

验证测试仪（如图 5-42 所示）用于施工过程，由施工人员边施工边测试，以保证所完成的每一个连接的正确性。此时只测试电缆的通断、打线方法、长度及其走向。

2. 认证测试工具

认证测试工具就是在认证测试时所用的工具，用来在工程验收时对布线系统的安装、电气特性、传输性能、设计、选材以及施工质量进行全面检验。如图 5-43 所示为 Fluke 的 DTX 系列数字式电缆测试仪。

图 5-42 验证测试仪

图 5-43 Fluke 的 DTX 系列数字式电缆测试仪

3. 对讲机

在综合布线测试中，链路测试是在链路的两端同时进行的，一端在楼层配线间，一端在工作区，一般都相距较远。在测试过程中，测试人员之间需要通信，对讲机（如图 5-44 所示）就是最好的选择。在综合布线工程管理中，管理人员也常常用对讲机进行联络。

4. 数字万用表

数字万用表（如图 5-45 所示）主要用于综合布线系统中设备间、楼层配线间和工作区电源系统的测量，有时也用于测量双绞线的连通性。

5. 接地电阻测量仪

新安装的接地装置在使用前必须先进行接地电阻的测量，测量合格后才可以使用。单独设置接地体时，不应大于 4Ω；采用接地体时，不应大于 1Ω。接地系统的接地电阻每年应定期测量，始终保持接地电阻符合指标要求；如果不合格，则应及时进行检修。如图 5-46 所示为接地电阻测量仪。

图 5-44 对讲机　　　　　图 5-45 数字万用表　　　　　图 5-46 接地电阻测量仪

常用的接地电阻测量仪主要有手摇式接地电阻测量仪和钳形接地电阻测量仪。

手摇式接地电阻测量仪（简称为接地摇表）是一种较为传统的测量仪，其基本原理是采用三点式电压落差法。它有 3 个接线柱，其中两个连接测量接地棒，另一个连接被测电器接地处或接地干线；两个调节旋钮，一个用来调节测量电阻的倍数（分为×1、×10、×100 3 档），另一个用来调整测量读数。

钳形接地电阻测量仪是一种新颖的测量工具，外形酷似钳形电流表。利用该测量仪测试时不需要辅助测试桩，只需向被测地线上一夹，几秒钟即可获得测量结果，极大地方便了接地电阻的测量工作。钳形接地电阻测量仪还有一个很大的优点，便是可以对正在使用的设备的接地电阻进行在线测量，而不需要切断设备电源或断开地线。

【拓展知识】

光纤熔接机一般的日常维护。

1. 保洁工具（常用）

常用的保洁工具有棉花、棉签棒、光纤本身、空气气囊和酒精等。

2. 需要清洁的部位

（1）光纤压脚

用棉花棒蘸酒精沿同一方向擦拭。

（2）V形槽

有专门的清洁工具，如果没有可以用酒精棒，也可以用裸光纤来清洁。一般多用空气气囊吹气，但是不要用口吹气，以免湿气侵入。清洁V形槽的目的是熔接机调芯方向的上下驱动范围各只有数十微米，稍有异物就会使光纤图像偏离正常位置，从而不能正常对准。具体清洁步骤如下：

① 掀起熔接机的防风罩。

② 打开光纤压头和夹持器压板。

③ 用棉签棒沾无水酒精（或将牙签削尖），单方向擦拭V形槽即可。

 注意

切忌用硬质物清洁V形槽或在V形槽上用力，以免损坏V形槽或使其失准，造成仪表不能正常使用。

【小结】

本节主要讲了两方面内容，即工程准备、布线器材和布线工具。

【练习】

1. 用剥线钳剥线有什么好处？
2. 压线工具用来压接的插头类型有哪些？
3. 什么是熔接机？
4. 穿线器用来干什么？
5. 怎样使用管子切割器？
6. 验证测试仪用来干什么？
7. 什么是认证测试工具？
8. 线缆端接工具有哪些？
9. 线缆测试工具有哪些？

任务一　安装管槽系统

【目标要求】
（1）掌握金属管的安装。
（2）掌握 PVC 线槽的安装。
（3）掌握管槽的计算方法。

一、任务分析

综合布线的通信线缆无论是在室内还是室外，都必须由管槽系统来进行支撑和保护。室内有管道、线槽等形式，室外建筑群子系统有管道、架空等形式。管槽系统除支撑和保护功能外，同时也要考虑屏蔽、接地和美观等要求。

二、基本知识

1. 安装金属管

（1）金属管暗敷要求
金属管暗敷时应符合下列要求：
- ☑　预埋在墙体中间的金属管内径不宜超过 50mm，楼板中的管径宜为 15～25mm，直线布管 30m 处设置暗线盒。
- ☑　敷设在混凝土、水泥里的金属管的地基应坚实、平整，不应有沉陷，以保证敷设后的线缆安全。
- ☑　金属管连接时，管孔应对准，接缝应严密，不得有水或泥浆渗入。管孔对准无错位，以免影响管路的有效管理，保证敷设线缆时穿设顺利。
- ☑　金属管道应有不小于 0.1%的排水坡度。
- ☑　建筑群之间金属管的埋没深度不应小于 0.8m；在人行道下面敷设时，不应小于 0.5m。
- ☑　金属管内应安置牵引线或拉线。
- ☑　金属管的两端应有标记，标明建筑物、楼层、房间和长度。

（2）金属管明敷要求
金属管明敷时应符合下列要求：
- ☑　金属管应用卡子固定。这种固定方式较为美观且在需要拆卸时方便拆卸。
- ☑　金属管的固定点间距一般不应超过 3m。
- ☑　在距接线盒 0～3m 处，用卡子将管子固定。
- ☑　在弯头的地方，弯头两边也应用卡子固定。

（3）光缆与电缆同管敷设要求
光缆与电缆同管敷设时，应在暗管内预置塑料子管。将光缆敷设在子管内，使光缆和

高等职业教育"十二五"规划教材

125

电缆分开布放。子管的内径应为光缆外径的 2.5 倍。

2. 金属槽的安装

（1）线槽安装要求

安装线槽应在土建工程基本结束以后，一般与其他管道的安装（如风管、给排水管等）同步进行。安装线槽应符合下列要求：

① 线槽安装位置应符合施工图规定，左右偏差视环境而定，最大不超过 50mm。

② 线槽水平度每米偏差不应超过 2mm。

③ 垂直线槽应与地面保持垂直，无倾斜现象，垂直度偏差不应超过 3mm。

④ 线槽之间用接头连接板拼接，螺钉应拧紧。两线槽拼接处水平偏差不应超过 2mm。

⑤ 当直线段桥架超过 30m 或跨越建筑物时，应有伸缩缝，其连接宜采用伸缩连接板。

⑥ 线槽转弯半径不应小于其槽内的线缆最小允许弯曲半径的最大者。

⑦ 盖板应紧固，并且要错位盖槽板。

⑧ 支吊架应保持垂直，整齐牢固、无歪斜现象。

⑨ 为了防止电磁干扰，宜用辫式铜带把线槽连接到其经过的设备间或楼层配线间的接地装置上，并保持良好的电气连接。

（2）配线（水平）子系统线缆敷设支撑保护要求

① 预埋金属线槽支撑保护要求如下：

☑ 在建筑物中预埋线槽截面高度不宜超过 25mm。

☑ 线槽直埋长度超过 15m 或在线槽路由交叉、转变时宜设置拉线盒，以便布放线缆和维护。

☑ 接线盒盖应能开启，并与地面齐平，盒盖处应采取防水措施。

☑ 线槽宜用金属引入分线盒内。

② 设置线槽支撑保护要求如下：

☑ 水平敷设时，支撑间距一般为 1.5～2m，垂直敷设时固定在建筑物结构体上的间距宜小于 2m。

☑ 用金属线槽敷设时，在线槽接头处、间距 1.5～2m、离开线槽两端口 0.5m 处和转弯处设置支架或吊架。

③ 在活动地板下敷设线缆时，活动地板内净空不应小于 150mm；如果把活动地板内作为通风系统的风道使用，地板内净高不应小于 300mm。

（3）干线（垂直）子系统的线缆敷设支撑保护要求

① 线缆不得布放在电梯或管道竖井中。

② 干线通道间应连通。

③ 线缆在弱电间中穿过的每层楼板孔洞宜为方形或圆形。长方形孔尺寸不宜小于 300mm×100mm，圆形孔洞处应至少安装 3 根圆形钢管，管径不宜小于 100mm。

④ 建筑群干线子系统线缆敷设支撑保护应符合设计要求。

3. 塑料管的安装

安装 PVC 塑料管时，一般在工作区内暗埋线槽。操作时要注意以下两点：

（1）管转弯时，弯曲半径要大，便于穿线。

（2）管内穿线不宜太多，要留有 50%以上的空间。

4. PVC 线槽的安装

PVC 线槽有 3 种安装方式：在天花板吊顶内采用吊杆或托式桥架、在天花板吊顶外采用托架加配固定槽敷设或在墙面上明装。

采用托架时一般在 1m 左右安装一个托架，采用固定槽时一般在 1m 左右安装固定点（固定点是指把槽固定的地方，根据槽的大小来设置间隔）。

（1）对于 25mm×20mm 和 25mm×30mm 规格的槽，一个固定点应有 2~3 个固定螺钉并水平排列。

（2）对于 25mm×30mm 以上规格的槽，一个固定点应有 3~4 个固定螺钉，呈梯形排列，以使槽受力点分散分布。

（3）除了固定点外，应每隔 1m 左右钻两个孔，用双绞线穿入，待布线结束后，把所布的双绞线捆扎起来。

在墙面明装 PVC 线槽时，线槽固定点间距一般为 1m。固定方式有两种，即直接向水泥中钉螺钉、先打塑料膨胀管再钉螺钉。

水平干线、垂直干线布槽的方法是一样的，差别在于一个是横布槽，一个是竖布槽。在水平干线与工作区交接处不易施工时，可采用金属软管（蛇皮管）或塑料软管连接。

三、职业岗位能力训练

对槽、管的选择，可采用下式计算。

$$槽（管）截面积=(n×线缆截面积)/[70%×(40%~50%)]$$

式中，n——用户所要安装线缆的数量；

　　槽（管）截面积——要选择的槽管截面积；

　　线缆截面积——选用的线缆面积；

　　70%——布线标准规定允许的空间；

　　40%~50%——线缆之间浪费的空间。

四、任务实施

原则上尽量利用已经铺好的管路；对于不满足布线要求的管路，需重新铺管的部位，应尽可能减少对建筑环境的破坏。

配线（水平）子系统连接配线间和信息出口。水平布线距离应不超过 90m，信息口到终端设备连接线、配线架之间连接线之和不得超过 10m。主要有以下两种走线方式：

（1）采用走吊顶的轻型槽型电缆桥架的方式

这种方式适用于大型建筑物。为水平线缆提供机械保护和支持的装配式槽型电缆桥架，是一种闭合式金属桥架，安装在吊顶内，从弱电竖井引向设有信息点的房间，再由预埋在墙内的不同规格的铁管，将线路引到墙上的暗装铁盒内。

综合布线系统的水平布线是放射型的，线路量大，因此线槽容量的计算很重要。按照标准的线槽设计方法，应根据水平线缆的直径来确定线槽的容量。即：

线槽的横截面面积=水平线路横截面面积×3

线槽的材料为冷轧合金板，表面可进行相应处理，如镀锌、喷塑、烤漆等。线槽可以根据实际情况选用不同的规格。为保证线缆的转弯半径，线槽需配以相应规格的分支配件，以保证线路路由的转弯自如。

为确保线路的安全，应使槽体有良好的接地端。金属线槽、金属软管、金属桥架及分配线机柜均需整体连接，然后接地。如不能确定信息出口准确位置，拉线时可先将线缆盘在吊顶内的出线口，待具体位置确定后，再引到信息出口。

（2）采用地面线槽走线方式

这种方式适应于大开间的办公间，有密集的地面型信息出口的情况。建议先在地面垫层中预埋金属线槽。主干槽从弱电竖井引出，沿走廊引向设有信息点的各房间，再用支架槽引向房间内的信息点出线口；强电线路可以与弱电线路平行配置，但需分隔于不同的线槽中，这样可以向每一个用户提供一个包括数据、话音、不间断电源、照明电源出口的集成面板，真正做到在一个清洁的环境中实现办公自动化。

由于地面垫层中可能会有消防等其他系统的线路，所以必须由建筑设计单位根据管线设计人员提出的要求，综合整个系统的实际情况，完成地面线槽路由部分的设计。线槽容量的计算应根据水平线的外径来确定，即：

线槽的横截面面积=水平线路横截面面积×3

【小结】

本节主要介绍了金属管、金属槽、塑料管、PVC线槽的安装和选择管槽时的计算方法。

【练习】

如果所在的教学楼要进行综合布线，请将教学楼所用的管槽计算一下。

任务二　制作和安装信息插座

【目标要求】

（1）掌握信息模块的制作。
（2）掌握信息插座的安装。

一、任务分析

在综合布线系统中，在工作区与水平线缆连接的信息模块需要一个安装位置。信息模块的制作和信息插座的安装是必备的技能。

二、基本知识

安装信息插座时，对于地面型和墙面型需要安装底座。安装信息插座底座的基本要求就是平稳。安装在地面上或活动地板上的地面信息插座由接线盒体和插座面板两部分组成。插座面板有直立式（面板与地面成45°，可以倒下成平面）和水平式等几种。线缆连接固定在接线盒体内的装置上，接线盒体埋在地下，其盒盖面与地面平齐，可以开启，要求必须有严密防水、防尘和抗压功能。在不使用时，插座面板与地面齐平，不影响人们的日常行动。

安装在墙上的信息插座，其位置宜高出地面300mm左右。如果房间地面采用活动地板，信息插座应高出活动地板地面300mm。

三、任务实施

下面开始制作信息模块。将4对双绞线连接到墙上信息插座或掩埋型信息插座的端接步骤如下：

（1）将信息插座上的螺钉拧开，然后将端接夹拉出来拿开。

（2）从墙上的信息插座安装孔中将双绞线拉出20cm长的一段。

（3）用剥线钳从双绞线上剥除10cm的外护套。

（4）将导线穿过信息插座底部的孔。

（5）将导线压到合适的槽中。

（6）使用扁口钳将导线的末端割断。

（7）将端接夹放回，并用拇指稳稳地压下。

（8）重新组装信息插座，将分开的盖和底座扣在一起，再将连接螺钉拧上。

（9）将组装好的信息插座放到墙上。

（10）将螺钉拧到接线盒上，以便固定。

【小结】

本节主要介绍了怎样制作和安装信息插座。

【练习】

如果所在的教学楼要进行综合布线，请制作并安装信息插座。

任务三　安装机柜和配线架

【目标要求】

（1）掌握机柜的安装要求。

（2）掌握配线架的安装。

一、任务分析

主干线缆、水平线缆必须在设备间和电信间交连、互连，而机柜就是其连接的理想场所，所以它在综合布线系统中处于极为重要的位置。此外，施工人员还应熟练掌握配线架的安装。

二、相关知识

1. 机柜的安装要求

安装机柜的要求如下：

（1）机柜与设备的排列布置、安装位置和设备朝向都应符合设计要求，并符合实际测定后的机房平面布置图中的要求。

（2）机柜安装完工后，垂直偏差度不应大于 3mm。若厂家规定高于这个标准时，其水平度和垂直度都必须符合生产厂家的规定。

（3）机柜和设备上各种零件不应脱落或损坏，表面漆面如有损坏或脱落，应予以补漆。各种标志应统一、完整、清晰、醒目。

（4）机柜和设备必须安装牢固可靠，不应有摇晃现象。在有抗震要求时，应根据设计规定或施工图中的防震措施要求进行抗震加固。各种螺钉必须拧紧，无松动、缺少、损坏或锈蚀等缺陷。

（5）为了便于施工和维护人员操作，机柜和设备前应预留 1500mm 的空间，其背面距离墙面应大于 800mm，以便人员施工、维护和通行。相邻机柜设备应靠近，同列机柜和设备的机面应排列平齐。

（6）机柜、设备、金属钢管和槽道的接地装置应符合设计、施工及验收规范规定的要求，并保持良好的电气连接。所有与地线连接处应使用接地垫圈，垫圈尖角应对地线，刺破其涂层。只允许一次装好，以保证接地回路畅通，不得将已用过的垫圈取下重复使用。

（7）建筑群配线架或建筑物配线架如采用单面配线架的墙上安装方式，要求墙壁必须坚固牢靠，能承受机柜重量。其机柜柜底距地面宜为 300～800mm，或视具体情况而定。其接线端子应按电缆用途划分连接区域以方便连接，并设置标志以示区别。

（8）在新建的智能建筑中，综合布线系统应采用暗配线敷设方式，所使用的配线设备宜采取暗敷方式，埋装在墙体内。为此，在建筑施工时，应根据综合布线系统要求，在规定位置处预留墙洞，并将设备箱体埋在墙内，待综合布线系统工程施工时再安装内部连接硬件和面板。在已建的建筑物中若无暗敷管路，配线设备等接续设备宜采用明敷方式，以减少凿打墙洞和影响建筑物的结构强度。

2. 配线架

网络在不断地扩展，线缆也在不知不觉间增多。网络机架通常存放在每个建筑中的弱电机房（或者具有保安性的主配线间/设备间），而机房的面积却是固定的，随着线缆的不断增多，如何才能使机房布置整齐、布线井井有条成为用户面临的一个重大问题。而解决这一问题的方法是高密度配线解决方案，即采用配线架。

（1）从设计角度出发。综合布线有一点要求，就是信息点要求数据、语音在必要的时候可进行互换，也就是说同一个信息点，在不改变布线的情况下可通过跳线的选择来确定是语音还是数据。这样在布线的时候语音点和数据点是一样的，设计很方便，不需要分别考虑，采用统一设备即可。

如果成本不是重要的考虑因素，把全部的信息点都接到 RJ-45 配线架上，然后通过跳线决定是跳到交换机上还是语音配线架上（可以是 110 的，也可以是 STG 以及其他类型的语音模块）。当然这是不考虑成本的一种设计，也是一种彻底不考虑终端是语音还是数据的设计，实际应用的情况还是非常少的。大多数的情况还是考虑语音和数据的区别的，具体的办法也有很多种。

（2）从施工角度出发。大型的工程信息点数非常多，在交换设备和布线系统之间采用跳线连接可以使施工管理变得更加方便，机柜内也会非常整洁，毕竟跳线要短得多，检测也方便了很多。

（3）管理维护方面。这方面其实大型用户都很关心，配线架可以有效地提高工作效率，减少查错的时间。对于更换终端，也提供了更为便利、快捷的方法。

三、职业岗位能力训练

端接数据配线架的方法如下：

（1）在端接线对之前，首先要整理线缆。将线缆松松地用带子缠绕在配线板的导入边缘上，最好是将其缠绕固定在垂直通道的挂架上，以免在线缆移动期间线对产生变形。

（2）从右到左穿过线缆，并按背面数字的顺序端接线缆。

（3）对每条线缆，切去所需长度的外皮，以便进行线对的端接。

（4）对每一组连接块，设置线缆通过末端的保持器（或用扎带扎紧），保证线对在线缆移动时不变形。

（5）当弯曲线对时，要保持合适的张力，以防毁坏单个的线对。

（6）对捻必须正确地安置到连接块的分开点上。这对保证线缆的传输性能是很重要的。

（7）根据配线架上所指示的颜色将导线一一置入线槽。

（8）用手指将线对轻压到线槽的夹中，使用打线工具将线对压入配线模块并将伸出的导线头切断，然后用锥形钩清除切下的碎线头。

（9）将标签插到配线模块中，以标识此区域。

四、任务实施

1. 确定机柜型号和数量

例如，3 楼共有数据信息点 425 个，语音信息点 5 个，需安装 1U 的 24 口数据配线架 18 个，需安装 1U 的 100 对语音配线架 1 个（端接语音主干和语音信息点），需安装 1U 光纤配线架 1 个（接数据主干）。根据一个配线架配一个理线架的要求，共需(18+1+1)×2=40U

的容量。

2．网络设备容量

3 楼共有数据信息点 425 个，需要配置 1U 的 48 个接入端口的华三 S5810 系列交换机 9 台，共需 9U 的容量。

3．总的空间容量

总的空间容量为 49U。

4．机柜选择

由于信息点众多，因此选择立式机柜。由于该电信间只放置交换设备，考虑冗余和扩充需要，因此选用两台 32U（1.6m 高）600mm×600mm 大小的机柜。

5．安装的基本要求和步骤

见前面的基础知识，这里从略。

【小结】

本节主要介绍了机柜和配线架的安装。

【练习】

1．机柜的安装要求是什么？
2．如何制作信息模块？

任务四　双绞线制作及施工

【目标要求】

（1）掌握双绞线制作的方法。
（2）掌握双绞线电绳的牵引。
（3）掌握配线子系统的电缆敷设。
（4）掌握干线子系统的电缆敷设。

一、任务分析

不管是项目经理、系统集成工程师还是综合布线工程师，当其负责或者参与一项综合布线工程时，熟练安装双绞线电缆布线系统和光缆布线系统都是必备的基本功。其中，安装双绞线电缆布线系统的工作任务包括两方面，一是敷设双绞线电缆；二是端接双绞线电缆，使之成为一条畅通的通信链路。

二、相关知识

在此以 T568B 为例，详细介绍双绞线电缆与 RJ-45 水晶头的端接步骤。

（1）利用双绞线剥线器将双绞线的外皮除去 2～3cm。

（2）将绿色线对与蓝色线对放在中间位置，而橙色线对与棕色线对放在靠外的位置，形成左一橙、左二蓝、左三绿、左四棕的线对次序。

（3）小心地剥开每一线对，按 T568B 标准排序、拉平。

（4）将裸露出的双绞线只剩约 14mm 的长度，过长的部分用压线钳、剪刀或斜口钳剪掉，再将双绞线的每一根线依次插入 RJ-45 水晶头的引脚内。第一只引脚内应该放白橙色的线，其余类推。

（5）检查水晶头顶部，查看 8 根线芯是否都顶到顶部；然后检查水晶头正面，查看线序是否正确。确定双绞线的每根线芯都已正确放置之后，用 RJ-45 压线钳压接 RJ-45 水晶头。

（6）至此，RJ-45 水晶头端接完成。

RJ-45 水晶头的保护胶套可以防止水晶头在拉扯时造成接触不良。使用这种保护胶套时，需要在压接 RJ-45 水晶头之前就将这种胶套插在双绞线电缆上。

三、任务实施

敷设双绞线电缆的基本要求如下：

（1）槽道检查

在布放线缆之前，对其经过的所有路由进行检查，清除槽道连接处的毛刺和突出尖锐物，将槽道里的铁屑、小石块、水泥碴等物品清理干净，保证槽道平滑、畅通。

（2）文明施工

在槽道里敷设线缆应采用人工牵引方式，牵引速度要慢，不宜猛拉紧拽，以防止线缆外护套发生磨、刮、蹭、拖等损伤；不要在布满杂物的地面大力抛摔和拖放电缆；禁止踩踏电缆；布线路由较长时，要多人配合平缓地移动，特别是在拐弯处，应安排人理线；线缆的布放应自然平直，不得产生绞扭、打圈、接头等现象，不应受外力的挤压和损伤。

（3）布放记录

为了准确核算线缆用量，充分利用线缆，对每箱线从第一次放线开始，做一个放线记录表。线缆上每隔两英寸有一个长度记录，标准包装每箱长 1000 英尺（305m）。在每个信息点放线时记录开始处和结束处的长度，这样对本次放线的长度和线箱中剩余线缆的长度便可一目了然。放线记录表规范的做法是采用专用的记录纸张，简单的做法是写在包装箱上。

（4）线缆应有余量以适应终接、检测和变更

对绞线电缆预留长度：在工作区宜为 3～6cm；电信间宜为 0.5～2cm；设备间宜为 3～5cm；有特殊要求的应按设计要求预留长度。

（5）桥架及线槽内线缆绑扎要求

① 槽内线缆布放应平齐顺直、排列有序，尽量不交叉，在线缆进出线槽部位、转弯处应绑扎固定。

② 线缆在桥架内垂直敷设时，其上端和每间隔 1.5m 处应固定在桥架的支架上；水平敷设时，在线缆的首、尾、转弯及每间隔 5～10m 处进行固定。

③ 在水平、垂直桥架中敷设线缆时，应对其进行绑扎。对绞线电缆、光缆及其他信号线缆应根据线缆的类别、数量、缆径、线缆芯数分束绑扎。绑扎间距不宜大于 1.5m，间距应均匀，不宜绑扎过紧或使线缆受到挤压。

（6）电缆转弯时弯曲半径应符合的规定

① 非屏蔽 4 对对绞线电缆的弯曲半径应至少为电缆外径的 4 倍。

② 屏蔽 4 对对绞线电缆的弯曲半径应至少为电缆外径的 8 倍。

③ 主干对绞线电缆的弯曲半径应至少为电缆外径的 10 倍。

（7）电缆与其他管线距离

电缆应尽量远离其他管线，与电力及其他管线的距离要符合 GB 50311—2007 中的规定。

（8）预埋线槽和暗管敷设线缆应符合的规定

① 预埋线槽和暗管的两端宜用标志表明编号等内容。

② 预埋线槽宜采用金属线槽，预埋或密封线槽的截面利用率应为 30%～50%。

③ 敷设暗管宜采用钢管或阻燃聚氯乙烯硬质管。布放大对数主干线缆及 4 芯以上光缆时，直线管道的管径利用率应为 50%～60%，弯管道应为 40%～50%。暗管布放 4 对对绞线电缆或 4 芯及以下光缆时，管道的截面利用率应为 25%～30%。

（9）拉绳速度和拉力

拉绳的速度从理论上讲，线的直径越小，则拉的速度越快。但是有经验的安装者往往采取慢速而平稳的拉绳，而不是快速的拉绳。原因是快速拉绳会造成线缆的缠绕或被绊住。拉力过大，线缆变形，会引起线缆传输性能下降。线缆最大允许拉力如下：

① 1 根 4 对双绞线电缆，拉力为 100N（10kg）。

② 2 根 4 对双绞线电缆，拉力为 150N（15kg）。

③ 3 根 4 对双绞线电缆，拉力为 200N（20kg）。

④ n 根 4 对双绞线电缆，拉力为（n×50+50）N。

⑤ 25 对五类 UTP 电缆，最大拉力不能超过 400kg，速度不宜超过 15m/min。

（10）双绞线电绳牵引方法

当同时布放的电缆数量较多时，就要采用电缆牵引方式。电缆牵引就是用一条拉绳或一条软钢丝绳将电缆牵引穿过墙壁管路、天花板和地板管路。拉绳与电缆的连接点应尽量平滑（方法是采用电工胶带紧紧地缠绕在连接点外面，以保证平滑和牢固）。

拉绳在电缆上固定的方法有拉环、牵引夹和直接将拉绳系在电缆上 3 种方式。拉环是用电缆的导线弯成的一个环。导线通过带子束在一起，然后束在电缆护套上，拉环可以使所有电缆线对和电缆护套均匀受力。牵引夹是一个灵活的网夹设备，可以套在电缆护套上。网夹系在拉绳上，然后用带子束住。牵引夹的另一端固定在电缆护套上，当在拉绳上加力时，牵引夹可以将力传到电缆护套上。在牵引大型电缆时，还有一种旋转拉环的方式。旋转拉环是一种在用拉绳牵引时可以旋转的设备，可以防止拉绳和干线电缆的扭绞，避免电缆线对的断裂。

（11）配线子系统的电缆敷设方法

配线子系统的电缆是综合布线系统中的分支部分，具有面广、量大、具体情况较多而且环境复杂等特点，遍及智能建筑中的每个角落。其电缆敷设方式有预埋、明敷管路和槽道等几种，安装方法有在天花板（或吊顶）内、地板下、墙壁中及其组合等。在电缆敷设中，应按照这3种方式各自不同的要求进行施工。选择的路径要阻力最小，当用一种布线方法不能很好地施工时，应尝试选用另外一种方法。在决定采用哪种方法之前，应到施工现场进行比较，从中选择一种最佳的施工方案。

电缆在天花板或吊顶内一般装设槽道。在施工时，应结合现场条件确定敷设路由，并应检查槽道安装位置是否正确和牢固可靠。在槽道中敷设电缆应采用人工牵引，牵引速度要慢，不宜猛拉紧拽，以防止电缆外护套发生磨、刮、蹭、拖等损伤。必要时在电缆路由中间和出入口处设置保护措施或支撑装置，也可由专人负责照料或帮助。

电缆在地板下布线方法较多，保护支撑装置也有所不同，应根据其特点和要求进行施工。除敷设在管路或线槽内、路由已固定的情况外，选择路由应短捷平直、位置稳定和便于维护检修。电缆路由和位置应尽量远离电力、热力、给水和输气等管线。

（12）干线子系统的电缆敷设方法

在竖井中敷设干线电缆一般有两种方法：向下垂放电缆和向上牵引电缆。

相比较而言，向下垂放比向上牵引容易。当电缆盘比较容易搬运上楼时，采用向下垂放电缆的方法；当电缆盘过大、电梯装不进去或大楼走廊过窄等情况导致电缆不可能搬运至较高楼层时，只能采用向上牵引电缆。

☑ 向下垂放电缆。

向下垂放电缆的一般步骤如下：

① 对垂直干线电缆路由进行检查，确定至管理间的每个位置都有足够的空间敷设和支持干线电缆。

② 把电缆卷轴放到最顶层。

③ 在离房子的开口（孔洞）3～4m 处安装电缆卷轴，并从卷轴顶部馈线。

④ 在电缆卷轴处安排所需的布线施工人员（人数视卷轴尺寸及电缆质量而定），每层上要有一个施工人员以便牵引下垂的电缆，在施工过程中每层施工人员之间必须能通过对讲机等通信工具保持联系。

⑤ 开始旋转卷轴，将电缆从卷轴上拉出。

⑥ 将拉绳固定在拉出的电缆上，引导进竖井中的孔洞。在此之前先在孔洞中安放一个塑料的套状保护物，以防止孔洞不光滑的边缘擦破电缆的外皮。

⑦ 慢慢地从卷轴上放下电缆并进入孔洞向下垂放，千万不要太快。

⑧ 继续放电缆，直到下一层布线人员能将电缆引到下一个孔洞。

⑨ 按前面的步骤，继续慢慢地放电缆，并将线缆引入各层的孔洞。各层的孔洞也要安放一个塑料的套状保护物，以防止孔洞不光滑的边缘擦破电缆的外皮。

⑩ 当电缆到达目的地后，把每层上的电缆绕成卷放在架子上固定起来，等待以后的端接。对电缆的两端进行标识；如果没有标识，要对干线电缆通道进行标识。

如果要经由一个大孔敷设垂直干线电缆，就无法使用一个塑料保护套了。这时最好使用一个滑轮，通过它来下垂布线。具体做法如下：在孔的中心处装上一个滑轮，将电缆拉出绕在滑轮上，再按前面所介绍的方法牵引电缆穿过每层的孔。在布线时，若电缆要越过弯曲半径小于允许的值（双绞线弯曲半径为电缆直径的 8～10 倍，光缆为电缆直径的 20～30 倍），可以将电缆放在滑轮上，解决电缆的弯曲问题。

　　☑　向上牵引电缆。

向上牵引电缆可用电动牵引绞车，步骤如下：

① 对垂直干线电缆路由进行检查，确定至管理间的每个位置都有足够的空间敷设和支持干线电缆。

② 按照电缆的质量选定绞车型号，并按绞车制造厂家的说明书进行操作。先向绞车中穿一条拉绳，根据电缆的大小和重量及垂井的高度，确定拉绳的大小和抗张力强度。

③ 启动绞车，并向下垂放拉绳，直到安放电缆的底层。

④ 若电缆上有一个拉眼，则将绳子连接到此拉眼上。

⑤ 启动绞车，慢慢地将电缆通过各层的孔向上牵引。

⑥ 电缆的末端到达顶层时，停止绞车。

⑦ 在地板孔边沿上用夹具将电缆固定。

⑧ 当所有连接做好之后，从绞车上释放电缆的末端。

⑨ 对电缆的两端进行标识；如果没有标识，要对干线电缆通道进行标识。

【小结】

本节主要介绍了双绞线电绳的牵引、配线子系统电缆和干线子系统电缆的敷设方法。

【练习】

如果所在的教学楼要敷设电缆，请选择敷设电缆方式并设计简单的敷设方案。

任务五　光缆施工

【目标要求】

（1）掌握光缆施工的安全防范措施。

（2）掌握光缆施工的基本技术要求。

（3）掌握熔接过程。

一、任务分析

　　熟练安装光缆布线系统是项目经理和布线工程师必备的基本功。安装光缆布线系统的工作任务有两项，一是敷设光缆，二是连接光纤。完成这两项任务，就可以使光缆系统成为一条畅通的通信链路。

　　光缆与电缆同是通信线路的传输介质，其施工方法基本相似，但由于光纤是石英玻璃制成的，光信号需密封在由光纤包层所限制的光波导管里传输，故光缆施工比电缆施工的难度要大。

二、基本知识

1. 光缆施工的安全防范措施

由于光纤传输和材料结构方面的特性，在施工过程中如果操作不当，光源可能会伤害到人的眼睛，切割留下的光纤纤维碎屑会伤害人的身体，因此在光缆施工过程中要采取有效的安全防范措施。光缆传输系统使用光缆连接各种设备，如果连接不好或光缆断裂，会产生光波辐射；进行测量和维护工作的技术人员在安装和运行半导体激光器时，也可能暴露在光波辐射之中。固态激光器、气态激光器和半导体激光器虽是不同的激光器，但它们发出的光波都是一束发散的波束，其辐射通量密度随距离很快发散，距离越大，对眼睛伤害的可能性越小。从断裂光纤端口辐射的光能比从磨光端接面辐射的光能多，如果偶然用肉眼去观察无端接头或损坏的光纤，且距离大于 15.24cm，则不会损伤眼睛。但是绝不能用光学仪器，如显微镜、放大镜或小型放大镜去观察已供电的光纤终端，否则一定会对眼睛造成伤害。如果间接地通过光电变换器（如探测射线显示器（FIND-R-Scope）或红外（IR）显示器）去观察光波系统，那就安全了。用肉眼观察无端接头、已通电的连接器或一根已损坏的光纤端口，当距离大于 30cm 时不会对眼睛造成伤害，但是这种观察方法应尽量避免。具体要遵守以下安全规程：

（1）参加光缆施工的人员必须经过专业培训，了解光纤传输特性，掌握光纤连接的技巧，遵守操作规程。未经严格培训的人员不准参加施工，严禁操作已安装好的光纤传输系统。

（2）在光纤使用过程中（即正在通过光缆传输信号），技术人员不得检查其端头。只有光纤为深色（即未传输信号）时方可进行检查。由于大多数光学系统中采用的光是人眼看不见的，所以在操作光传输通道时要特别小心。

（3）折断的光纤碎屑实际上是细小的玻璃针形光纤，很容易划破皮肤和衣服。当它刺入皮肤时，会使人感到相当疼痛。如果该碎片被吸入人体，则会对人体造成较大的危害。因此，制作光纤终接头或使用裸光纤的技术人员必须戴上眼镜和手套，穿上工作服。在可能存在裸光纤的工作区内应该坚持反复清扫，确保没有任何裸光纤碎屑。应该使用瓶子或其他容器存放光纤碎屑，确保这些碎屑不会遗漏，以免造成伤害。

（4）绝不允许观看已通电的光源、光纤及其连接器，更不允许用光学仪器观看已通电的光纤传输器件。只有在断开所有光源的情况下，才能对光纤传输系统进行维护操作。如果必须在光纤工作时对其进行检查（特别是当系统采用激光作为光源时，光纤连接不好或断裂都会使人受到光波辐射），操作人员必须佩戴具有红外滤波功能的保护眼镜。

（5）离开工作区之前，所有接触过裸光纤的工作人员必须立即洗手，并对衣服进行检查，用干净胶带拍打衣服，去除可能粘在衣服上的光纤碎屑。

2. 光缆施工的基本技术要求

光缆是通过玻璃而不是通过铜来传播信号的。由于光缆的缆芯是玻璃的，与电缆相比易碎，因此在弯曲、敷设牵引时，安装人员要特别小心谨慎。

（1）光纤的纤芯是石英玻璃的，极易弄断，因此在弯曲时决不允许超过最小的弯曲半径（光缆弯曲半径应至少为光缆外径的 15 倍）。理想的布线路由是从起点到目的地以直线方式敷设光缆，但在实际环境中很难实现。例如，管道中有一个拐弯或光缆路径的改变（如垂直主干到楼层配线间），或将光缆盘成圆形来存放等，在这些场合下弯曲半径是最重要的。

（2）光缆的抗拉强度比电缆小，因此在操作光缆时，不允许超过光缆的抗拉强度。敷设光缆的牵引力一般应小于光缆允许张力的 80%，对光缆瞬间最大牵引力不能超过允许张力。涂有塑料涂覆层的光纤细如毛发，哪怕是表面的微小伤痕都将使抗拉强度显著地恶化。另外，当光纤受到不均匀侧面压力时，光纤损耗将明显增大。因此，敷设时应控制作用于光缆的外力，避免使光缆受到过度的外力（弯曲、侧压、牵拉、冲击等）挤压，这是提高工程质量所必须注意的问题。

 提示

> 为了满足对弯曲半径和抗拉强度的要求，在施工中应使光缆卷轴转动，以便拉出光缆。

（3）光缆是用玻璃纤芯来传输光的，由于它的易碎性，光纤接续比较困难。另外，它不仅要求接触，而且还必须使两个接触端完全对准，否则将会产生较大的损耗。这就要求不断提高光纤接续质量，使光纤损耗最小。

（4）光缆敷设应平直，不能扭绞、打圈，更不能受到外力挤压。

（5）光缆布放应有冗余，光缆在设备端预留长度一般为 5～10m，或按设计要求预留更长的长度。

（6）敷设光缆的两端应贴上标签，以表明起始位置和终端位置。

（7）光缆与建筑物内其他管线应保持一定间距，最小间距应符合设计要求。

三、任务实施

熔接过程：用光纤熔接法进行光纤接续分为以下几个步骤：

（1）开缆。

（2）去除光纤涂覆层。

（3）切割。

（4）光纤熔接。

（5）测试接头损耗。

（6）接头保护。

开缆就是剥离光纤的外护套、缓冲管。光纤在熔接前必须去除涂覆层（为提高光纤成缆时的抗张力，光纤表面涂有两层涂覆）。剥离涂覆层是一个要求非常精密的环节，应使用专用剥离钳，不得使用刀片等简易工具，以防损伤纤芯。另外，去除光纤涂覆层时要特别小心，不要损坏其他部位的涂覆层，以防在熔接盒内盘绕光纤时折断纤芯。光纤的末端需要进行切割，要用专业的工具切割光纤以使末端表面平整、清洁，并使之与光纤的中心线垂直。切割对接续质量十分重要，它可以减少连接损耗（任何未正确处理的表面都会引起由末端的分离而产生的额外损耗）。前3步又统称为末端预处理，其中需要用到开缆工具和切割工具。后3步都在光纤熔接机上完成。

【小结】

本节主要介绍了光缆施工的安全防范措施、光缆施工的基本技术要求和熔接过程。

【练习】

制作一条光缆。

任务六　机 房 建 设

【目标要求】

（1）掌握中心机房的设计。

（2）掌握机房的运行环境。

一、任务分析

为了便于网络设备的维护和管理，小区一般需要设中心机房一处。对于超大型住宅小区，也可以根据小区区域规划设立分机房。中心机房是整个社区网络信息交换的中心，社区网络的服务器、中心交换机等设备均配置于此。同时，社区网络中的用户通过中心机房的路由器以宽带方式接入城域网，连接到 Internet。

网络信息中心机房是用户共用网络和总配线设备的安装场所，也是网络系统管理员进行网络维护的中心，以及重要资料的存放地。机房内安装的设施昂贵，要求安全性强，保密条件高。因此，信息中心机房装修应符合国家标准《计算机站场地技术条件》中的主要技术指标。

二、相关知识

1. 电子计算机机房及位置选择

电子计算机机房在多层建筑或高层建筑物内宜设置于第二、三层。电子计算机机房位置的选择应符合以下要求：

☑　水源充足，电子比较稳定可靠，交通通信方便，自然环境清洁。

☑　远离产生粉尘、油烟、有害气体以及生产或储存具有腐蚀性、易燃、易爆物品的工厂、仓库、堆场等。

☑　远离强振源和强噪声源。

☑　避开强电磁场干扰。

当无法避开强电磁场干扰或为保障计算机系统信息安全，可采取有效的电磁屏蔽措施。

2．电子计算机机房组成

电子计算机机房的组成应按计算机运行特点及设备具体要求确定，一般包括一间主机房、一间基本工作间、第一类辅助房间、第二类辅助房间、第三类辅助房间。基本工作间和第一类辅助房间面积的总和，宜等于或大于主机房面积的 1.5 倍。

3．设备布置

计算机设备宜采用分区布置，一般可分为主机区、存储器区、数据输入区、数据输出区、通信区和监控调度区等。产生尘埃及废物的设备应远离对尘埃敏感的设备，并宜集中布置在靠近机房的回风口处。

主机房内通道与设备间的距离应符合下列规定：
- ☑ 两相对机柜正面之间的距离不小于 1.5m。
- ☑ 机柜侧面距墙不应小于 0.5m，当需要维修测试时，则距墙不应小于 1.2m。
- ☑ 走道净宽不应小于 1.2m。

4．环境条件

（1）温、湿度及空气含尘浓度

① 开机时，电子计算机机房内的温、湿度应符合表 5-4 所示的规定。

表 5-4　开机时电子计算机机房内的温、湿度

项目 \ 级别	A 级		B 级
	夏季	冬季	全年
温度	23℃±2℃	20℃±2℃	18℃～28℃
相对湿度	45%～65%		40%～70%
温度变化率	<5℃/h		<10℃/h

② 停机时，电子计算机机房的温、湿度应符合表 5-5 所示的规定。

表 5-5　停机时电子计算机机房的温、湿度

项目 \ 级别	A 级	B 级
温度	5℃～35℃	5℃～35℃
相对湿度	40%～70%	20%～80%
温度变化率	<5℃/h	<10℃/h

开、关机时主机房的温、湿度应执行 A 级，基本工作间可根据设备要求按 A、B 两级执行，其他辅助房间应按工艺要求确定。

主机房内的空气含尘浓度，在静态条件下测试，每升空气大于等于 0.5μm 的尘粒数，应少于 18000 粒。

（2）噪声、电磁干扰、振动及静电

① 主机房内的噪声，在计算机系统停机条件下，在主操作员位置测量应小于 68dB(A)。

② 主机房内无线电干扰场强，在频率为 0.15～1000MHz 时，不应大于 126dB。

③ 主机房内磁场干扰环境场强不应大于 800A/m。

④ 在计算机系统停机条件下，主机房地板表面垂直及水平方向的振动加速度值，不应大于 5000mm/s²。

⑤ 主机防地面及工作台面的静电泄露电阻，须符合现行国家标准《计算机机房用活动地板技术条件》的规定。

⑥ 主机房内绝缘体的静电点位不应大于 1kV。

5. 室内装饰

主机房室内应选用气密性好、不起尘、易清洁，并在温、湿度变化作用下变形小的材料，并应符合下列要求：

（1）墙壁和顶棚表面应平整，减少积灰面，并应避免眩光。如抹灰，则应符合高级抹灰的要求。

（2）应铺设活动地板，活动地板应符合现行国家标准《计算机机房用活动地板技术条件》的要求。敷设高度应按实际需要确定，宜为 200～350mm。

（3）活动地板下的地面和四壁装饰，可采用水泥砂浆抹灰。地面材料应平整、耐磨。当活动地板下的空间为静压箱时，四壁及地面均应选用不起尘、不易积灰、易于清洁的饰面材料。

（4）吊顶宜选用不起尘的吸声材料，如吊顶以上仅作为敷设管线用时，其四壁应抹灰，楼板底面应清理干净；当吊顶以上空间为静压箱时，则顶部和四壁均应抹灰，并刷不易脱落的涂料。其管道的饰面，亦应选用不起尘的材料。

（5）机房宜设置单独的出入口，而且机房的各门均应保证设备运输方便；安全出口宜设置在机房的两端，不应少于两个，并有明显的疏散标志；隔断墙要求轻而薄，还要能隔音、隔热。机房外门窗多采用防水、防盗材料且密封，机房内门窗采用无框玻璃，这样既可以保证机房的安全，又保证机房内有通透、明亮的效果。

6. 噪声及振动控制

主机房应远离噪声源；当不能避免时，应采取消声和隔声措施。例如，主机房内不宜设置高噪声的空调设备；当必须设置时，应采取有效的隔声措施。

7. 空气调节

一般规定主机房和基本工作间，均应设置空气调节系统。当主机房和其他房间的空调参数不同时，宜分别设置空气调节系统。

（1）热湿负荷计算

电子计算机机房空调的热湿负荷主要包括：计算机和其他设备的散热，建筑围护结构的传热，太阳辐射热，人体散热、散湿，照明装置散热以及新风负荷等。

（2）气流组织

主机房和基本工作间空调系统的气流组织，应根据设备对空调的要求、设备本身的冷却方式、设备布置密度、设备发热量以及房间温湿度、室内风速、防尘、消声等要求，并结合建筑条件综合考虑。

（3）系统设计

电子计算机机房要求空调的房间宜集中布置；如有室内温、湿度要求相近的房间，宜相邻布置。主机房不宜设采暖散热器，如设散热器则必须采取严格的防漏措施。电子计算机机房的风管及其他管道的保温和消声材料及其黏结剂，应选用非燃烧材料或难燃烧材料，冷表面需作隔气保温处理。采用活动地板下送风方式时，楼板应采取保温措施。风管不宜穿过防火墙和变形缝，如必须穿过时，应在穿过防火墙处设防火阀；穿过变形缝处，应在两侧设防火阀。防火阀应既可手动又能自控。穿过防火墙、变形缝的风管两侧各 2m 范围内的风管保温材料，必须采用非燃烧材料。此外，空调系统应设消声装置。

（4）设备选择

空调设备的选用应符合运行可靠、经济和节能的原则，根据计算机类型、机房面积、发热量及对温、湿度和空气含尘浓度的要求综合考虑。空调冷冻设备宜采用带风冷冷凝器的空调机。当采用水冷机组时，对冷却系统冬季要采取防冻措施．空调和制冷设备宜选用高效、低噪声、低振动的设备。空调制冷设备的制冷能力，应留有 15%～20%的余量。当计算机系统需长期连续运行时，空调系统应有备用装置。

8. 电气技术

（1）供配电

电子计算机机房用电负荷等级及供电要求应按现行国家标准《供配电系统设计规范》的规定执行。电子计算机供电电源质量根据电子计算机的性能、用途和运行方式（是否联网）等情况，可划分为 A、B、C 3 级。电子计算机机房供配电系统应考虑计算机系统有扩展、升级等可能性，并应预留备用容量。电子计算机机房宜由专用电力变压器供电。机房内其他电力负荷不得由计算机主机电源和不间断电源系统供电。主机房内宜设置专用动力配电箱；当采用静态变流小间断电源设备时，应按现行国家标准《供配电系统设计规范》和现行有关行业标准规定的要求，采取限制谐波分量措施；电子计算机机房低压配电系统应采用频率 50Hz、电压 220/380V 的 TN-S 或 TN-C-S 系统；电子计算机机房电源进线应按现行国家标准《建筑防雷设计规范》采取防雷措施；电子计算机机房电源应采用地下电缆进线，当不得不采用架空进线时，架空电源进线处或专用电力变压器低压配电母线处应装设低压避雷器。

（2）照明

电子计算机机房照明的照度标准应符合下列规定：主机房的平均照度可按200lx、300 lx、500lx 取值；基本工作间、第一类辅助房间的平均照度可按 100lx、150lx、200lx 取值；第二、三类辅助房间应按现行照明设计标准的规定取值。

电子计算机机房照度标准的取值应符合下列规定：间歇运行的机房取低值；持续运行的机房取中值；连续运行的机房取高值；无窗建筑的机房取中值或高值。

主机房、基本工作间宜采用下列措施限制工作面上的反射眩光和作业面上的光幕反射：使视觉作业不处在照明光源与眼睛形成的镜面反射角上；采用发光表面大、亮度低、光扩散性能好的灯具；视觉作业处家具和工作房间内应采用无光泽表面。

工作区内，其照明的均匀度（最低照度与平均照度之比）不宜小于 0 7；非工作区的照度不宜低于工作区平均照度的 1/5。

电子计算机机房内应设置备用照明，其照度宜为一般照明的 1/10。

（3）静电防护

基本工作间不用活动地板时，可铺设导静电地面。导静电地面可采用导电胶与建筑地面粘牢，其体积电阻率应为 $1.0×10^7～1.0×10^{10}\Omega \cdot cm$。导电性能应长期稳定，且不易起尘。

主机房采用的活动地板可由钢、铝或其他阻燃性材料制成。活动地板表面应是导静电的，严禁暴露金属部分。单元活动地板的系统电阻应符合现行国家标准《计算机机房用活动地板技术条件》的规定。

主机房内的工作台面及坐椅垫套材料应是导静电的，其体积电阻率应为 $1.0×10^7～1.0×10^{10}\Omega \cdot cm$。

主机房内的导体必须与大地进行可靠的联接，不得有对地绝缘的孤立导体。导静电地面、活动地板、工作台面和坐椅垫套必须进行静电接地。静电接地的连接线应有足够的机械强度和化学稳定性。导静电地面和工作台面采用导电胶与接地导体黏结时，其接触面积宜小于 $10cm^3$。

（4）接地

电子计算机机房接地装置的设置，应满足人身安全及电子计算机正常运行和系统设备的安全要求。电子计算机机房可采用下列 4 种接地方式：交流工作接地，接地电阻不应大于 4Ω；安全保护接地，接地电阻不应大于 4Ω；直流工作接地，接地电阻应该根据计算机系统的具体要求确定；防雷接地，应按现行国家标准《建筑防雷设计规范》执行。

交流工作接地、安全保护接地、直流工作接地、防雷接地 4 种接地宜共用一组接地装置，其接地电阻按其中最小值确定；若防雷接地单独设置接地装置时，其余 3 种接地宜共用一组接地装置，其接地电阻不应大于其中最小值，并应按现行国家标准《建筑防雷设计规范》要求采取防雷击措施。

对直流工作接地有特殊要求，需单独设置接地装置的电子计算机系统，其接地电阻值及与其他接地装置的接地体之间的距离，应按计算机系统及有关规范的要求确定。电子计算机系统的接地应采用单点接地，且宜采取等电位措施。当多个电子计算机系统共用一组接地装置时，宜将各电子计算机系统分别用接地线与接地体连接。

9. 给排水

与主机房无关的给排水管道不得穿过主机房。主机房内的设备需要用水时，其给排水干管应暗敷，引入支管宜暗装。管道穿过主机房墙壁和楼板处，应设置套管，管道与套管之间应采取可靠的密封措施。主机房内如设有地漏，地漏下应加设水封装置，并有防止水封破坏的措施。电子计算机机房内的给排水管道应采用难燃烧材料保温。

电子引算机机房应根据设备、空调、生活、消防等对水质、水温、水压及水量的不同要求分别设置循环和直流给水系统。循环冷却水系统应按有关规范进行水质稳定计算，并采取有效的防蚀、防腐及杀菌措施。

电子计算机机房内的给排水管道必须有可靠的防渗漏措施，暗敷的给水管道宜用无缝钢管，管道连接宜用焊接。循环冷却水管可采用工程塑料管或镀锌钢管。

10. 消防与安全

电子计算机主机房、基本工作间应设二氧化碳或卤代烷灭火系统，并应按现行有关规范的要求执行。其中，火灾自动报警系统应符合现行国家标准《火灾自动报警系统设计规范》的规定。报警系统和自动灭火系统应与空调、通风系统联动。空调系统所采用的电加热器，应设置无风断电保护。电子计算机机房的安全设计，除执行本章的规定外，还应符合现行国家标准《计算站场地安全要求》的规定。

（1）消防设施

凡设置二氧化碳或卤代烷固定灭火系统及火灾探测器的电子计算机机房，其吊顶的上、下层活动地板下，均应设置探测器和喷嘴。主机房宜采用感烟探测器。当设有固定灭火系统时，应采用感烟、感温两种探测器的组合。当主机房内设置空调设备时，应受机房内电源切断开关的控制。机房内的电源切断开关应靠近工作人员的操作位置或主要出入口。

（2）安全措施

主机房出口应设置向疏散方向开启且能自动关闭的门，并应保证在任何情况下都能从机房内打开；凡设有卤代烷灭火装置的电子计算机机房，应配置专门的空气呼吸器或氧气呼吸器。在电子计算机机房内存放废弃物时，应采用有防火盖的金属容器；存放记录介质应采用金属柜或其他能防火的容器。

根据主机房的重要性，可设警卫室或保安设施。此外，电子计算机机房还应有防鼠、防虫措施。

三、任务实施

由于机房内有多个系统，特别是消防、安防、有线电视、停车场管理、数据通信等多个重要系统，所以必须考虑机房内的设备布置。要求做到科学合理、美观整洁，既要保证系统设备的可靠运行，又要节约空间，方便管理。规划将中心机房设置在物业管理楼的二层上。

小区机房建设分为 7 个系统：
- ☑ 机房防静电地板系统。
- ☑ 机房电源系统。
- ☑ 机房照明系统。
- ☑ 机房装饰系统。
- ☑ 机房空调系统。
- ☑ 气流组织系统。
- ☑ 机房防雷接地系统。

（一）机房防静电地板系统

在机房的工程技术设施中，活动地板是一个很重要的组成部分。

活动地板铺设在各机房的建筑地面上，用于安装机房的主要计算机设备及其他电子设备，而在活动地板与建筑地面之间的空间内可以敷设连接各设备的各种管线。

活动地板具有可拆卸的特点，因此所有设备的导线电缆的连接、管路的连接及检修更换都很方便，敷设路线距离最短，可有效减少信号在传输过程中的损耗。

活动地板下空间可作为静压送风库（或称为静压箱），通过气流分布风口将机房空调送出的冷风送入室内及发热设备机柜内。由于带有气流分布风口的地板与一般活动地板具有互换性的特点，因此机房内能自由地调节气流分布。

活动地板可迅速地安装与拆卸，方便设备的布局与调整，为设备的增容和设备的更新换代提供了有利的条件。

建议采用性能价格比较好的全钢型三抗路通地板，这种地板以 1mm 厚度进口耐火板为饰面板，中间夹层为加气混凝土填充，下为有凹凸面的钢板加强筋，适合在各种机房使用。采用的地板必须达到以下标准：

- ☑ 集中负荷（CONC.LOAD）2560N。
- ☑ 桁梁挠度（DEFLECTION）<2mm。
- ☑ 抗静电绝缘值（RESISITANCE）$1×105～1×109Ω$。
- ☑ 规格（SIZE）600mm×600mm×35mm。
- ☑ 均布负荷（UNFORML Lord）44500（N/m^2）。

（二）机房电源系统

机房电源系统为机房的动力电源。设计机房总动力用电为双路动力源，双路一套供不间断电源 UPS 部分工作，双路二套供普通市电部分工作。

1. 不间断电源 UPS 部分设计

（1）前端功率的确定

根据设计要求和图纸，本方案中由 UPS 对计算机网络系统、安保及监控系统、有线电视系统、公共广播系统、电话系统进行供电。其中各个系统都通过 rvv 线接入小区的广播电信机房，在紧急停电的时候由 UPS 供电。对于 UPS 前端功率的确定，应适当考虑冗余（根据规范，弱电设备冗余为 1.1）。

UPS 系统初步设置在小区的广播电信机房内，机房配置一台 15kV 容量的 UPS，后备 2 小时设计，并且需要考虑楼板负荷因素。

（2）系统建设目标

- ☑ 与市电供电的自动切换。
- ☑ 两路市电接入。
- ☑ 当市电供电中断时间较长时，可按用户预先所设置的定时关机顺序（由网络管理员根据各种设备的优先权高低来进行排序），依次对特定的计算机/服务器自动执行数据存盘和关闭操作系统的操作，以确保用户所运行的程序/数据的安全。
- ☑ 实时图形显示 UPS 的运行参数：输入/输出电压、电流频率、无功功率、电池后备供电时间，以及负载百分比等。
- ☑ 可随时查看 UPS 运行的"大事记"（自开机以来的报警故障/提示性信息）。
- ☑ 网络管理人员可定期对"电池"执行"自诊断"测试。

2. 普通市电部分设计

☑ 设计总容量：100kW，设 10 路空开管理。

☑ 进线要求：三相五线制，动力电缆一条。

☑ 管理内容：计算机外部设备、机房空调、机房电源、照明、其他机房设备电源及部分监控设备电源等。

3. 机房电源管道设计

☑ 主干采用：200×100 线槽。

☑ 其他支路采用：DBG20、DBG 金属软管、H50 型接线盒。

☑ 支路电缆采用：国产 BVR1.5M2、BVR2.5 M2、BVR4 M2、BVR10 M2 等。

（三）机房照明系统

按照国标相应规定，主机房的平均照度可按 200lx、300lx、500lx 取值。以客户现有场地条件，并综合考虑灯盘的规则分布所带来的美感，建议将机房照度确定为 300lx。

灯具选用嵌入式防弦荧光灯，不宜布置在机柜的正上方。

眩光限制如表 5-6 所示。

表 5-6　眩光限制

眩光限制等级	眩 光 程 度	适 用 场 所
I	无眩光	主机房、基本工作间
II	有轻微眩光	第一类辅助房间
III	有眩光感觉	第二、三类辅助房间

直接型灯具的遮光角不应小于表 5-7 所示的规定。

表 5-7　直接型灯具最小遮光角

光 源 种 类	光源平均亮度 L（x103cd/M2）	眩光限制等级	遮 光 角
管状荧光灯	L<20	I	20°
		II、III	10°
透明玻璃白炽灯	L>500	II、III	20°

在机房内一般可以采用下列措施限制工作面上的反射眩光和作业面上的光幕反射：

☑ 视觉作业不处在照明光源与眼睛形成的镜面反射角上。

☑ 采用发光表面积大、亮度低、光扩散性能好的灯具。

☑ 视觉作业处家具和工作房间内应采用无光泽表面。

（四）机房装饰系统

机房室内装饰应选用气密性好、不起尘、易清洁，并在温、湿度变化作用下变形小的材料，且应符合下列要求：

☑ 墙壁和顶棚表面应平整，减少积灰面，并应避免眩光。如抹灰，则应符合高级抹灰的要求。

- ☑ 应铺设活动地板，活动地板应符合现行国家标准《计算机机房用活动地板技术条件》的要求。敷设高度应按实际需要确定，宜为 200～350mm。
- ☑ 活动地板下的地面和四壁装饰，可采用水泥砂浆抹灰。地面材料应平整、耐磨。当活动地板下的空间为静压箱时，四壁及地面均应选用不起尘、不易积灰、易于清洁的饰面材料。
- ☑ 吊顶宜选用不起尘的吸声材料，如吊顶以上仅作为敷设管线用时，其四壁应抹灰，楼板底面应清理干净；当吊顶以上空间为静压箱时，则顶部和四壁均应抹灰，并刷不易脱落的涂料。其管道的饰面，亦应选用不起尘的材料。
- ☑ 机房内门、观察窗、管线穿墙等的接缝处，均应采取密封措施。
- ☑ 电子计算机机房室内色调应淡雅、柔和。
- ☑ 当主机房内设有用水设备时，应采取有效的防止给排水漫溢和渗漏的措施。

（五）机房空调系统

机房内精密电子仪器设备比较多，对于温、湿度的要求比较高，特别是对温度的稳定性要求极高。

- ☑ 机房的温度偏高会导致电子元件的性能劣化，降低使用寿命。
- ☑ 机房的温度偏高会改变材料的膨胀系数，导致精密机械出现故障。
- ☑ 机房的温度偏高会加速绝缘材料老化、变形、脱裂，降低绝缘性能。
- ☑ 机房的温度偏低会使电容、电感、电阻器的参数改变，影响计算机工作。
- ☑ 机房的温度偏低会使润滑剂和油凝固冻结。

电子计算机机房内温、湿度应满足下列要求：

（1）开机时，电子计算机机房内的温、湿度应符合表 5-8 所示的规定。

表 5-8 开机时电子计算机机房的温、湿度

级别 项目	A 级		B 级
	夏季	冬季	全年
温度	23℃±2℃	20℃±2℃	18℃～28℃
相对湿度	45%～65%		40%～70%
温度变化率	<5℃/h 并不得结露		<10℃/h 并不得结露

（2）停机时，电子计算机机房内的温、湿度应符合表 5-9 所示的规定。

表 5-9 停机时电子计算机机房的温、湿度

级别 项目	A 级	B 级
温度	5℃～35℃	5℃～35℃
相对湿度	40%～70%	20%～80%
温度变化率	<5℃/h 并不得结露	<10℃/h 并不得结露

开、关机时主机房的温、湿度应执行 A 级。

主机房内的空气含尘浓度，在表态条件下测试，每升空气中大于或等于 0.5μm 的尘粒数，应少于 18000 粒。

（六）气流组织系统

主机房和基本工作间空调系统的气流组织，应根据设备对空调的要求、设备本身的冷却方式、设备布置密度、设备发热量以及房间温湿度、室内风速、防尘、消声等要求，并结合建筑条件综合考虑。

基于以上的种种标准，机房空调的选择要符合以下规定：

- ☑ 设备散热量大。
- ☑ 空调送风的风量差别小，风量大。
- ☑ 具有独特的送、回风方式。计算机系统和程控交换机系统散热量大而集中，所以机房空调不但要冷却机房环境，而且要对计算机系统和程控交换机系统进行送风冷却，即保证有足够的冷风从设备内部通过，带走热量。
- ☑ 机房空调还需要考虑长时间运行的可靠性和可操作性。

（七）机房防雷接地系统

1. 设计原则

雷电可以通过各种方式危害建筑物和信息系统。在一般情况下，雷害首先是直接雷击。雷电直接击中地面建筑物，然后经接地装置泄放入地。在雷电流经过之处，将造成机、电、热破坏，通常是建筑物本身的损坏。直接雷击的强度主要取决于雷电流。雷电流的特点是持续时间非常短（比较典型的是 10～350 微秒），波前上升很陡，波尾下降相对较缓。根据统计，雷电流 90%为负极性。幅值概率举例如表 5-10 所示。

表 5-10　幅值概率示例

雷电流/kA	140	100	70	40	10
概率/%	3	11	35	70	95

通常情况下人们不会将信息系统暴露在可能直接遭受雷击的场所，所以直接雷击破坏电子元件几无可能。相反，间接雷击的危害更大。例如，雷电流通过接地电阻时造成的高电压能够在雷电流入地点将电子元件的薄弱环节击穿，这种雷害方式称为反击。这种情况是很容易发生的，因为雷电流很大，可以达到数十至上百千安，而接地电阻不可能为零，还有接地引下线的电感。

$$U=LDI/DT+RI$$

如雷电流幅值 I=10kA，接地电阻 R=1Ω，波前时间 0.25μs，引线电感 1μH，这些参数都是常见的。按此计算的电压可达 50kV，足以击穿各种低压设备，破坏电子元件。

当然，雷电直接击中建筑物的可能性相对较小。如果雷电击中与信息系统连接的户外架空线（交流配电线、信号线、电话线），则雷电波就会沿线传入，这种方式称为侵入波。

由于户外线延伸很广，因此雷电侵入的可能性大得多。

此外，还有雷电感应的方式。当雷击到地面，会在附近架空线（甚至埋地线路）上感应相当高的电压，然后以电压或电流波的形式传入。这比雷电直接击中架空线再侵入的可能性更大，虽然幅值较小。更难以捉摸的是，直击雷电流通过建筑物结构钢筋时在其周围引起的电磁感应，虽然感应电压不如前述几种高，却也足以破坏电子元件，而且它还最接近信息系统设备，在建筑物内部各处都可能出现。设备越是接近雷电流引下线，感应电压越高。

综上所述，信息系统遭受雷害的途径主要是反击、侵入和感应。这几种雷害途径统称为间接雷击。

2. 系统设计

IEC1024 标准指出，"任何单一器材都不能阻止特定区域内的雷击发生"。现代防雷不光是防直击雷，更重要的是防直击雷或其他雷击在空间形成的电磁场对设备的危害。也就是说，防直击雷、过电压保护、接地这 3 个方面的作用都是为了减小雷电电磁脉冲对设备的冲击。根据 IEC1312 标准，可将被保护建筑及室内设备按照不同的保护等级划分成若干不同的区域。

- ☑ LPZOA：本区内有可能遭受直击雷，电磁场强度没有衰减。
- ☑ LPZOB：本区内不可能遭受直击雷，电磁场强度没有衰减。
- ☑ LPZ1：本区内不可能遭受直击雷，电磁场强度有可能衰减。
- ☑ LPZ2：本区内不可能遭受直击雷，电磁场强度进一步衰减。
- ☑ LPZ3……。

LPZn 越大则保护级别越高，对周围环境电磁参数的要求也越高。针对不同的区域，我们应采取不同的防护手段。同时，在不同区域间接触界面上再采用等位的办法进行处理，这样才能真正有效地起到良好的保护效果。

鉴于现代数据通信的重要性，我们有必要从多个方面加以考虑，以便能准确、有效地起到保护效果，同时又能最大限度地节约资金，实现最高的性价比。下面就各个方面详细加以论述（本方案只考虑弱电系统防雷和接地）。

- ☑ 室外引入的各种线缆（除光纤外），在其接入设备前安装浪涌保护器，如广播系统等。
- ☑ 室内重要设备或高价值设备，如服务器、交换机、管理主机、监控主机等均要接地。

1）接地系统

（1）机房接地

机房接地有交流工作接地、安全保护接地、直流工作接地、防雷接地 4 种接地。最好采用共用接地装置的方式，但必须有独立的接地干线，接地电阻要求小于 1Ω。有条件时，建议直流工作接地与防雷接地装置单独设置，其间距大于 15m。

为避免计算机系统的电磁骚扰，宜采用多种接地分别接在母线上。计算机设备至母线的连线应采用多股纺织铜线，且应尽量缩短连接距离，使各接点处于同一等电位上。具体连接方式见防雷接地。

具体施工方案如下：在每个机房沿墙体四周分别均布安装环形接地母排，其截面为 30mm×3mm 的铜排母环，该接地母排距地面高约 150～350mm，距墙 800mm，每隔 300mm 在铜排上钻一个 ϕ10 孔，每隔 1200mm 用绝缘胶木板与地面实现绝缘可靠连接，并采用 BVR10mm² 将环形母排至少两处连接到机房局部等电位汇集点上；机房内的防雷地、工作交流地（N 线）、静电地、屏蔽地、直流地、绝缘地、安全保护地等接地直接连接到环形接地母排上。

（2）弱电井设备接地

弱电井设备接地主要是指弱电井内 IDF、汇集层交换机及其他中继设备的接地，主要措施是设备部分通过其供电插座内的 PE 线直接接地，机柜部分引出接地线到弱电接地干线上。

（3）重要终端设备接地

重要终端设备主要指计算机终端设备、弱电主机等设备，其接地主要通过供电插座的 PE 线接地。

（4）弱电接地干线

弱电接地干线是指安装在弱电井内的弱电接地引下线，如预埋的扁钢、BVR50 或 BVR95 线缆、30×3 铜排等。本系统采用 BVR10mm² 线缆。

（5）弱电系统接地体

大多数建筑物采用联合接地系统，采用共地不共线原则，其弱电系统接地体就是每幢建筑的基础接地体。

2）防雷系统

（1）电源防雷设计

根据 IEC1312（防雷及过电压规范）中有关防雷分区的划分，针对重要系统的防雷应分为 3 个区，分别加以考虑。如果只做单级防雷，则可能因雷电流过大，导致泄流后残压过大，进而破坏设备。电源系统多级保护，可防范从直击雷到工业浪涌的各级过电压的侵袭。

① 第一级电源防雷。

根据国家有关低压防雷的有关规定，外接金属线路进入建筑物之前必须埋地穿金属管槽 15m 以上，且要在建筑物的线路进入端加装低压 SPD（避雷器）。

具体措施：选用 ASP 一级电源防雷箱 PPS-II/3-40，并联安装在小区低压配电房电源输入端。此产品采用了非金属间隙放电技术，符合 IEC1312 中的一级电源防护要求（10/350μs，每线通流量大于 25kA），且具有残压低（小于 2kV）、无续流、无须灭弧的特点。

② 第二级电源防雷。

作为次级防雷器，第二级防雷器可将高达几千伏的过电压限制在 1.8kV 以下（雷电多发地带需要具有 40kA 的通流容量）。该防雷器可并联安装在每层楼（或机房）分配电柜电源输入端（配电柜的电源是三相四线制），可选用电源防雷箱 PPS-II/3-40。

具体措施：在广播电信机房的配电柜电源输入端，安装一套 PPS-II/3-40 电源防雷箱。

③ 第三级防雷系统。

第三级防雷即用电设备的末级防雷，这也是系统防雷中最容易被忽视的地方。现代电子设备中通常包含众多的集成电路和精密的元件，这些器件的击穿电压往往只是几十伏，最大允许工作电源也只是 MA 级的，若不安装第三级电源防雷器，则进入设备的雷击残压仍将有千伏之上，这将对后接设备造成很大的冲击，并导致设备的损坏。作为第三级的防雷器，要求有 10kA 以上的通流容量。

单相的用电设备，可以选用插座式防雷器。将其串联在设备前端，可对内部产生的操作过电压（如感性或容性负载设备的启动或关机等）和高压静电起到极好的防范效果。插座式防雷器对后接功率有所限制，后接设备功率不宜超过 2000W。对于服务器、工作站，可以选用带有网络保护端口的插座式防雷器。选用电源兼有网络防雷的插座，可以同时解决服务器、工作站的电源、网络线路所带来的雷电侵袭，真正做到一专多能。

具体措施：

☑ 在网络系统中服务器的电源、网络线路端，串联安装 LT A6-420NS 插座式电源三级防雷器，作为服务器的网络及电源线路的防护。

☑ 在机柜内的网络交换机的电源输入端，每个机柜串联安装 LT A6-420NS 插座式电源三级防雷器，作为网络交换机的电源三级防护。

☑ 在卫星接收机的电源输入端，串联安装 LT A6-420NS 插座式电源三级防雷器，作为卫星接收机的电源三级防护。

☑ 在有线广播系统的节目播放器、功放机设备的电源输入端，串联安装 LT A6-420NS 插座式电源三级防雷器，作为节目播放器、功放机设备的电源三级防护。

☑ 在安防系统的报警设备电源输入端，安装 LT A6-420NS 插座式电源防雷器，作为报警设备电源三级防雷保护。

（2）信号防雷设计

在安防系统的视频分配器的视频线路接入端，分别安装一套视频线路的防雷器 COAXB-TV/16S，作为分配器的视频线路防护。

在安防系统的矩阵的视频线路接入端，安装视频线路的防雷器 COAXB-TV/16S，作为矩阵的视频线路防护。

（3）卫星天线防雷设计

在接收机的每条天馈线接入端，串联安装 ST50N/4 防雷器。本系统预留卫星电视接口，日后增加该系统时，再行设置。

【小结】

本节主要介绍了机房建设以及运行环境。

【练习】

1. 电子机房位置如何选择？

2. 电子机房的环境应注意哪些主要问题？

项目六
项目管理

知识点、技能点：

- ➢ 工程管理组织结构设计及人员安排
- ➢ 现场管理
- ➢ 质量管理
- ➢ 安全管理
- ➢ 成本管理

学习要求：

- ➢ 掌握工程管理组织结构的设计及人员安排
- ➢ 掌握现场管理的技术
- ➢ 掌握质量管理的技术
- ➢ 掌握安全管理的技术
- ➢ 掌握成本管理的技术

教学基础要求：

- ➢ 掌握一些管理的知识
- ➢ 掌握一些工程的知识

本章主要介绍如何进行项目管理，具体地说就是如何进行工程管理组织结构的设计及人员安排、现场管理、质量管理、安全管理和成本管理。通过本章的学习，让读者认识到项目管理的重要性，培养读者形成统筹全局、全面思考问题的良好职业习惯。

任务　项目经理管理综合布线工程项目

【目标要求】

（1）掌握工程管理组织结构的设计及进行人员安排。

（2）掌握现场管理的技能。

（3）掌握质量管理的技能。

（4）掌握安全管理的技能。

（5）掌握成本管理的技能。

（6）掌握施工进度管理的技能。

一、任务分析

项目管理是一种公认的科学管理模式。它起源于传统行业，目前已广泛应用于各行各业，尤其是计算机信息系统集成行业。之所以得到如此广泛的应用，根本原因在于项目管理适用于瞬息万变的组织经营环境，提高了企业的核心竞争力。与其他传统行业相比，计算机信息系统集成行业具有动态性和不确定性，每个项目的管理过程不可简单重复，灵活性较强。对计算机信息系统集成项目实施项目管理可以规范项目需求、降低项目成本、缩短项目工期、保证项目质量，发挥出成本、时间、质量最优化的配置，最终达到用户需求，保障公司的利益。

项目管理通过项目经理来实现。在综合布线工程中，项目经理的工作贯穿于整个工作过程，从投标、项目准备、项目实施、项目收尾直至最后的验收。计算机信息系统集成和智能建筑系统集成的内容多、范围广，在此以综合布线为重点介绍项目经理在工程现场管理的工作任务。

二、相关知识

1. 工程管理组织结构的设计及人员安排

工程管理组织结构及人员安排如图 6-1 所示。

其下分为 3 个职能部门：施工部、质安部和物料计划统筹部。

2. 现场管理

现场管理包括图纸会审、施工管理、技术交底、工程变更、施工步骤、施工配合和施工现场人员管理等环节，下面分别进行介绍。

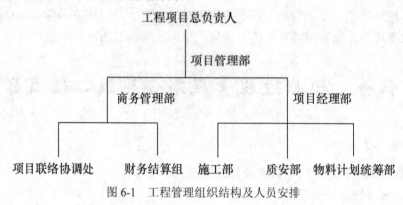

图 6-1　工程管理组织结构及人员安排

（1）图纸会审

图纸会审是一项极其严肃和重要的技术工作。认真做好图纸会审工作，对减少施工图中的差错、保证和提高工程质量有着重要的作用。在图纸会审前，施工单位必须向建设单位索取基建施工图。负责施工的专业技术人员应认真阅读施工图，熟悉图纸的内容和要求，把疑难问题整理出来，在图纸会审和技术交底时解决并设计出布线施工图。

图纸会审应有组织、有领导、有步骤地进行，并按照工程进展定期分级组织会审工作。图纸会审工作应由建设单位和施工单位提出问题，由设计人员解答。对于涉及面广、设计人员无法定案的问题，应由建设单位和施工单位共同协商解决。会审结果应形成纪要，由建设单位、施工单位、监理单位三方共同签字并分发下去，作为施工技术文件存档。

（2）施工管理

① 监察和报告。按计划施工的进度和设计安排的工期向所有工地人员介绍整个工程计划，明确每一位人员的责任。

☑　实施施工人员管理计划，确保所有人员履行职责，让他们每天到工地报到并分配当天工作任务及所需设备和工具。

☑　班组长每天巡视工地，确保工程进度如期进行并达到施工标准。如果在施工中发生特殊情况，应立刻通知项目经理部；有需要时同时通知用户，以作出适当处理。

☑　如果发生紧急情况，必须立即采取措施，同时告知项目经理部，写出书面报告存档。

☑　施工组主管每天提交当天施工进度报告，这些报告需存档。

☑　项目经理批阅有关报告后，按需要适当调动人员和调整施工计划以确保工程进度。

☑　每星期以书面形式向总工程师、监理方、建设方提交工程进度报告。

② 注意事项。布线施工中应做到：

☑　坚持质量第一，确保安全施工，按计划和基建施工配合。

☑　严格执行基本施工安装工序，满足技术监管的要求。

☑　严格按照标准，保证综合布线工程的质量，确保可靠性和安全性。

☑ 协调多工序、多工种的交叉作业。

③ 编制现场施工管理文件，绘制综合布线施工图。其中主要包括以下内容：

☑ 现场技术安全交底、现场协调、现场变更、现场材料质量签证和现场工程验收单。

☑ 工程概况（包括工程名称、范围、地点、规模、特点、主要技术参数、工期要求和投资等）。

☑ 施工平面布置图、施工准备及其技术要求。

☑ 施工方法与工序图。

☑ 施工质量保证。

☑ 施工技术措施与技术要求。

☑ 施工安全、防火技术措施。

☑ 施工计划网络图。

④ 编制与审批程序。方案经项目技术组组长审核，报建设单位和监理负责人（主任工程师）复审，由建设单位技术监管认可后生效。

⑤ 施工方案的贯彻和实施。

☑ 方案编制完成后，施工前应由施工方案编制人向全体施工人员（包括质检人员和安全人员）进行交底（讲解），项目主管负责方案的贯彻，各级技术人员应严格执行。

☑ 方案经批准下达后，各级技术人员必须严肃、认真地贯彻、执行，未经批准的方案或不齐备的方案不得下达。

☑ 必须严肃工艺纪律，各级技术人员都不得随意更改方案的内容。如因施工条件变化，方案难以执行，或方案内容有不切合实际之处，应逐级上报，经变更签证后，方准执行新规定。

☑ 工程竣工后，应认真进行总结，提出方案实施的书面文件。

（3）技术交底

技术交底工作在建筑单位和施工单位之间进行，应分级进行和分级管理，并定期进行交流，召开例会。

技术交底的主要内容包括：施工中采用的新技术、新工艺、新设备、新材料的性能和操作使用方法，预埋部件的注意事项。技术交底应做好记录。

（4）工程变更

经过图纸会审和技术交底之后，会发现一些设计图纸中的问题和用户需求的改动。另外，随着工程的进展，也会不断发现一些问题。这时不可能再修改图纸，应采用设计变更的办法，将需要修改和变更的地方填写到工程设计变更单中。变更单上附有文字说明，有的还附有大样图和示意图。当收到工程设计变更单时应妥善保存，它也是施工图的补充和完善性的技术资料。应对相应的施工图认真进行核对，在施工时按照变更后的设计进行。工程设计变更单是绘制竣工图的重要依据，同时也是竣工资料的组成部分，应归档存放。表项目变更签证如表 6-1 所示。

表6-1　表项目变更签证

工程项目名称				变更时间	
工程实施地点				施工周期	
工程建设单位		项目负责		联系电话	
工程监理单位		工程监理		联系电话	
工程施工单位		项目经理		联系电话	
变更事由说明					
工期变更					
变更明细	序号	设备材料名称	型号规格	单位	数量	单价	金额
	1						
	2						
	施工费						
	税金						
	变动金额合计						

变更审批	审批人签字：　　　　　　　　　　　　　　　　年　月　日

	建设单位	监理单位	施工单位
签字盖章			
	年　月　日	年　月　日	年　月　日

注：（1）除变更审批由用户填写外，其余全部由本公司填写。（2）工期或明细无变动则不填写

（5）施工步骤

① 施工的3个阶段。施工过程可分为3个阶段进行：

☑ 施工准备阶段。阅读和熟悉基建施工图纸，绘制布线施工设计和施工图，订购设备和材料，到货清点验收、入库，布线管槽订制，人员组织准备等。

☑ 施工阶段。配合土建装修施工，预埋电缆、电线、保护管及各支持固定件，固定接线箱等。

☑ 随着土建工程的进展，逐步进行设备安装。

② 具体实施细节。根据具体项目综合布线系统的施工规模和工期调配好施工步骤，确立重点，采取对策。在施工过程中，尤其要注意与弱电承包方、土建分包方、装修分包方和机电分包方的配合，以确保整个工程的顺利进行。

下面的工程施工步骤包含在详细的施工进度计划内，在进入现场后会进一步细化。

☑ 施工准备。施工设计图纸的会审和技术交底由建设单位组织，施工单位的技术人

员和工长参加。由施工单位的技术人员根据工程进度提出施工用料计划、施工机具和检验工具（仪器）的配备计划，同时结算施工劳动力的配备，做好施工班组的安全、消防、技术交底和培训工作。

☑ 配合主体结构和装修，熟悉结构和装修的预埋图纸，校清预埋位置尺寸以及有关施工操作、工艺、规程、标准的规定及施工验收规范要求。随结构和装修工程的进度，监督管盒预埋安装和线槽敷设工作，做到不错、不漏、不堵。当分段隐蔽工程完成后，应配合甲方及时验收并及时办理隐检签字手续。

☑ 到货开箱检查。首先由设备材料组负责，技术和质量监理参加，对已到施工现场的设备、材料进行直观上的外观检查，保证无外伤损坏、无缺件，清点备件，核对设备、材料、电缆、电线、备件的型号、规格和数量，检查它们是否符合施工设计文件和清单的要求，并及时如实填写开箱检查报告。仓库管理员应填写材料库存统计表（如表 6-2 所示）和材料入库统计表。

表 6-2　材料库存统计表

库存项目名称：							
库地点：			库存时间：　　年　月　日				
序号	设备材料名称	型号规格	单位	数量	单价	金额	备注
1							
2							
签名	库管签字	项目经理签字	领料人签字				

☑ 各种线缆的敷设。随着管盒预埋安装、线槽敷设及装修工程的逐渐进行，应适时根据各专业的设计施工图纸穿放线缆和进行校核检测工作，并及时做好检测记录。工程队领用材料需要填写材料领用表，经项目经理审批后仓库方可发货。

☑ 电缆敷设工作的检查。由质量监理组负责，严格按照施工图纸的要求和有关规范的标准对设备及路线等进行验收。

☑ 机柜定位安装。根据设计图纸复测其具体位置和尺寸后，再进行机柜、线架的就位安装。

☑ 线缆端接测试。严格按照设计文件、安装工艺规程进行施工，端接完成后应全部通过性能的测试和安装工艺的检查，并做好相应的记录和标签。

☑ 系统自检。在设备端接测试完毕后，由质量监理组和技术支持组按施工设计有关规程组织有关人员进行认真的检查和重点的抽查（10%信息点抽测），确认无误以及符合有关规定后，再进行竣工资料整理和报验工作。

☑ 系统验收。由弱电承包方组织，综合布线组配合，甲方和监理单位参加，对布线系统进行最终验收，决定是否同意投入使用，如果同意使用则开始计算保修期。

☑ 系统调试开通。由技术支持组和现场施工组负责，按甲方要求对电话通信、计算机网络及其他应用进行跳线，调试开通，并将准备好的跳线资料移交给甲方。此项工作应在系统验收后进行。

☑ 系统培训。由技术支持组负责对甲方管理人员进行系统使用培训，具体安排由双方商定。

③ 注意事项。做到无施工方案（或简要施工方案）不施工，有方案没交底不施工，班组上岗前交底不完全不施工。施工班组要认真做好完全上岗交底活动和记录，固定时间要组织不少于 1h 的安全活动。严格执行操作规程，不得违章，对违章作业的指令有权拒绝并有责任制止他人违章作业。

☑ 进入施工现场必须严格遵守安全生产纪律，严格执行安全生产规程。施工作业时必须正确穿戴个人防护用品，进入施工现场必须戴安全帽。不许私自用火，严禁酒后操作。

☑ 垂直运输的各种材料、机柜一定要捆牢，做到安全、可靠。

☑ 从事高空作业人员要定时体检，凡患有高血压、心脏病、贫血症、癫痫病以及不适于高空作业的，不得从事高空作业。

☑ 脚手架搭设要有严格的交底和验收制度，未经验收的不得使用。各种竹木梯必须有防滑措施。施工时严禁擅自拆除各种安全措施；对施工有影响而非拆除不可时，要得到有关负责人的同意，并采取加固措施。在高空和钢筋结构上作业时，一定要穿防滑鞋。

☑ 严格安全用电制度，遵守《施工现场临时用电安全技术规范》（JCJ46—1988）的规定。临时用电要布局合理，严禁乱拉乱接，潮湿处、地下室和管道竖井内施工应采用低压照明。现场用电一定要有专人管理，同时设专用配电箱。采取用电牌制度，杜绝违章作业，防止人身、线路和设备事故的发生。

☑ 电钻、电锤、电焊机等电动机具的用电及其配电箱必须要有保护装置和良好的接地保护地线，所有电动机具和线缆必须定期检查，保证它们绝缘良好。使用电动机具时，应穿绝缘鞋并戴绝缘手套。

④ 施工进度计划与实施。

☑ 项目管理部在总体施工进度计划指导下，由项目经理编制季、月、周施工作业计划，由专业施工技术督导员负责向施工队交底和组织实施。

☑ 项目部每周召开由专业施工技术督导员、各子系统施工班组负责人参加的进度协调会，及时检查、协调各子系统工程进度及解决工序交接的有关问题。公司会定期召开由各有关部门参加的会议，协调其他部门与项目部之间有关工程实施的配合问题。

☑ 项目经理按时参加甲方召开的生产协调会议，及时处理与有关施工单位之间的施工配合问题，及时反映施工中存在的问题，以确保整个工程顺利和同步地进行。

⑤ 工程实施中的重点及对策。在项目建设过程中，布线工程施工与土建工程、机电安装、弱电安装在时间进度上必须保持良好的配合。本系统是建筑的"神经"部分，为了保证其施工过程有条不紊地进行下去，其中有一定的规律必须加以注意和遵循。根据工程管理和施工方面的经验，在工程前期必须抓好以下环节：

☑ 系统施工图的会审。图纸会审是一项极其重要的技术工作。认真做好图纸会审工作，对减少施工图中的差错、保证和提高工程质量有着重要的作用。在图纸会审前，项目组会向建设单位、监理单位及其他项目分包方提供详细的施工图。各单位应认真阅读施工图，熟悉图纸的内容和要求，并把疑难问题整理出来，在图纸会审和设计交底时解决。图纸会审分别由建设单位、监理公司和各子系统设备供应商有步骤地进行，并按照工程的性质、图纸内容等分别组织会审工作。会审结果应形成纪要，由设计、建设、施工各方共同签字并分发下去，作为施工图的补充技术文件。

☑ 系统施工期间的时间表。该时间表的主要内容包括系统设计、设备生产与购买、管线施工、设备验收、设备安装、系统调试、培训和系统验收等，同时工程施工界面协调和确认应形成机要或界面协调文件。

☑ 系统工程施工技术交底。技术交底工作涉及各子系统承包商、机电设备供应及安装商、监理公司以及综合布线项目组内部施工班组，应分级、分层次进行。

需要着重提出的是，综合布线项目组内部的技术交底工作的目的有两个：一是明确所承担施工任务的特点、技术质量要求、系统的划分、施工工艺、施工要点和注意事项等，做到心中有数，以利于有计划、有组织地多快好省地完成任务；二是对工程技术的具体要求、安全措施、施工程序、配制的机具等进行详细的说明，使责任明确，各负其责。

技术交底的主要内容包括施工中采用的新技术、新工艺、新设备、新材料的性能和操作使用方法以及预埋部件的注意事项。技术交底应做好相应的记录。

在综合布线系统工程施工过程中，在进度安排上应做好与土建工程、弱电系统、装饰工程等的配合。

☑ 系统预留孔洞、预埋线管与土建工程的配合。在建筑物土建工程初期的地下层工程中，涉及系统线槽孔洞的预留和消防、保安等系统线管的预埋，因此在处理建筑物地下部分的"挖坑"阶段，要配合建筑设计院完善该建筑物地下层、主楼部分的孔洞预留和线管预埋的施工图补充设计，以确保土建工程顺利竣工。

☑ 线槽的施工与土建工程、各弱电系统等的配合。系统线槽的安装施工在土建工程基本结束后与其他管道（风管、给排水管）的安装同步进行，也可稍迟于管道安装一段时间，但必须在设计上解决好各弱电系统线槽与管道在位置上的合理安置和配合。

☑ 系统布线、机房布置与土建和装饰工程的配合。系统的配线和穿线工作在土建工程完全结束后与装饰工程同步进行，应避免在装饰工程结束后安装，以免造成穿线困难。同时，主机房和各配线间的装饰也应与整体的装饰工程同步。在主机房和配线间基本装饰完毕后，应将机柜定位并将电缆引入机柜中，做好线缆编号工作，开始线架端接。需要特别注意的是，主机房及配线间的门锁一定要装好。

☑ 工作区端接。工作区面板的端接应在装饰工程基本结束后开始，并注意家具的进场时间。

☑ 系统的验收。系统验收建立在自检合格、竣工资料齐全的基础上，并在弱电承包方同意下安排进行。在整个系统验收后，再进行设备调试开通工作。

☑ 系统的调试开通。综合布线系统的调试基本上在设备安装完毕后才进行，视网络设备、交换机进线到位的进度而定。

⑥ 线管预埋和线槽架设要求。

线管的预埋和线槽、桥架的敷设需要与土建工程同步进行，因此系统施工图的设计在这一方面要先行一步。在进行预留孔洞和预埋线管施工图设计时，应充分考虑线路和设备容量以满足今后发展的最大需求，同时应与建筑设计院、施工单位和建设单位密切配合，充分了解土建的具体情况，以便合理解决暗管敷设中的施工问题（撤销其他风、水管道的分布、位置和技术及工艺要求，以免与这些管道发生布置上的矛盾）。

☑ 预埋暗管应尽量避免穿越建筑物的沉降或伸缩缝；如果必须穿越沉降或伸缩缝，线管应进行相应的处理。预埋暗管一般采用电线管或聚氯乙烯管；在易受重压的地段和电磁干扰影响的场所应采用钢管并有良好的接地。

☑ 在管内穿线的管径利用率一般为 40%。管内穿放绞合导线时，管子的截面利用率一般为 20%～25%；管内穿放平行导线时，利用率一般为 25%～30%。穿线管的弯曲半径在穿放线缆时不小于线缆外径的 10 倍，在穿放普通导线时不小于导线外径的 6 倍。穿管敷设主要用于建筑物内的水平线路，通常用于距离不远、管线截面积较小的场合。对一些有防火和特殊保安要求的场所以及负荷线路一般均采用穿管敷设。按《高层民用建筑设计防火规范》（GBJ 45—1982）的要求，消防系统的配电线路（强电和弱电）应采用穿金属管的保护方式，暗设在非燃烧体的结构内，其保护厚度不小于 3cm，明设时必须在金属管上采取保护措施。

☑ 在建筑物的吊顶内，为了满足防火要求，导线出线槽时要穿保护管，导线不得有外露部分。线槽应采用防火材料制成，且所有弱电线槽应有警示及鉴别标志或铭牌。

☑ 线管、线槽与桥架的施工设计可由这几个部分组成：墙外埋地管道部分、主机房部分、垂直桥架部分、楼层水平线槽部分、楼层水平线管部分、楼层引下线管部分和底盒部分。在实施设计时，要根据建筑物的大小、楼层的高低和信息点的数量确定出最佳方案。在建筑物弱电系统电气安装施工设计中，应主要确定线缆的路由和数量、配线方式、弱电竖井内线槽架和控制箱的布置以及端接的连接和编号。

⑦ 配线施工注意事项。穿在管槽架内绝缘导线的额定电压不应低于 500V。

☑ 管线槽架内穿线宜在建筑物的抹灰及地面工程结束后进行。在配线施工之前，应将线槽内的积水和杂物清除干净。

☑ 弱电系统的配线原则上可以采用同槽分隔方式敷设，但电压大于 65V 的辅助供电回路应另管另槽敷设，特别是电视信号线、广播线和动力线之间应有良好的屏蔽和隔离。当垂直或水平管线中的导线每超过 5m 时，应在管线槽内或接线盒中加以固定。导线穿管线槽后，在导线穿出口处直至电气设备接线端应装软护线套以保护导线不受外力的损坏。

（6）施工配合

针对综合布线工程施工的户外部分面积大小、施工难度高低、楼宇是否在建等情况，为保证布线工程的顺利进行，需要建设单位协助并提供施工配合。

综合布线工程是整个建筑工程的一个组成部分，与其他各专业（如土建、装修、给排水、采暖通风、电气安装等）的施工必然会发生多方面的交叉，尤其和土建、装修施工的关系最为密切。例如，管线槽的架设、电缆保护管预埋和各种支持件、固定件的安装，都要在装修施工中预放和预留孔洞。各专业之间只有相互协调、配合，才能保证施工过程的安全，提高安装质量，加快施工进度，提高生产效率。随着现代设计和施工技术的不断发展，许多新结构、新工艺层出不穷，施工项目不断增加，建筑安装空间不断缩小，施工中的协调、配合越发显得重要。

①　施工前的准备工作。在户外线缆敷设工程开工前，综合布线技术人员应与土建施工技术人员共同检查、核对土建、煤气系统、给排水系统、消防系统和综合布线施工图纸，对有关管线槽的预埋等在不破坏、不影响系统传输性能的条件下进行准确的定位，合理地安排施工计划，以防遗漏和发生差错，尤其是梁、柱、天花板、地面的安装办法和施工程序。

②　关于基础施工中的配合。在综合布线工程施工中，应做好接地工程，如地坪内配管的过墙孔、电缆过墙保护管和进线管的预埋等。预留孔的做法要根据其用途来决定；地坪内配管到过墙孔尺寸应根据线管外径、根数和埋设部位来决定。

以上所述的各种配合安装施工方法均为管线安装，应请建设单位和施工单位的质量监督人员进行检查验收。埋于地基下的钢管一般为镀锌管，经质量检查合格认可后方可覆盖，并填写好隐蔽工程记录表。

（7）施工现场人员管理

☑　制定施工人员档案。每名施工人员，包括分包商的工作人员，均需经项目经理审定，并具有合法的身份证明文件和相关经验。将所有资料整理、记录和归档。

☑　所有施工人员在施工场地内，均需佩戴现场施工有效工作证，以便于识别和管理。

☑　所有要进入施工场地的员工均会得到一份工地安全手册，并必须参加由工地安全主任安排的安全守则课程。

☑　所有施工人员均须遵守制定的安全守则，如有违反，可给予撤职处分。

☑　当有关员工离职或被解雇时，要即时没收其工作证，更新人员档案并上报建设单位相关人员。

☑　项目经理制定施工人员分配表，按照施工进度表预计每个工序每天所需工程人员的数量及配备，并应根据工序的性质委派不同的施工人员负责。

☑　项目经理每天向施工人员发放工作责任表，由施工人员细述当天的工作程序、所需用料、施工要求和完成标准。

☑　确定与工地管工的定期会议时间（如每星期一次），了解工程的实施进度和问题，按不同的情况和重要性检讨或重新制定施工方向、程序及人员的分配，同时制定弹性人员调动机制，以便工程需加快或变动进度时予以配合。

☑　每天均须巡查施工场地，注意施工人员的工作操守，以确保工程的正确运行及进度。如果发现员工有任何失职或失责，可按不同情况、不同程度发出警告，严重者应予以撤职处分。

☑　按工程进度制定施工人员每天的上班时间，尽量避免超时工作，但需视工程进度加以调节。

3. 质量管理

（1）为确保施工质量，在施工过程中项目施工经理、技术主管、质检工程师、建设单位代表、监理工程师共同按照施工设计规定和设计图纸要求对施工质量进行检查，检查内容包括管槽是否有毛刺、拐弯处是否安装过渡盒等。

（2）施工时应严格按照施工图纸、操作规程和现阶段规范要求进行施工，严格进行施工管理，严格遵循施工现场隐蔽工程交验签字程序，在每天班前、班后召开会议。

（3）现场成立以项目经理为首、由各分组负责人参加的质量管理领导小组，对工程进行全面质量管理。建立完善的质量保证体系与质量信息反馈体系，对工程质量进行控制和监督，层层落实工程质量管理责任制和工程质量责任制。

（4）在施工队伍中全面开展质量管理基础知识教育，努力提高职工的质量意识；实行质量目标管理，创建优质工程（必须使本工程的质量等级达到优良）。

（5）认真落实技术岗位责任制和技术交底制度，每道工序施工前必须进行技术、工序和质量交底。

（6）认真做好施工记录，定期检查质量和相应的资料，保证资料的鉴定、收集、整理和审核与工程同步。

（7）对原材料进场必须有材质证明，取样检验合格后方准使用。对各种器材成品、半成品进场必须有产品合格证，无证材料一律不准进场。进场材料需派专人看管以防丢失。

（8）推行全面质量管理，建立明确的质量保证体系，坚持质量检查制、样板制和岗位责任制，认真执行各工序的工艺操作标准，做到施工前有技术交底，工序间有验收交接。

（9）坚持高标准、严要求，各项工作预先确定标准样板材料和制作方法，对进场材料应认真检查质量，施工中及时自查和复查，完工后认真、全面地进行检查和测试。

（10）认真做好技术资料和文档工作，妥善保存各类设计图纸资料。对各道工序的工作，应认真做好记录和文字资料，完工后整理出整个系统的文档资料，为今后的应用和维护工作打下良好的基础。

4. 安全管理

（1）安全制度

① 建立安全生产岗位责任制。项目经理是安全工作的第一责任者。另外，现场应设专职安全管理员一名，以加强现场安全生产的监督检查。整个现场管理要把安全生产当作头等大事来抓，坚持实行安全值班制度，认真贯彻执行各项安全生产的政策及法令规定。

② 在安排施工任务的同时，必须进行安全交底，有书面资料和交接人签字。施工中认真遵守安全操作规程和各项安全规定，严禁违章作业和违章指挥。

③ 对各项施工方案，要分别编制安全技术措施，书面向施工人员交底。现场机电设备防火安全设施要有专人负责，其他人不得随意动用。电闸箱要上锁并有防雨措施。

④ 注意安全防火。在施工现场挂设灭火器，严禁吸烟；明火作业需有专职操作人员负责管理，持证上岗；设立安全防火领导小组。

（2）安全计划

① 现场施工安全管理员对所有施工人员的安全负有重要的责任。安全管理员应及时训

练和指导施工人员在不同工作环境中采取安全保护措施，并且要求每位施工人员执行公司关于安全和卫生的有关规则和法令。

② 对于每次的现场协调会议和安全工作会议，安全监督员或安全监督员代表必须出席，及时反映工地现场的安全隐患和安全保护措施。会议内容应当清晰地写在工地现场办公地点的告示牌上。

③ 安全管理员应每半月在工地现场举行一次安全会议，提高现场施工人员的安全意识。

④ 如果出现安全问题，施工人员必须马上向安全管理员报告整个伤害的情况。对于要在危险工作地点工作的人员，为防止意外事故，每个人应获得指导性的培训，并应对施工操作给予系统的解释，直接发给每个人紧急事件集合点地图和注意事项。

⑤ 如果发生危险，出现死亡或身体严重受伤的人员，应立刻通知本单位和业主以及当地救护中心，并在24h以内提交一份关于事故的详细书面报告。

⑥ 向建设单位提交一份安全报告。

⑦ 如发现严重或多次违反安全制度、法令规则或任何漠视人身安全的员工，必须要求其向项目经理作出解释，并予以免职。

⑧ 在工作平台、工作地点、通道、缺口等离地面2m以上高度的区域至少提供两层护栏，护栏高度为450～600mm。

5. 成本管理

（1）施工前计划

在项目开工前，项目经理部应做好前期准备工作，选定先进的施工方案，选好合理的材料商和供应商，制定出详细的项目成本计划，做到心中有数。

① 制定切实合理且可行的施工方案，拟定技术组织措施。施工方案主要包括施工方法的确定、施工机器与工具的选择、施工顺序的安排和流水施工的组织4个方面。施工方案不同，工期会不同，所需机器和工具也就会不同。因此，施工方案的优化选择是工程施工中降低工程成本的主要途径。制定施工方案要以合同工期和建设单位的要求为依据，与实际项目的规模、性质、复杂程度和现场等因素一起综合考虑。尽量同时制定出若干个施工方案，互相比较，从中选取最合理、最经济的一个。同时拟订经济可行的技术组织措施计划，列入施工组织设计之中。为保证技术组织措施计划的落实并取得预期效果，工程技术人员、材料员和现场管理人员应明确分工，形成落实技术组织措施的一条合理的链路。

② 组织签订合理的工程合同和材料合同。工程合同和材料合同应通过公开招投标的方式，由公司经理组织经营、工程、材料和财务等部门有关人员与项目经理一起同工程商就合同价格和合同条款进行协商讨论。经过双方反复磋商，最后由公司经理签订正式工程合同和材料合同。招投标工作应本着公平、公正的原则进行，招标书要求密封，评标工作由招标领导小组全体成员参加，不能一个人说了算，必须有层层审批手续。同时，还应建立工程商和材料商的档案，以选择最合理的工程商与材料商，从而达到控制支出的目的。

③ 做好项目成本计划。综合布线系统成本计划是项目实施之前所做的成本管理初期活动，是项目运行的基础和先决条件。它是根据内部承包合同确定的目标成本。公司应根据施工组织设计和生产要素的配置等情况，按施工进度计划确定每个项目的周期成本计划和

项目总成本计划，计算出保本点和目标利润，以此作为控制施工过程生产成本的依据，使项目经理部人员及施工人员无论在工程进行到何种进度时都能事前清楚地知道自己的目标成本，以便采取相应的手段控制成本。

（2）施工过程中的控制

在项目施工过程中，根据所选的技术方案，严格按照成本计划实施控制，包括对材料费的控制、人工消耗的控制和现场管理费用的控制等。

① 降低材料成本，实行三级收料和限额发料。在工程建设中，材料成本占整个工程成本的比重最大，一般可达 70%左右，而且有较大的节约潜力，在其他成本出现亏损时，往往要靠材料成本的节约来弥补。因此，材料成本的节约也是降低工程成本的关键。材料包括主要材料和辅助材料，主要材料是有光缆、超五类 UTP 电缆、接插件等；辅助材料有PVC 线槽/线管、水泥等。对施工主要材料要实行限额发料，按理论用量加合理损耗的办法与施工队结算，节约时给予奖励，超出时由施工队自行承担，从施工队结算金额中扣除，这样施工队将会更合理地使用材料，减少浪费。

推行限额发料，首先要合理确定工程实施中实际的材料应发数量（该数量的确定可以是由项目经理确认的数据）。其次是要推行三级收料。三级收料是限额发料的一个重要环节，是施工队对项目部采购材料的数量给予确认的过程。所谓三级收料，就是首先由收料员清点数量，记录签字；其次是材料部门的收料员清点数量，验收登记；再由施工队清点并确认，如发现数量不足或过剩，由材料部门解决。待应发数量和实发数量确定后，施工队施工完毕，经对其实际使用的数量再次确认后，即可实行奖罚兑现。通过限额发料、三级收料的办法不仅控制了收发料中"缺斤短两"现象的发生，而且使材料得到更合理、有效的利用。

组织材料合理进出场。一个项目往往材料种类繁多，所以合理安排材料进出场的时间特别重要。首先应当根据施工进度编制材料计划，并确定好材料的进出场时间。因为如果进场太早，就会早付款给材料商，增加资金压力，还将增加二次搬运费；而如果材料进场太晚，不但影响进度，还可能造成误期罚款或增加赶工费。其次应把好材料领用关和材料使用关，降低材料损耗率。由于品种、数量、敷设的位置不同，材料损耗也不一样。为了降低损耗，项目经理应组织工程师和造价工程师，根据现场实际情况与工程商确定一个合理损耗率，由其包干使用，节约双方分成，超额扣工程款，这样让每一个工程商或施工人员在材料用量上都与其经济利益挂钩，从而降低整个工程的材料成本。

② 节约现场管理费。施工项目现场管理费包括临时设施费和现场经费两项内容，此两项费用的收益是根据项目施工任务而核定的。但是，它的支出却并不与项目工程量的大小成正比，主要由项目部自己来支配。综合布线工程生产工期视工程大小可长可短，但无论如何，其临时设施的支出仍然是一个不小的数字。一般来说，应本着经济适用的原则布置设施。对于现场经费的管理，应抓好如下工作：

☑ 人员的精简。

☑ 工程程序及工程质量的管理。一项工程在具体实施中往往受时间、条件的限制而不能按期顺利进行，这就要求合理调度，循序渐进。

☑ 建立 QC 小组，促使管理水平不断提高，减少管理费用支出。

（3）工程实施完成的总结分析

事后分析是总结经验、教训及进行下一个项目的事前科学预测的开始，是成本控制工作的继续。在坚持综合分析的基础上，采取回头看的方法，及时检查、分析、修正和补充，可以达到控制成本和提高效益的目的。

根据项目部制定的考核制度，对成本管理责任部室、相关部室、责任人员、相关人员和施工队进行考核（考核的重点是完成工作量、材料费、人工费和机械使用费四大指标），根据考核结果决定奖罚和任免，体现奖优罚劣的原则。

及时进行竣工总成本结算。工程完工后，项目经理部将转向新的项目。此时应组织有关人员及时清理现场的剩余材料和机械，辞退不需要的人员，支付应付的费用，以防止工程竣工后继续发生包括管理费在内的各种费用。同时由于参加施工人员的调离，各种成本资料容易丢失，因此应根据施工过程中的成本核算情况做好竣工总成本的结算，并根据其结果评价项目的成本管理工作。总结得与失，及时对项目经理及有关人员进行奖罚。

总之，工程的成本控制可以总结为以下几条基本原则：

☑ 加强现场管理，合理安排材料进场和堆放，减少二次搬运和损耗。

☑ 加强材料的管理工作，做到不错发、不错领材料，不遗失材料，施工班组要合理使用材料，做到材料精用。在敷设线缆时，既要留有适量的余量，还应力求节约，不要浪费。

☑ 材料管理人员要及时组织材料的发放和收集工作。

☑ 加强技术交流，推广先进的施工方法，积极采用先进、科学的施工方案，提高施工技术。

☑ 积极鼓励员工开展"合理化建议"活动，提高施工班组人员的技术素质，尽可能地节约材料和人工，降低工程成本。

☑ 加强质量控制，加强技术指导和管理，做好现场施工工艺的衔接工作，杜绝返工，做到一次施工、一次验收合格。

☑ 合理组织工序穿插，缩短工期，减少人工、机械及有关费用的支出。

☑ 科学、合理地安排施工工程序，搞好劳动力、机具和材料的综合平衡，向管理要效益。平时施工现场应有1～2人巡视了解土建进度和现场情况，做到有计划性和预见性。预埋条件具备时，应采取见缝插针，集中人力预埋的办法，以节省人力、物力。

6. 施工进度管理

（1）首先进行一次实地勘察，确定有关工程进行时将要遇到的困难，并予以先行解决。例如，线槽空间及走道是否完备，各配线间的准备工程是否完成，各工作区的端口插座槽是否设置完成等。待这些事前准备工程完成并合格后，布线工作才可以正式展开。

（2）先进行干线光缆布线工程。

（3）再进行水平布线工程。

（4）同一时间，在布线工程进行期间，开始为各设备间设立跳线架，安装跳线面板、光纤盒。

（5）当水平布线工程完成后，开始为各设备间的光纤及 UTP/STP 安装跳线板，为端口及各设备间的跳线设备做端接。

（6）安装好所有的跳线板和用户端口，进行全面的测试，包括光纤及 UTP/STP，并把报告交给用户。

（7）另外，所有用户端口、跳线板、跳线架端口以及有关的干线电缆和水平电缆都要有独立的编号，作为辨认之用。

综合布线系统工程施工组织进度表如表 6-3 所示。

表 6-3　工程施工进度表

工 作 内 容	时　间										
	6 月份						7 月份				
	1	5	9	13	17	21	25	29	2	6	10	14
墙面剔槽	●——		●									
桥架架设			●——		●							
配管安装					●——		●					
线缆敷设							●——		●			
模块卡接									●—	●		
机柜安装、配线架安装卡接										●——	●	
测试											●——	●

三、任务实施

对项目管理有了初步的了解后，下面开始编制项目管理办法。

名称：工程项目管理办法。

适用范围：本项目管理办法适用于工程项目全过程的控制管理。

1. 期间产生的文档及报表

项目期间产生的文档及报表是指自项目招标开始至验收整个过程，本公司出具或其他方提交的用于进行项目管理或作为法律依据的相关文档资料。

（1）项目报备表

出具：市场部销售人员。

出具时间：已获取项目相关基本信息，且业主方已在项目计划阶段。

主要内容：项目业主单位、主要负责人及联系方式、项目主要内容、规模大小、计划实施时间、竞争对手情况等。

作用：该项目是否在公司正式立项的依据；项目信息的建立和分析；项目跟踪计划的正式启动；项目涉及产品厂商的确定及报备，以获得它们及时有利的支持；项目售前经理的确认；售前资金计划的确认及支出权利；获得技术人员的支持；销售人员工作业绩考核部分；建立客户关系档案。

文档类型：纸介、电子。

用档人：市场部经理、公司总经理。

管理：商务。

存档：纸介——商务，电子——FTP。

文档样式：见附件。

（2）项目招标书

出具：项目招标方或项目业主。

作用：标的邀约、内容、要求等说明，作为应标文件撰写和项目设计及实施的依据，和合同具有同等的法律地位。

文档类型：纸介。

用档人：商务经理、项目经理。

管理：商务。

存档：商务。

（3）项目投标文件（项目方案设计及商务文件）

出具：项目售前经理（技术文件）、商务（商务文件）。

主要内容：根据招标文件要求及调研结果撰写的应标文件，包括用户需求分析、系统方案设计、设备配置选型、项目实施组织结构、实施计划、服务承诺、设备配置清单及项目报价明细、公司资质等。

文档类型：电子、纸介（两份）。

出具时间：收到招标文件至约定交标日。

作用：对项目业主的招标邀约的阐述和承诺，若中标则成为合同的附件，作为项目实施的重要法律约束文件。

用档人：项目业主、项目经理。

审核：市场部经理、技术部门经理。

审批：公司总经理。

存档：纸介——商务，电子——FTP。

（4）中标通知书

出具：由项目招标方或业主出具给中标公司。

作用：确认中标的法律证明文件，同时也是合同签署的通知书。

管理：商务。

文档类型：纸介。

用档人：售前经理。

存档：商务。

（5）项目合同书

出具：由公司（项目售前经理）或项目业主提交。

内容：泛指公司业务收入所涉及的集成、工程、技术服务、技术咨询、产品销售等业务合同、附加合同、各种协议等。

出具时间：接到中标通知书、双方达成协议时。

作用：公司项目执行的商务承诺、项目管理、财务立项及内部考核的法律和控制依据。

合同管理：工程管理。

初稿审核：工程管理人员、市场部经理、技术部门经理、财务主管经理。

正稿审批：公司总经理。

用档人：售前经理、项目经理、工程管理、财务。

文档类型：纸介、电子。

存档：纸介——商务，电子——FTP。

其他：详见"合同管理"。

样式：见"合同书范本"附件。

（6）项目实施进度计划

出具：项目经理。

出具时间：合同签署后 3 天内提交商务。

主要内容：项目按分项、实施阶段分解实施计划（阶段工作目标、工作内容、实施时间、人员安排、相关资源需求等）。

作用：人力资源统筹计划依据；采购计划依据；资金计划依据；项目实施目标考核依据。

计划管理：工程管理。

审核：实施部门经理。

审批：市场部经理、财务主管经理。

用档人：工程管理、采购。

文档类型：纸介、电子。

存档：纸介——商务，电子——FTP。

样式：见"项目实施进度计划表"附件。

（7）项目资金计划

出具：销售经理。

出具时间：合同签署后，立即提交商务一份主合同或附加合同的资金计划，必须一次出全，不得分批分次提交。

计划管理：工程管理。

文档类型：纸介、电子。

作用：作为项目物资采购、采购考核、库房管理、财务项目核算及资金支出的重要依据。

依据：项目主合同、附加合同及项目零星变更签证等，否则不得出具项目资金计划。

内容：设备材料名称、型号规格、数量、销售价、投标询价、询价供应商、供货时间/地点、施工费用、项目经费、运杂费等。

审批：首先由项目经理审核，然后由总经理和财务主管经理审批后由商务执行。

用档人：工程管理、采购、财务、项目考核。

存档：纸介——商务、财务，电子——FTP。

样式：见"项目资金计划"附件（分本地和外地）。

（8）项目合同执行汇总报表

出具：商务。

管理：财务。

作用：公司主管领导可随时由该表查阅公司项目明细（合同金额、单项工程计划和实际成本、总计划和实际总成本、单项毛利、总毛利等项目情况），并以此作为项目利润考核的基本依据。

出具时间：商务根据新合同更新。财务数据单项目结算完毕后一次性提交。

用档人：公司总经理、财务主管经理。

审核：财务主管经理。

文档类型：电子文档，备份、除公司领导外不得共享。

存档：财务。

报表样式：见"项目合同执行汇总报表"附件。

（9）项目客户档案

管理维护：商务。

数据来源：项目报备表、财务信息、合同信息。

文档类型：电子。

更新周期：适时更新。

主要内容：单位名称、行政区域、行业类别、单位主要行政负责人及职务、项目主要负责人及职务、财务责任人、开票信息、联系方式、已合作项目及金额等。

作用：建立详尽的客户关系档案，巩固、发展市场客户资源，建立快捷的客户服务渠道，方便商务联系和财务结算。

用档人：商务、财务、项目经理、公司经理。

审核：公司总经理。

存档：FTP（除用档人外不得共享）。

文档样式：见"项目客户关系档案"附件。

（10）项目开工报告

出具：项目经理。

出具时间：工程现场及前期准备工作已具备施工条件时。工程结束后提交商务。

作用：说明项目施工现场已完全具备施工条件或交叉施工时机，我方项目实施前期准备工作业已就绪，同时也是业主工程管理的规范程序及施工起始时间确认的证明文件。

审核：项目业主。

用档人：项目业主。

文档介质：纸介。

文档管理：商务。

存档：同合同。

文档样式：见"项目开工报告"附件。

（11）项目停工申请报告

出具：项目经理。

出具时间：由于业主或项目承接方的原因（如现场条件不具备、发生不可抗力、设备材料不能按预计时间进入现场、难以协调时间等），预计工程较长时间无法进行（一般超出项目总约定时间的20%）时，工程结束后提交商务。

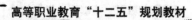

主要内容：停工原因、解决措施及负责方、估计停工时间等。

文档介质：纸介。

审核：技术部门经理。

审批：项目业主。

管理：商务。

存档：商务。

文档样式：见附件。

（12）设备开箱验收单

出具：项目经理。

提交时间：即合同设备抵达项目现场，项目双方负责人同时在场，对照合同设备明细对所供设备型号、规格、数量、外观、随机资料等进行现场检查，并逐项填写验收单，项目结束时提交商务。

作用：项目阶段性实施目标确认；作为项目进度款支付依据；设备所有权发生转移的法律证据；项目终验文档部分。

审核：业主、项目负责人填写验收意见，双方签字确认。

用档人：项目业主、商务。

文档介质：纸介。

文档管理：商务。

存档：商务。

文档样式：见"设备开箱验收单"附件。

（13）设备随机资料

出具：设备厂家。

文档介质：纸介或电子。

主要内容：设备使用说明书、用户手册、产品合格证、产品保修卡、随机软件等。

出具时间：设备开箱验收时。

作用：设备验收不可分割部分。

用档人：项目业主。

移交：随同设备同时登记并交付业主项目经理。

审核：项目业主。

管理：项目经理。

存档：项目业主。

（14）隐蔽工程记录表

出具：项目经理。

出具时间：隐蔽工程施工完毕，在掩埋或封闭前。项目结束后提交商务。

作用：证明工程施工方法和材料符合合同约定及国家相关标准，是项目整体验收不可或缺的部分。

主要内容：主项目和分项目名称、施工地点/时间、施工内容、施工方法、敷设材料、掩埋或封闭形式等。

文档介质：纸介。

审核：项目业主。

用档人：项目业主。

存档：商务。

文档样式：见附件。

（15）项目变更签证

出具：售前经理。

出具时间：项目合同内容发生变更时；签署后立即提交商务。

作用：作为合同外零星变更的技术和商务确认的法律依据，和合同具有同等法律效力。

主要内容：变更事由、变更内容明细、变更金额等。

审核：实施部门经理。

审批：项目业主。

用档人：商务、财务。

文档介质：纸介。

存档：商务。

文档样式：见附件"项目变更签证"。

（16）项目竣工请验报告

出具：项目经理。

出具时间：项目合同标的全部实施完毕，并按合同约定完成试运行。

作用：通知项目业主，项目建设已符合合同标的，具备验收条件，可按合同规定时间及要求进入验收程序。

用档人：项目业主。

审核：技术部门经理。

审批：项目业主。

文档介质：纸介。

存档：项目业主。

文档样式：见附件"项目竣工请验报告"。

（17）项目验收文档

出具：项目经理。

出具时间：项目合同标的全部实施完毕，提交项目竣工终验报告前。

文档介质：纸介、电子。

主要内容：开箱验收单、设备加电验收记录、技术方案变更表、项目变更签证、设备参数配置表、竣工图、测试报告、隐蔽工程记录、系统和应用程序、详细设计、工作量统计等。

作用：验收时移交业主，作为项目完成内容、质量、标准的依据及今后业主正常维护的资料。

用档人：项目业主。

管理：商务。

密级：绝密。

存档：纸介——商务，电子——FTP（除指定人员外不得共享）。

（18）项目验收表（证书）

出具：项目经理（或项目业主）。

出具时间：竣工验收通过，项目经理提交商务。

作用：项目实施结果全部符合合同标的并获得业主确认的法律文件及项目结算的商务依据。

审核：实施部门经理。

审批：项目业主。

文档介质：纸介。

管理：商务。

用档人：商务、财务。

存档：商务。

文档样式：见附件。

（19）项目建设征询书

出具：项目经理。

出具时间：项目各分项工程结束时；阶段工作结束返回公司前；项目实施期间，项目经理更迭时；逢国家大假前。

作用：及时反馈客户的需求、意见及工程存在的问题，以便适时处理；遏止具有延展或扩充性的问题扩大，降低项目风险和损失；作为对项目经理和其他参与者的考核依据；项目经理更迭时问题交接依据；树立公司项目管理和服务形象。

用档人：部门经理、项目考核人。

文档介质：纸介。

存档：商务。

文档样式：见附件"项目建设征询书"。

（20）项目出差申请表

出具：出差者。

主要内容：出差前填报，出差目的地、时间和周期、工作目标、任务计划、费用计划等；出差结束填报，工作目标和任务完成情况、部门经理评述、实际发生费用等。

作用：工作目标考核及报销的依据。

审核：部门经理。

审批：计划内由财务主管经理审批，计划外由公司总经理审批。

文档介质：纸介。

用档人：部门经理、财务。

文档样式：见附件。

（21）项目文档登记表

出具：商务。

出具时间：凡产生新的项目文档并由商务接受、分发时或存档时。

作用：核实项目实施过程中是否按规定形成阶段性管理文档；文档交接时双方登记签

字完成移交手续；日常查阅文档时检索之用。

文档介质：纸介。

管理：商务。

文档样式：见附件。

（22）其他文档

工程项目中产生的其他文档（如一些安装调试或施工中的记录等）由部门自行编制和管理。

2. 合同管理

任何项目都必须签署合同并按规定完成合同审批流程，否则不得实施和产生费用。

在合同执行过程中，若业主要求合同外成批增加工作量、设备材料等，需增补附加合同；零星增补，必须有项目变更单，否则不得实施。

（1）合同稿

出具：由市场部销售经理负责组织撰稿，技术部门配合完成。

作用：按合同范本撰写合同内容，供商务审核。

合同内容：应包含项目名称、合同当事人单位名称、合同内容和要求（合同标的）、实施进度计划、实施标准、甲乙双方职责、合同金额、付款方式、税种及开票时间、汇款和开票信息、项目验收标准和方法、违约责任、不可抗力、解决争议方法、合同生效和终止条款等。

合同附件：包括技术服务承诺、技术方案、设备材料施工报价明细清单等。

合同稿审核：商务工程管理人员、实施部门经理、市场部经理。

用档人：市场部经理、商务工程管理人员。

文档介质：电子。

合同稿的审核：市场部经理审核后，电子文档交商务部门出正稿。

（2）主合同

合同的出具和分发：正式合同一般应由本公司市场部销售经理出具（除非客户方要求乙方出具）。合同签订后，统一由商务部门按使用者权限分发。

作用：作为财务建账立项、项目资金计划、采购、验收、收款等依据。

合同法律签名：法人代表为公司总经理（法人授权），委托代理人为销售经理。

经济合同范本：见附录。

合同附件：双方均应在每项附件文件上签字盖章认可（或盖骑缝章）。

合同主页（封面）：主页必须有合同全称、合同编号（客户方出具合同则在主页上加注合同编码）、年月日（应和合同签署日期一致）。

页眉、页脚：合同必须有页眉、页脚。页眉内容为合同全称，页脚内容为本公司全称、地址、邮箱、电话、第×页共×页。

合同的审批：合同必须经市场部和工程技术部门经理审阅签字（项目文档登记表），最后由公司总经理审批后方可签约执行。

存档：公司应有两份合同纸介文档（正、副本各一份），其中正本交商务部门存档，副本交财务部门。其余使用者全部共享电子文档（由商务管理）。

合同记录：合同签订后，由商务部门形成一个合同执行报表的电子文档，和财务部门共享，并分别由商务和财务在表内实时填写相关记录（合同执行汇总表）。

（3）附加合同

出具：销售经理。

作用：主合同生效后，由于主合同内容发生变化而在主合同之外增补的合同。

合同名：主合同名－经济合同＋附加经济合同。

内容：仅说明主合同变更原因、变更内容、实施时间、合同金额、付款方式、报价明细清单等。合同其余条款金注明同主合同。

其他规定：同主合同规定。

（4）委托合同

出具：销售经理。

作用：委托合同是主合同中的部分（或全部）工作内容本公司无法实施，必须委托第三方实施时所签署的合同。

合同名：主合同名－经济合同＋委托内容＋委托合同（如新疆大学网络集成—综合布线委托合同）。

内容：同主合同要求。

第三方的产生：委托项目应采用招标（或比价）的方式产生第三方（应能出具本公司所要求的税种发票）。招标工作由市场部负责，相关部门参与。

其他规定：同主合同规定。

（5）合同范本。

作用：合同标准化，避免发生遗漏项、条款不明确、责任不清晰等法律纠纷。

合同范本的出具：由商务工程管理人员出具、维护、更新。

合同范本的使用：本公司所有合同必须采用合同范本，不得随意采用其他格式制作合同。

合同范本样式：见工程项目管理附件中"合同范本"。

（6）合同编码

合同编码原则：本编码共分 5～7 个字段，每字段 2 位（字母或数字）。

① 项目主合同（5 个字段）的编码举例。

☑ 字段 1：合同承接单位——京创太极（TJ）。

☑ 字段 2：合同类型——集成（JC）、工程、（GC）、软件（RJ）、销售（XS）、服务（FW）。

☑ 字段 3：合同签订时间——年份。

☑ 字段 4：合同签订时间——月份。

☑ 字段 5：合同签订时间——日。

② 项目附加合同（6 个字段）

若有主合同之外补充、添加的增补合同，则前 5 个字段同主合同，其后增加 1 个字段（字段 6）。第一位为 F，第二位为 1～9 的流水号。

③ 委托合同

主合同中若有部分合同内容须委托第三方实施（如施工等），则需签订委托合同。委托合同编码前 5 个字段同主合同，其后增加 1 个字段（字段 6）。第一位为 W，第二位为 1～9 的流水号。

④ 采购合同（7 个字段）

项目采购合同必须从属相应的主合同。采购合同前 5 个字段同主合同，其后附加 2 个字段（字段 6、7）。第一字段为 CG；第二字段为 1～99 流水号。

下面举例说明。

A 阶段：2007 年 5 月 16 日，京创太极和××××单位签订"××××工程项目"（含网络系统设计、设备采购及安装调试、监控系统设备采购及安装调试、综合布线施工等）合同，则主合同编码为 TJJC070516。

B 阶段：合同执行过程中用户需求改变，又增补了一个合同，则该合同编号为 TJJC070516F1。

C 阶段：主合同（含附合同）执行过程中，陆续发生 12 笔采购，则 12 笔采购合同编码分别为 TGJC070516CG01～TGJC070516CG12。

（7）合同名称

合同名称确认：所有合同名称均由商务工程管理人员审核确认。

名称规定：应简练明确，即项目业主名（简称）＋项目主要内容＋经济合同。

名称统一：与主合同有关的所有文件（如附加合同、委托合同、项目资金计划、项目实施文档、财务账务、凭证（科目、入出库单、现金和支票领用单、报销单等））等必须和主合同名称完全一致。

（8）合同审核

审核人：商务工程管理人员。

审核内容：主体内容包括标的内容、验收方式、提交资料、付款方式、金额核对、违约规定，以及合同附件等。

合同格式：包括合同名称、合同编码、合同条款、合同签名盖章、合同附件等。

3. 库房管理

（1）岗位设置

库房管理岗位设在综合管理部，由商务人员负责。

（2）岗位职责

主要负责物资出入库管理、库房实物管理、物资的配送。

（3）入出库

① 入库验收。

验收内容：入库单是验收的唯一依据，根据合同订货品名、规格型号、数量、随机资料、外观、包装等逐一验收。

库房验收：由采购和库管共同负责。

现场验收：直送项目现场时，由项目经理开箱验收。发现问题时，及时通知商务处理。

② 入库：采购人员将采购合同交付库管的过程，即为办理入库（等同于入库单）手续（标明品名、规格型号、数量、采购价、领用项目信息）。此时库管人员应立即在财务系统

中办理入库录入。

③ 在财务系统中建立库房台账明细。

④ 出库：库管开具出库单（标明品名、规格型号、数量、销售价、供货项目名称、领用人签字）。如果直接配送现场，则应事后补办出库手续。此时库管人员应在财务系统中办理出库数据录入。

（4）物资保管

库存物资主要包括项目采购物资、公司公用设备和工具、办公用品等，应实行定制管理并时刻保持库房的整洁、安全环境。

（5）盘库

商务、财务部门每月应进行一次盘存，核查物资账面数与实物是否相符、出入库是否有误、物资是否完好，以及库房存放环境是否符合标准。

4. 物资进销存管理

（1）采购管理

① 岗位设置：采购岗位目前设在商务部，由商务人员负责，其他任何人均不得自行采购。

② 职责：根据项目资金计划和项目进度计划，按时将符合计划的物资（品种、规格、数量）以合理的价格采购入库，或送达计划地点（直送现场）。

③ 供应商的确认原则。

☑ 竞标寻价商：商务经理在项目资金计划中列明的供应商。

☑ 内地供应商：在时间允许的情况下，尽可能地选择内地的供应商或厂家。

☑ 长期合作伙伴：具有良好的信誉度和服务体系。

☑ 寻价比价：商务在采购前应至少选择两家以上的供应商就所购商品进行寻价，以确定最终供应商。

④ 采购限价：项目整体采购价不得高于采购计划价的 98%，并以此作为对商务采购的考核标准之一。整体价格若超出计划价的 102%，应有主管经理的签字认可。

（2）采购合同

① 合同的出具：商务采购。

② 合同要求：必须符合项目资金计划全部要求，若有变动应征的项目，应由售前经理确认和主管经理审批。

③ 合同审批：经公司财务核对，交主管经理审批后即可执行。

④ 合同格式：见附件。

⑤ 合同管理：由商务统一管理。合同原件必须一式两份，一份商务自留，一份交财务。此外，还应复印一份交库管。

（3）采购票据

① 支票头：采购必须及时将支票头返回财务核销。

② 采购发票：本地支票和现金采购结束，采购必须立即索取采购发票及明细清单，并将其提交财务做账；外地项目经理直接采购，返回后首先将票据提交采购审核并办理进销存手续，然后将票据移交财务做账；汇款采购，采购应协助财务催办发票。

③ 收据：本地或外地采购，若无发票则必须有相关收据。在当地税务局代开发票后，

采购人必须将收据和对应发票一并提交财务报账。

（4）库房管理

① 岗位设置：库房管理岗位目前设在商务部，由库管人员负责。

② 岗位职责：主要负责物资出入库管理、库房实物管理、物资的配送。

③ 入出库规定。

☑ 入库验收。

➤ 验收内容：订货合同是入库验收的唯一依据，根据合同订货品名、规格型号、数量、随机资料、外观、包装等逐一验收。

➤ 库房验收：由商务库管和采购共同负责。

➤ 现场验收：直送项目现场时，由项目经理开箱验收。发现问题时，应及时通知商务处理。

☑ 入库：采购人员将采购合同交付库管的过程，即为办理入库手续。同时，库管还要向财务开具出库单（标明品名、规格型号、数量、采购价），并立即建立台账明细。

☑ 出库：库管开具出库单（标明出库品名、规格型号、数量、销售价、供货项目名称等），经领用人签字后提交财务；直接配送现场则应将出库单发至项目现场，领用人验收签字，返回公司将出库单提交库管，库管核实无误后一份存档，一份交财务做账。

☑ 台账核对：财务应随时根据入出库单核对进销存台账；项目结束（验收）后，应和商务一起对该项目整体进行最终盘库。

☑ 进销存管理流程：见项目管理附件中"进销存管理流程"。

④ 物资保管。库存物资主要包括项目采购物资、库存物资、公司公用设备、工具、办公用品等，应实行定制管理并时刻保持库房的整洁安全环境。

⑤ 盘库。由商务、财务每季度进行一次；核查物资账面数与实物是否相符；核查出入库是否有误；检查物资的完好；检查库房存放环境是否符合标准。

【小结】

本节主要介绍了工程管理组织结构设计及人员安排、现场管理、质量管理、安全管理、成本管理、施工进度管理的技能。

【练习】

1．进行现场管理要注意哪些问题？

2．试制定一份网络工程安全制度。

项目七
综合布线系统测试

知识点、技能点：

> 了解综合布线系统测试的相关知识，包括基本链路、永久链路和通道等概念及其关系
> 熟悉双绞线和光纤测试的性能指标
> 掌握综合布线系统测试的要求，包括双绞线、光纤的测试过程和测试方法
> 学会使用仪器对综合布线系统进行测试，具备初步分析常见故障的能力

学习要求：

> 理解综合布线系统测试模型
> 了解综合布线系统测试类型
> 掌握综合布线系统测试方法
> 掌握综合布线系统测试工具的使用

教学基础要求：

> 掌握综合布线基础知识
> 掌握综合布线工程实施方法

任务一 为什么测试

【目标要求】

（1）理解综合布线系统测试模型。

（2）了解综合布线系统测试类型。

（3）掌握综合布线系统测试方法。

（4）掌握综合布线系统测试工具的使用。

一、任务分析

综合布线是计算机网络系统的中枢神经，直接影响到整个工程的成败。实践证明，当计算机网络系统发生故障时，70%是综合布线的质量问题。在这种情况下，如何确保综合布线工程质量就成了确保计算机网络系统正常工作的关键。要确保综合布线工程的质量，必须通过科学合理的设计、选择优质的布线器材和优质的施工质量3个环节来保证。而综合布线系统测试就是确保工程质量的关键一环，可以通过一套科学有效的测试方法来监督、保障工程的施工质量。

二、相关内容

（一）认证测试标准及模型

要测试和验收综合布线工程，必须有一个公认的标准。对此，美国的 TIA 以及欧洲的 ISO 等标准化组织制定了各种标准，我国也推出了相应的国家标准——《综合布线系统工程设计规范》（GB 50311—2007，自 2007 年 10 月 1 日起实施）。该标准分成两部分，一部分是链路中使用的元器件的标准，如 RJ-45 插头、插座、线缆和配线架本身的标准，也就是单独的插头、插座等应该达到什么样的指标才可称作是三类、五类、超五类或六类的元件；另一部分是将插头、插座、电缆以及其他连接设备通过施工在现场组装在一起以后（称为链路）的测试标准，这个标准是真正用来进行最终认证网络链路实际性能的标准。

《综合布线系统工程设计规范》（GB 50311—2007）是根据建设部建标[2004]67 号文件《关于印发"2004 年工程建设国家标准制订、修订计划"的通知》要求，对原《建筑与建筑群综合布线系统工程设计规范》（GB/T 50311—2000）工程建设国家标准进行了修订，由信息产业部作为主编部门，中国移动通信集团设计院有限公司会同其他参编单位组成规范编写组共同编写完成的。

进行测试时，需要使用测试模型进行测试。测试模型主要有以下几种。

1. 基本链路模型

在 ANSI/TIA/EIA 568A 中定义了基本链路（Basic Link）和通道（Channel）两种认证测试模型。基本链路包括3部分：最长为90m的建筑物中固定的水平电缆、水平电缆两端的接插件（一端为工作区信息插座；另一端为楼层配线架）和两条与现场测试仪相连的 2m 测试设备跳线。基本链路模型如图 7-1 所示。

2. 通道模型

通道是指从网络设备跳线到工作区跳线间端到端的连接，其中包括最长为 90m 的建筑物中固定的水平电缆、水平电缆两端的接插件（一端为工作区信息插座；另一端为楼层配线架）、一个靠近工作区的可选的附属转接连接器、最长为 10m 的在楼层配线架上的两处连接跳线和用户终端连接线。通道最长为 100m。通道模型如图 7-2 所示。

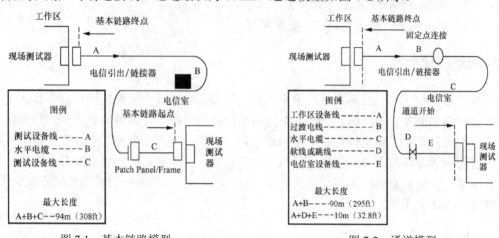

图 7-1　基本链路模型　　　　　　　图 7-2　通道模型

基本链路和通道的区别在于基本链路不含用户使用的跳接电缆（配线架与交换机或集线器间的跳线、工作区用户终端与信息插座间的跳线）。测试基本链路时，采用测试仪专配的测试跳线连接测试仪接口；测试通道时，直接用链路两端的跳接电缆连接测试仪接口。

3. 永久链路模型

基本链路中包含两条 2m 长的测试跳线，它们是与测试设备配套使用的。虽然其品质很高，但随着测试次数增加，其电气性能指标就有可能发生变化并导致测试误差，而这种误差包含在总的测试结果之中，其结果必然影响到总的测试结果。因此，在最新推出的 ISO/IEC 11801—2002 和 ANSI/TIA/EIA 568-B.2-1 定义的超五类、六类标准中，测试模型有了重要变化，放弃基本链路（Basic Link）的定义，而采用永久链路（Permanent Link）的定义。永久链路又称为固定链路，由最长为 90m 的水平电缆、水平电缆两端的接插件（一端为工作区信息插座；另一端为楼层配线架）和链路可选的转接连接器组成，如图 7-3 所示。

永久链路测试模型用永久链路适配器（如 Fluke DSP-4×××系列测试仪为 DSP-LIA101S）连接测试仪和被测链路，测试仪能自动扣除 F、I 和 2m 测试线的影响，排除了测试跳线在测量过程中本身带来的误差，从技术上消除了测试跳线对整个链路测试结果的影响，使得测试结果更准确、合理。

永久链路是综合布线施工单位必须负责完成的。通常施工单位完成综合布线工作后，所要连接的设备、器件还没有安装，而且并不是所有的电缆都连接到设备或器件上，所以综合布线施工单位可能只向用户提出一个永久链路的测试报告。从用户的角度来说，用于高速网络的传输或其他通信传输时的链路不仅仅要包含永久链路部分，而且还要包括用于连接设备的用户电缆，所以他们希望得到一个通道的测试报告。无论哪种报告都是为了认证该综合布线的链路是否可以达到设计的要求，两者只是测试的范围和定义不同。在实际测试应用中，选择哪一种测量连接方式应根据需求和实际情况决定。虽然使用通道链路方式更符合使用的需要，但由于它包含了用户的设备连线部分，测试较为复杂。对于现在的超五类和六类布线系统，一般工程验收测试建议选择永久链路模型进行。

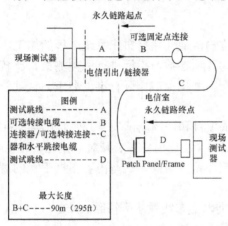

图 7-3 永久链路模型

目前市场上的测试仪如 Fluke DSP-4×××系列数字式的电缆测试仪，都可选配或本身就配有永久链路适配器；而通道的测试需要连接跳线（Patch Cable），并且六类跳线必须购买原厂商的。

（二）综合布线测试类型

1. 验证测试

（1）测试内容

验证测试又称为随工测试，是指边施工边测试，即在施工过程中及验收之前，由施工者对所敷设的传输链路进行施工连通测试。测试的重点是检验传输链路连通性，并对施工后的链路参数进行预测，做到工程质量心中有数，以便验收顺利通过。例如，每完成一个楼层后，对其水平线缆及信息插座进行测试（在工程竣工检查中，短路、反接、线对交叉、链路超长等问题占整个工程质量问题的 80%，这些质量问题在施工初期通过重新端接、调换线缆、修正布线路由等措施比较容易解决，而到了工程完工验收阶段，发现这些问题再解决就比较困难了）。

（2）验证测试仪器的选用

验证测试仪器具有最基本的连通测试功能（如接线图测试），可以对线缆的连接是否正确、线缆及连接部件的性能（包括开路、短路）等进行测试。有些测试仪器还有附加功能，如可以测试线缆长度或对故障进行定位。验证测试仪器在现场环境中随工使用，操作简便。

（3）测试方法

使用电缆测试仪（如 DSP40000）或单端电缆测试仪（如 F620）进行随工测试及阶段施

工情况测试。《综合布线系统工程设计规范》中指明了有基本链路和信道两种测试连接方法。

测试连接图可按基本链路测试连接方法连接，单端测试只连接测试仪主机，不需要连接测试仪远端单元。基本链路是指布线工程中固定链路部分，其中包括最长 90m 的水平电缆及其两端的连接点。信道测试连接方式主要用来测试端到端的链路，包括用户终端连接线在内的整体信道性能。

2. 认证测试

（1）测试内容

认证测试是指对线缆传输信道（包括布线系统工程的施工、安装、线缆及连接硬件质量等方面）按标准所要求的各项参数、指标进行逐项测试，比较、判断是否达到某类或某级（如超五类、六类、D 级）和国家或国际标准的要求。认证测试是线缆置信度测试中最严格的。

认证测试分为基本测试项目和任选测试项目。对于五类线系统，基本测试项目有长度、接线图、衰减、近端串音损耗；任选项目有衰减对串扰比、环境噪声干扰强度、传播时延、回波损耗、特性阻抗、直流环路电阻等。这些内容根据工程的规模、用户的要求及测试的功能条件进行选择。

超五类/D 级系统、六类以上布线系统应按照 ANSI/EIA/TIA 568-B 和 ISO/IEC 11801—2000＋标准要求的测试内容进行测试。

三类大对数电缆（垂直主干线）的测试内容，按照 GB/T 50312—2000 标准中规定的执行。

屏蔽布线系统的测试。应在现场对屏蔽电缆屏蔽层两端进行通导测试，检验屏蔽层连接性是否完好。全屏蔽的直流电阻应小于下式计算值：

$$R（D）=62.5/D$$

式中，$R（D）$——总屏蔽电阻（Ω/km）；

D ——总屏蔽外径（mm）。

（2）认证测试仪器的选用

认证测试仪器可在预设的频率范围内进行多种测试。它通常是以通道模型进行测试，也可测试永久链路模型。它能提供一条链路是"通过"或"失败"的判定，并可支持光缆测试。

（3）认证测试类型

认证测试通常分为自我认证测试和第三方认证测试两种类型。

① 自我认证测试由施工方自行组织，按照设计施工方案对工程所有链路进行测试，确保每一条链路都符合标准要求。如果发现未达标链路，应进行整改，直至复测合格，同时编制成准确的测试技术档案，写出测试报告，交业主存档。测试记录应当做到准确、完整，使用查阅方便。由施工方组织的认证测试可以由设计、施工、监理多方参与，建设方也应派遣网络管理人员参加自我认证测试工作，了解整个测试过程，方便日后管理和维护布线系统。

认证测试是设计方和施工方对所承担的工程进行的一个总结性质量检验，施工方承担认证测试工作的人员应当经过测试仪表供应商的技术培训并获得认证资格。

② 第三方认证测试是业主委托第三方对系统进行的验收测试，用以确保布线施工的质量。这是对综合布线系统验收质量管理的规范化做法。

目前采取的做法有以下两种：

☑ 对工程要求高、使用器材类别高和投资大的工程，业主除要求施工方要做自我认证测试外，还会邀请第三方对工程进行全面验收测试。

☑ 业主在要求施工方做自我认证测试的同时，邀请第三方对综合布线系统链路进行抽样测试。按工程大小确定抽样样本数量，一般 1000 个信息点以上的工程抽样30%，1000 个信息点以下的工程抽样 50%。

衡量、评价一个综合布线系统的质量优劣，唯一科学、有效的途径就是进行全面现场测试。目前，综合布线系统是工程界中少有的、已具有完备的全套验收标准的并可以通过验收测试来确定工程质量水平的项目之一。

3. 鉴定测试

鉴定测试最主要是判定被测试链路所能承载的网络信息量的大小（如能否支持100Base-TX、千兆以太网等），可以诊断常见的导致布线系统传输能力受阻的线缆故障。

验证、认证、鉴定 3 种测试仪器的功能对比如表 7-1 所示。

表 7-1　验证、认证、鉴定 3 种测试仪器的功能对比

功　　能	验　证	认　证	鉴　定
连通性预接线图	有	有	有
故障诊断：端点的位置	有	有	有
故障诊断：带宽失败处的位置	无	有	有
故障诊断：图形显示故障类型、位置和大小	无	有	无
永久链路测试	无	有	无
支持光缆测试	无	有	无
使用的难易程度	低	高	中
价格	低	高	中

（三）认证测试参数

1. 接线图

接线图（Wire Map）是验证线对连接正确与否的一项基本检查。

综合布线可采用 T568A 和 T568B 两种端接方式。两种端接方式的线序固定，不能混用和错接。正确的线对连接为：1 对 1、2 对 2、3 对 3、4 对 4、5 对 5、6 对 6、7 对 7、8 对8。当接线正确时，测试仪将显示接线图测试"通过"。在布线施工过程中，由于端接技巧和放线、穿线技术等原因会产生开路、短路、反接、错对等接线错误。当出现不正确连接时，测试仪会指示接线有误，显示接线图测试"失败"，并显示错误类型。在实际工程中接线图的错误类型主要有以下几种情况：

☑ 开路。

☑ 短路。

☑ 反接。同一线对在两端针位接反，如一端的 4 接在另一端的 5 位，一端的 5 接在另一端的 4 位。

☑ 跨接。将一个线对接到另一端的另一线对上。常见的跨接错误是 1、2 线对与 3、6 线对的跨接。这种错误往往是由于两端的接线标准不统一造成的，一端用了 T568A，而另一端用了 T568B。

☑ 线芯交叉。反接是同一线对在两端针位接反，而线芯交叉是指不同线对的线芯发生交叉连接，形成一个不可识别的回路，如 1、2 线对与 3、6 线对的 2 和 3 线芯两端交叉。

☑ 串扰线对。将原来的两个线对分别拆开后又重新组成新的线对。这是一种会产生极大串扰的错误连接，这种错误对端对端的连通性不会产生影响，用普通的万用表不能检查故障原因，只能用专用的电缆测试仪才能检测出来。

2. 长度

测量双绞线长度时通常采用 TDR（时域反射计）测试技术。TDR 的工作原理是：测试仪从电缆一端发出一个脉冲，在脉冲行进时，如果碰到阻抗的变化，如开路、短路或不正常接线时，就会将部分或全部的脉冲能量反射回测试仪。依据来回脉冲的延迟时间及已知信号在电缆中传播的 NVP（电信号在该电缆中传输的速率与光在真空中的传输速率的比值），测试仪就可以计算出脉冲接收端到该脉冲返回点的长度。

$$NVP=2\times L(T\times c)$$

式中，L——电缆长度；

T——信号在传送端与接收端的时间差；

c——光在真空中的传播速度（3×10^{8}m/s）。

该值随不同电缆类型而异。通常，NVP 范围为 60%～90%，即 NVP=(0.6～0.9)c。测量长度的准确性取决于 NVP 值，因此在正式测量前用一个已知长度（必须在 15m 以上）的电缆来校正测试仪的 NVP 值，测试电缆越长，测试结果越精确。由于每条电缆的线对之间的绞距不同，所以在测试时采用延迟时间最短的线对作为参考标准来校正电缆测试仪。典型的非屏蔽双绞线的 NVP 值为 62%～72%。

由于 TDR 的精度很难达到 2%以内，NVP 值不易准确测量，故通常多采取忽略 NVP 值影响、对长度测量极值加上 10%余量的做法。根据所选择的测试模型不同，极限长度分别是：基本链路为 94m，永久链路为 90m，通道为 100m。加上 10%余量后，长度测试"通过"/"失败"的参数是：基本链路为 94m+94m×10%=103.4m，永久链路为 90m+90m×10%=99m，通道为 100m+100m×10%=110m。当测试仪显示长度时，则表示为临界值，表明在测试结果接近极限值时长度测试结果不可信，要引起用户和施工者注意。

布线链路长度是指布线链路端到端之间电缆芯线的实际物理长度。由于各芯线存在不同绞距，在布线链路长度测试时，要分别测试 4 对芯线的物理长度，测试结果会大于布线所用的电缆长度。

3. 衰减

当信号在电缆中传输时，遇到电阻后会产生一定的能量损失，这种现象便称为衰减（Attenuation）。衰减是一种插入损耗，当考虑一条通信链路的总插入损耗时，布线链路中所有的布线部件都对链路的总衰减值有贡献。一条链路的总插入损耗是电缆和布线部件的衰减的总和，即衰减量由下述各部分构成：

　　☑　布线电缆对信号的衰减。

　　☑　构成通道链路方式的 10m 跳线或构成基本链路方式的 4m 设备接线对信号的衰减量。

　　☑　每个连接器对信号的衰减量。

　　电缆是信号在链路中衰减的一个主要因素，电缆越长，链路的衰减就会越明显。与电缆链路衰减相比，其他布线部件所造成的衰减要小得多。衰减不仅与信号传输距离有关，而且由于传输通道阻抗的存在，它会随着信号频率的增加而使信号的高频分量衰减加大。这主要由集肤效应所决定，它与频率的平方根成正比。

注意

　　什么是集肤效应？

　　当交变电流通过导体时，电流将集中在导体表面流过，这种现象叫集肤效应又叫趋附效应。是电流或电压以频率较高的电子在导体中传导时，会聚集于总导体的表层，而非平均分布于整个导体的截面积。

　　衰减以 dB 来度量，是指单位长度的电缆（通常是 100m）的衰减量，以规定的扫描/步进频率标准作为测量单位。衰减的 dB 值越大，衰减越大，接收的信号越弱。信号衰减到一定程度，将会引起链路传输信息的不可靠。引起衰减的主要原因是铜导线及其所使用的绝缘材料和外套材料。在选定电缆和相关接插件后，通道的衰减就与其距离、信号传输频率和施工工艺有关。此外，不恰当的端接也会引起过量的衰减。

　　表 7-2 列出了不同类型电缆在不同频率、不同链路方式下每条链路允许的最大衰减值。在此要注意的是，随着温度升高，衰减也会增加（例如，三类电缆每升高 1℃，衰减量增加 1.5%；超五类电缆每升高 1℃，衰减量增加 0.4%；六类电缆每升高 1℃，衰减量增加 0.3%），在测试现场应根据温度变化进行适当调整。

表 7-2　不同链路方式下允许的最大衰减值一览表（20℃）

频率 /MHz	三类电缆/dB		四类电缆/dB		五类电缆/dB		超五类电缆/dB		六类电缆/dB	
	通道	基本链路	通道	基本链路	通道	基本链路	通道	永久链路	通道	永久链路
1.0	4.2	3.2	2.6	2.2	2.5	2.1	2.4	2.1	2.1	1.9
4.0	7.3	6.1	4.8	4.3	4.5	4.0	4.4	4.0	4.0	3.5
8.0	10.2	8.8	6.7	6.0	6.3	5.7	6.8	6.0	5.7	5.0
10.0	11.5	10.0	7.5	6.8	7.0	6.3	7.0	6.0	6.3	5.6
16.0	14.9	13.2	9.9	8.8	9.2	8.2	8.9	7.7	8.0	7.1
20.0			11.0	9.9	10.3	9.2	10.0	8.7	9.0	7.9
25.0					11.4	10.3			10.1	8.9
31.25					12.8	11.5	12.6	10.9	11.4	10.0
62.5					18.5	16.7			16.5	14.4
100					24.0	21.6	24.0	20.4	21.3	18.5
200									31.5	27.1
250									36.0	30.7

4. 近端串扰

当信号在一条通道的某线对中传输时，由于平衡电缆互感和电容的存在，同时会在相邻线对中感应一部分信号，这种现象称为串扰。

串扰与电缆的类别、连接方式和频率有关。双绞线的两条导线绞合在一起后，因为相位相差 180°，相互间的信号干扰便被抵消。绞距越紧，抵消效果越好，也就越能支持较高的数据传输速率。在端接施工时，为减少串扰，打开绞接的长度不能超过 13mm。

串扰分为近端串扰（Near End Crosstalk，NEXT）和远端串扰（Far End Crosstalk，FEXT）两种。近端串扰是用近端串扰损耗值（导致该串扰的发送线对上发送信号值（dB）与被测线对上发送信号感应值（dB）的差值）来度量的。人们总是希望被测线对的被串扰程度越小越好，某线对受到越小的串扰意味着该线对对外界串扰具有越大的损耗能力，也就是导致该串扰的发送线对的信号在被测线对上的测量值越小（表示串扰损耗越大），这就是为什么不直接定义串扰，而定义成串扰损耗的原因所在。因此，测量的近端串扰损耗值越大，表示受到的串扰越小；测量的近端串扰损耗值越小，表示受到的串扰越大。

近端串扰损耗的测量应包括每一个电缆通道两端的设备接插软线和工作区电缆在内。近端串扰并不表示在近端点所产生的串扰，它只表示在近端所测量到的值。测量值会随电缆的长度不同而变化，电缆越长，近端串扰损耗值越小。实践证明，在 40m 内测得的近端串扰损耗值是真实的。此外，近端串扰损耗应分别从通道的两端进行测量。现在的测试仪一般都具备在一端同时进行两端近端串扰损耗的测量能力。

对于双绞线电缆链路来说，近端串扰损耗是一个关键的性能指标，也是最难精确测量的一个指标，尤其是随着信号频率的增加，其测量难度也会不断增大。

表 7-3 列出了不同类型电缆在不同频率、不同链路方式下允许的最小近端串扰损耗。

表 7-3 最小近端串扰损耗一览表

频率/MHz	三类电缆/dB		五类电缆/dB		超五类电缆/dB		六类电缆/dB	
	通道	基本链路	通道	基本链路	通道	永久链路	通道	永久链路
1.0	39.1	40.1	>60.0	>60.0	63.3	64.2	65.0	65.0
4.0	29.3	30.7	50.6	51.8	53.6	54.8	63.0	64.1
8.0	24.3	25.9	45.6	47.1	48.6	50.0	58.2	59.4
10.0	22.7	24.3	44.0	45.5	47.0	48.5	56.6	57.8
16.0	19.3	21.0	40.6	42.3	43.6	45.2	53.2	54.6
20.0			39.0	40.7	42.0	43.7	51.6	53.1
25.0			37.4	39.1	40.4	42.1	50.0	51.5
31.25			35.7	37.6	38.7	40.6	48.4	50.0
62.5			30.6	32.7	33.6	35.7	42.4	45.1
100			27.1	29.3	30.1	32.3	39.9	41.8
200							34.8	36.9
250							33.1	35.3

对于近端串扰损耗的测试，采样样本越大，步长越小，测试就越准确。ANSI/TIA/EIA

568-B.2-1 定义了近端串扰损耗测试时的最大频率步长,如表 7-4 所示。

表 7-4 最大频率步长

频率段/MHz	最大采样步长(t/MHz)
1~31.25	0.15
31.26~100	0.25
100~250	0.50

5. 综合近端串扰

近端串扰是一个发送信号的线对对被测线对在近端的串扰。实际上,在 4 对双绞线电缆中,当其他 3 个线对都发送信号时也会对被测线对产生串扰。这 3 个发送信号的线对向另一相邻接收线对产生的总串扰就称为综合近端串扰(Power Sum NEXT,PSNEXT)。

综合近端串扰损耗值是双绞线布线系统中一个新的测试指标,在三类、四类和五类电缆中都没有要求,只有超五类和六类电缆中才要求测试它。这种测试在用多个线对传送信号的 100Base-T4 和 1000Base-T 等高速以太网中非常重要。因为电缆中多个传送信号的线对把更多的能量耦合到接收线对,在测量中综合近端串扰损耗值要低于同种电缆线对间的近端串扰损耗值。例如 100MHz 时,超五类通道模型下综合近端串扰损耗最小极限值为 27.1dB,而近端串扰损耗最小极限值为 30.1dB。

相邻线对综合近端串扰损耗最小极限值如表 7-5 所示。

表 7-5 综合近端串扰损耗最小极限值一览表

频率/MHz	超五类电缆/dB		六类电缆/dB	
	通 道	基 本 链 路	通 道	永 久 链 路
1.0	57.0	57.0	62.0	62.0
4.0	50.6	51.8	60.5	61.8
8.0	45.6	47.0	55.6	57.0
10.0	44.0	45.5	54.0	55.5
16.0	40.6	42.2	50.6	52.2
20.0	39.0	40.7	49.0	50.7
25.0	37.4	39.1	47.3	49.1
31.25	35.7	37.6	45.7	47.5
62.5	30.6	32.7	40.6	42.7
100.0	27.1	29.3	37.1	39.3
200.0			31.9	34.3
250			30.2	32.7

6. 衰减串扰比(Attenuation-to-Crosstalk Ratio,ACR)

信号在通信链路传输时,衰减和串扰都会存在。串扰反映电缆系统内的噪声,衰减反映线对本身的传输质量,这两种性能参数的混合效应(信噪比)可以反映出电缆链路的实际传输质量。通常用衰减串扰比来表示这种混合效应。衰减串扰比定义为：被测线对受相邻发送线对串扰的近端串扰损耗与本线对传输信号衰减值的差值（单位为 dB），即 ACR=NEXT−A。近端串扰损耗越高而衰减越小，则衰减串扰比越高。一个高的衰减串扰比意味着干扰噪声强度与信号强度相比微不足道，因此衰减串扰比越大越好。

衰减、近端串扰损耗和衰减串扰比都是频率的函数，应在同一频率下计算。超五类通道和永久链路必须在 1～100MHz 频率范围内测试；六类通道和永久链路在 1～250MHz 频率范围内测试，最小值必须大于 0dB，当 ACR 接近 0dB 时，链路就不能正常工作。衰减串扰比反映了在电缆线对上传送信号时，在接收端收到的衰减过的信号中有多少来自串扰的噪声影响，它直接影响误码率，从而决定信号是否需要重发。

综合衰减串扰比（PSACR）是综合近端串扰损耗与衰减的差值。同样，它不是一个独立的测量值，而是在同一频率下衰减与综合近端串扰损耗的计算结果。

7. 远端串扰与等效远端串扰

与近端串扰定义相类似，远端串扰（FEXT）是信号从近端发出，而在链路的另一侧（远端），发送信号的线对对其同侧其他相邻（接收）线对通过电磁感应耦合而造成的串扰。与近端串扰一样，也用远端串扰损耗来度量。因为信号的强度与它所产生的串扰及信号的衰减有关，所以电缆长度对测量到的远端串扰损耗值影响很大。

远端串扰损耗并不是一种很有效的测试指标，在测量中多用等效远端串扰损耗值来代替它。等效远端串扰（Equal Level FEXT，ELFEXT）是指某线对上远端串扰损耗与该线路传输信号衰减的差值，也称为远端 ACR。其计算公式如下：

$$ELFEXT=FEXT−A$$

式中，FEXT——同电位远端串扰；

A——受串扰接收线对的传输衰减。

等效远端串扰损耗最小限定值如表 7-6 所示。

表 7-6　等效远端串扰损耗最小限定值

频率/MHz	五类电缆/dB		超五类电缆/dB		六类电缆/dB	
	通　道	基　本　链　路	通　道	基　本　链　路	通　道	永　久　链　路
1.0	57.0	59.6	57.4	60.0	63.3	64.2
4.0	45.0	47.6	45.3	48.0	51.2	52.1
8.0	39.0	41.6	39.3	41.9	45.2	46.1
10.0	37.0	39.6	37.4	40.0	43.3	44.2
16.0	32.9	35.5	33.3	35.9	39.2	40.1
20.0	31.0	33.6	31.4	34.0	37.2	38.2
25.0	29.0	31.6	29.4	32.0	35.3	36.2
31.25	27.1	29.7	27.5	30.1	33.4	34.3
62.5	21.5	23.7	21.5	24.1	27.3	28.3
100.0	17.0	17.0	17.4	20.0	23.3	24.2
200.0					17.2	18.2
250.0					15.3	16.2

8. 综合等效远端串扰

综合等效远端串扰（Power Sum ELFEXT，PSELFEXT）是几个同时传输的线对形成的串扰总和。综合等效远端串扰损耗是一个计算参数，对于 4 对 UTP 而言，它组合了其他 3 对远端串扰对第 4 对的影响。这种测量具有 8 种组合。

9. 传输延迟和延迟偏离

传输延迟（Propagation Delay）是指信号在电缆线对中传输所需要的时间。其值会随着电缆长度的增加而增加。测量标准是信号在 100m 电缆上的传输时间，单位是 ns。超五类通道最大传输延迟在 10MHz 不超过 555ns，基本链路的最大传输延迟在 10MHz 不超过 518ns；六类通道最大传输延迟在 10MHz 不超过 555ns，永久链路的最大传输延迟在 100MHz 不超过 538ns、在 250MHz 不超过 498ns。

延迟偏离（Delay Skew）是指同一 UTP 电缆中传输速度最快的线对和传输速度最慢的线对的传输延迟之差。它以同一电缆中信号传播延迟最小的线对的时延值为参考，其余线对与参考线对都有时延差值，最大的时延差值即是电缆的延迟偏离。

延迟偏离对 UTP 中 4 对线对同时传输信号的 100Base-T4 和 1000Base-T 等高速以太网非常重要，因为信号传送时在发送端被分组到不同线对并行传送，到接收端后重新组合，如果线对间传输的时差过大，接收端就会丢失数据，从而影响信号的完整性而产生误码。

10. 回波损耗

回波损耗（RL）是电缆与接插件构成布线链路时阻抗不匹配导致的一部分能量反射。当端接阻抗（部件阻抗）与电缆的特性阻抗不一致而偏离标准值时，在通信链路上就会导致阻抗不匹配。阻抗的不连续性会引起链路偏移，电信号到达链路偏移区时，就必须消耗掉一部分来克服链路偏移。这样会导致两个后果，一个是信号损耗；另一个是少部分能量会被反射回发射端。被反射到发送端的能量会形成噪声，导致信号失真，降低通信链路的传输性能。回波损耗的计算公式如下：

$$回波损耗=发送信号值/反射信号值$$

从上式可以看出，回波损耗越大，则反射信号越小，意味着通道采用的电缆和相关连接硬件阻抗的一致性越好，传输信号越完整，在通道上的噪声越小。因此，回波损耗越大越好。

ANSI/TIA/EIA 和 ISO 标准中对布线材料的特性阻抗作了定义。常用 UTP 的特性阻抗为 100Ω，但不同厂商或同一厂商不同批次的产品都有在允许范围内的偏离值，因此在综合布线工程中，建议采购同一厂商同一批生产的双绞线电缆和接插件，以保证整条通信链路特性阻抗的匹配性，减少回波损耗和衰减。在施工过程中端接不规范、布放电缆时出现牵引用力过大或踩踏电缆等都可能引起电缆特性阻抗变化，从而发生阻抗不匹配的现象。因此，一是要文明施工、规范施工，才能提高施工质量，减少阻抗不匹配现象的发生。表 7-7 列出了不同频率下的回波损耗极限值。

表 7-7　不同频率下的回波损耗极限值

频率/MHz	三类电缆/dB	超五类电缆/dB		六类电缆/dB
		通　道	基本链路	通　道
1.0	18.0	17.0	17.0	19.0
4.0	18.0	17.0	17.0	19.0
8.0	18.0	17.0	17.0	19.0
10.0	18.0	17.0	17.0	19.0
16.0	15.0	17.0	17.0	18.0
20.0		17.0	17.0	17.5
25.0		16.0	16.3	17.0
31.25		15.1	15.6	16.5
62.5		12.1	13.5	14.0
100.0		10.0	12.1	12.0
200.0				9.0
250.0				8.0

（四）光纤链路测试技术参数

光缆安装的最后一步就是对光纤进行测试，其目的是检测光缆敷设和端接是否正确。光纤测试的类型主要包括衰减测试和长度测试，其他还有带宽测试和故障定位测试。带宽是光纤链路性能的另一个重要参数，但光纤安装过程中一般不会影响这项性能参数，所以在测试中很少进行带宽性能检查。

光纤性能测试的标准主要是 ANSI/TIA/EIA 568-A 和 ANSI/TIA/EIA 568-B.3，这些标准对光纤性能和光纤链路中的连接器和接续的损耗都有详细的规定（在以下叙述中若两个标准一样，则用 ANSI/TIA/EIA 568 表示）。最新的光纤标准 TIA TSB140 已于 2004 年 2 月批准，它对光纤定义了两个级别（Tier 1 和 Tier 2）的测试。

光纤有多模和单模之分。对于多模光纤，ANSI/TIA/EIA 568 规定了 850nm 和 1300nm 两个波长，因此要用 LED 光源对这两个波段进行测试；对于单模光纤，ANSI/TIA/EIA 568 规定了 1310nm 和 1550nm 两个波长，要用激光光源对这两个波段进行测试。

1. 光纤链路测试长度

（1）水平光纤链路

水平光纤链路从水平跳接点到工作区插座间最大长度为 100m，它只需 850nm 和 1300nm 波长，要在一个波长单方向进行测试。

（2）主干多模光纤链路

① 主干多模光纤链路应该在 850nm 和 1300nm 波段进行单向测试。链路在长度上有如下要求：

☑　从主跳接到中间跳接的最大长度是 1700m。

☑　从中间跳接到水平跳接的最大长度是 300m。

☑　从主跳接到水平跳接的最大长度是 2000m。

②　主干单模光纤链路应该在 1310nm 和 1550nm 波段进行单向测试。链路在长度上有如下要求：

☑　从主跳接到中间跳接的最大长度是 2700m。

☑　从中间跳接到水平跳接的最大长度是 300m。

☑　从主跳接到水平跳接的最大长度是 3000m。

2. 光纤损耗参数

光纤链路包括光缆布线系统两个端接点之间的所有部件，这些部件都定义为无源器件，包括光纤、光纤连接器和光纤接续子。必须对链路上的所有部件进行损耗测试。因为链路距离较短，与波长有关的衰减可以忽略，这样光纤连接器损耗和光纤接续子损耗便成为水平光纤链路的主要损耗。

（1）光纤损耗参数

①　ANSI/TIA/EIA 568-A 规定了 62.5/125μm 多模光纤的损耗参数：

☑　在 850nm 波长的最大损耗是 3.75dB/km。

☑　在 1300nm 波长的最大损耗是 1.5dB/km。

②　ANSI/TIA/EIA 568-B.3 规定了 62.5/125μm 和 50/125μm 多模光纤的损耗参数：

☑　在 850nm 波长的最大损耗是 3.5dB/km。

☑　在 1300nm 波长的最大损耗是 1.5dB/km。

③　ANSI/TIA/EIA 568-A 规定了单模光纤的损耗参数：

☑　紧套光缆在 1310nm 和 l550nm 波长的最大损耗是 1.0dB/km。

☑　松套光缆在 1310nm 和 1550nm 波长的最大损耗是 0.5dB/km。

（2）连接器和接续子的损耗参数

☑　ANSI/TIA/EIA 568 标准规定光纤连接器的最大损耗为 0.75dB。

☑　ANSI/TIA/EIA 568 标准规定所有光纤接续子（机械或熔接型）的最大损耗为 0.75dB。

（五）测试仪的基础知识

网络综合布线测试仪主要采用模拟和数字两类测试技术。模拟技术是传统的测试技术，主要通过频率扫描来实现测试，即每个测试频点都要发送相同频率的测试信号进行测试。数字技术则是通过发送数字信号来完成测试。数字周期信号都是由直流分量和 K 次谐波之和组成，这样通过相应的信号处理技术就可以得到数字信号在电缆中的各次谐波的频谱特性。

对于超五类和六类综合布线系统，现场认证测试仪必须符合 ANSI/TIA/EIA 568-B.2-1 或 ISO/IEC 11801 的要求。一般要求测试仪应能同时具有认证精度和故障查找能力，在保证精确测定综合布线系统各项性能指标的基础上，能够快速、准确地定位故障，而且操作简单。

1. 测试仪的基本要求

（1）精度是综合布线测试仪的基础，所选择的测试仪既要满足永久链路认证精度，又要满足通道的认证精度。测试仪的精度是有时间限制的，必须在使用一定时间后进行校准。

（2）选用的测试仪必须具有精确的故障定位能力、较快的测试速度并带有远端器。使用六类电缆时，近端串扰应进行双向测试，即对同一条电缆必须测试两次，而带有智能远端器的测试仪可实现双向测试一次完成。

（3）测试仪可以与 PC 连接在一起，把测试的数据传送到 PC，便于打印输出与保存。

2. 测试仪的精度

测试仪的精度决定了测试仪对被测链路的可信程度，即被测链路是否真的达到了测试标准的要求。在 ANSI/TIA/EIA 568-B.2-1 附录 B 中给出了永久链路、基本链路和通道的性能参数，以及对衰减和近端串扰测量精度的计算。一般来说，测试五类电气性能，测试仪要求达到 UL 规定的第 II 级精度，超五类也只要求测试仪的精度达到第 II 级精度，但六类则要求测试仪的精度达到第 III 级精度。因此，综合布线的认证测试最好都使用 III 级精度的测试仪。如何保证测试仪精度的可信度，厂商通常是通过获得第三方专业机构的认证来说明的，如美国安全检测实验室的 UL 认证、ETL SEMKO 认证等。

理想的电缆测试仪首先应在性能指标上同时满足通道和永久链路的 III 级精度要求，同时在现场测试中还要有较快的测试速度。在要测试成百上千条链路的情况下，测试速度哪怕相差几秒都将对整个综合布线的测试时间产生很大的影响，并将影响用户的工程进度。目前最快的认证测试仪表是 Fluke 公司于 2004 年上半年推出的 DTX 系列电缆认证测试仪，12s 即完成一条六类链路测试。此外，测试仪的故障定位功能也是十分重要的，因为测试目的是要得到良好的链路，而不仅仅是辨别好坏。如果能够迅速告诉测试人员在一条坏链路中的故障部件的位置，即可迅速对其进行修复。

其他要考虑的方面还有：测试仪应支持近端串扰的双向测试、测试结果可转储打印、操作简单且使用方便，以及支持其他类型电缆的测试。

六类链路的性能要求很高，近端串扰余量只有 25dB。六类通道施工专业工具如卡线钳、打线刀、拨线指环等是决定链路性能的关键因素。如果施工工艺略有差错，测试就可能失败。

在使用六类测试仪测试某个厂商的六类通道或永久链路时，必须使用该厂商的专用测试连接跳线连接测试仪和被测系统。该跳线应在购买测试仪时，由测试仪厂商提供。

各个厂家为了兼容同一厂家的六类产品，测试仪公司生产了多种六类"专用适配器"。所谓"专用"是指在所有的电缆链路中必须是同一厂家的六类产品。来自不同厂商的元件可以互用的可能性很小，特别是接插件，甚至在支持的带宽上都存在差别。例如，当使用 A 厂商的六类 8 芯插头插入 B 厂商的六类插座时，很可能达不到六类的传输性能指标。也就是说，在工程中安装的这些六类系统必须是同一厂家的产品才会有保障。同样的问题也影响了测试，不使用符合厂家标准的测试仪的测试结果是有问题的，也是不被认可的。因此，测试一个厂家产品组成的链路，就需要配置和该厂家相匹配的六类测试仪。这似乎是测试六类系统最合理的解决办法，但是最终的解决办法只有一个，那就是需要有一个统一的标准对所有的厂家进行约束。

3. 远端接头补偿功能

不同长度的通道会给出不同数量的反射串扰。使用数字信号处理（DSP）技术，测试仪能够排除通道连接点的串扰。但是，当测试 NEXT 时，测试仪只排除了近端的串扰，而没有排除远端对 NEXT 测试的影响。这在测试较短链路，如 20m 或更短以及远端接头串扰过大的链路时，就成为一个严重的问题。这是因为远端的接头此时已足够近，能对整体测试产生很大的影响。多数情况下如此短的链路的测试结果会失败或余量很小。远端接头产生的过多串扰就是问题发生的原因，而不是因为安装问题。这对五类和超五类链路不成问题，但对 NEXT 测试要求极为严格的六类链路，就会出现问题。这一问题已反映在标准精度的要求上。对于通道测试，250MHz 处最大允许误差约为 ±4.2dB。

（六）验证测试仪的使用

1. 验证测试仪介绍

验证测试仪用在施工过程中，由施工人员边施工边测试，以保证所完成的每一个连接的正确性。此时只测试电缆的通断、长度等项目。下面介绍 4 种典型的验证测试仪，其中后 3 种是国际知名测试仪表供应商——美国 Fluke 公司的 MicroTools 系列产品。

（1）简易布线通断测试仪，如图 7-4 所示。这是一种最简单的电缆通断测试仪，包括主机和远端机。测试时，线缆两端分别连接到主机和远端机上，根据显示灯的闪烁次序就能判断双绞线 8 芯线的通断情况，但不能确定故障点的位置。

（2）MicroMapper（电缆线序检测仪），如图 7-5 所示。这是一种小型手持式验证测试仪，可以方便地验证双绞线电缆的连通性，包括检测开路、短路、跨接、反接和串扰等问题。只需按 TEST 键，线序仪就可以自动地扫描所有线对并发现所有存在的电缆问题。当与音频探头（MicroProbe）配合使用时，MicroMapper 内置的音频发生器可追踪到穿过墙壁、地板、天花板的电缆。电缆线序检测仪还配一个远端，因此一个人就可以方便地完成电缆和用户跳线的测试。

图 7-4　简易布线通断测试仪　　　　图 7-5　MicroMapper（电缆线序检测仪）

（3）MicroScanner Pro（电缆验证仪），如图 7-6 所示。这是一个功能强大、专为防止和解决电缆安装问题而设计的工具，可以检测电缆的通断、连接线序，以及故障的位置。MicroScanner Pro 可以测试同轴线（RG6、RG59 等 CATV/CCTV 电缆）以及双绞线（UTP/STP/ScTP），并可诊断其他类型的电缆，如语音传输电缆、网络安全电缆或电话线。它可产生 4 种音调来确定在墙壁中、天花板上或配线间中电缆的位置。

（4）Fluke 620 是一种单端电缆测试仪，如图 7-7 所示。进行电缆测试时，不需要在电缆的另外一端连接远端单元即可进行电缆的通断、距离、串扰等测试。这样不必等到电缆全部安装完毕就可以开始测试，发现故障可以立即得到纠正，省时又省力。如果使用远端单元，还可以查出接线错误和电缆的走向等。

图 7-6　MicroScanner Pro（电缆验证仪）　　　　　　图 7-7　Fluke 620

2. 认证测试仪的使用

（1）认证测试环境要求

为了保证综合布线系统的测试数据准确可靠，对测试环境有着严格的规定。

① 无环境干扰。综合布线测试现场应无产生严重电火花的电焊、电钻和产生强磁干扰的设备作业，被测综合布线系统必须是无源网络，测试时应断开与之相连的有源、无源通信设备，以避免测试受到干扰或损坏仪表。

② 测试温度要求。综合布线测试现场的温度宜在 20℃～30℃，湿度宜为 30%～80%。由于衰减指标的测试受测试环境温度影响较大，当测试环境温度超出上述范围时，需要按有关规定对测试标准和测试数据进行修正。

③ 防静电措施。中国北方地区春、秋季气候干燥，湿度通常只有 10%～20%，静电火花时有发生，不仅影响测试结果的准确性，甚至可能使测试无法进行或损坏仪表。在这种情况下，测试者和持有仪表者一定要采取防静电措施。

（2）认证测试仪选择

目前，市场上常用的达到 III 级精度的测试仪主要有 Fluke DSP-4×××、Agilent WireScope 350、Microtext OMNIScanner/OMNIScanner II、Microtext P/N 8222-1 O（Gi～aSPEED-8）、Microtext P/N 8222-05（110A）和 8222-06（110B），以及 Wavetek LT8600 等。下面将介绍目前综合布线工程中广泛采用的 Fluke DSP-4×××系列数字式电缆测试仪的使用。

（3）Fluke 公司的 DSP-4×××数字式电缆测试仪

Fluke 公司第一台数字式电缆测试仪是 1995 年推出的 DSP-100，随后陆续推出了 DSP-4×××系列产品（如图 7-8 所示），包括 DSP-4000、DSP-4100 和 DSP-4300 等型号。数字式综合电缆测试仪是手持式工具，曾获得 UL 和 ETL 双重 III 级精度认证，能满足 ANSI/TIA/EIA 568-B 规定的三、四、五、六类及 ISO/IEC 11801 规定的 B、C、D、E 级通道进行认证和故障诊断的精度要求，可应用于综合布线工程、网络管理及维护等多方面。

图 7-8　DSP-4×××数字式电缆测试仪及配件

以 Fluke DSP-4300 电缆测试仪为例，它除了测试主机和远端机外，还包括以下标准配件和选配件。

标准配件有 DSP-4300 主机和远端机（各一个）、LinkWareTM 电缆管理软件、16MB

高等职业教育"十二五"规划教材

内存、16MB 多媒体卡、PC 读卡器、Cat6/5E 永久链路适配器（两个，带一套 Cat6 个性化模块套件）、Cat6/5E 通道适配器（1 个）、Cat6/5E 通道/流量适配器（1 个）、语音对讲耳机（两个）、AC 适配器/电池充电器（两个）、便携软包（1 个）、快速参考手册（1 本）、仪器背带（两根）、校准模块（1 个）、RS-232 串口电缆（1 根）、RJ-45 到 BNC 适配器的转换电缆（1 根）。

主要的选配件如下。

☑ DSP-PCI-6S：DSP 跳线测试适配器。

☑ DSP-SPOOL：线轴上线缆测试选件（一种特殊的测试适配器）。

☑ DSP-FTA440S：千兆多模光缆测试适配器。它可连接在 DSP-4×××系列数字式电缆测试仪上，使用波长为 850nm 的 VCSEL 光源和 1310nm 的激光光源，可测量最长 5000m 的光损耗和光缆长度。

☑ DSP-FTA430S：单模光缆测试适配器。它可连接在 DSP-4×××系列数字式电缆测试仪上，使用波长为 1310nm 和 1550nm 的激光光源，可测量最长 10000m 的光损耗和光缆长度。

☑ DSP-FTA420S：多模光缆测试适配器。它可连接在 DSP-4×××系列数字式电缆测试仪上，使用波长为 850nm 和 1300nm 的 LED 光源，可测量最长 5000m 的光损耗和光缆长度。

☑ DSP-PM06：Cat6 中性个性化模块。PM06 是第一个测试 Cat6 互用性并符合标准的中性屏蔽测试插头。这一全球测试解决方案支持所有的 UTP、FTP 和 ScTP 电缆系统（Cat3、Cat5、Cat5e 和 Cat6），得到多个接插件厂商的认可。

（4）DSP-4×××数字式电缆测试仪的特点

① 超过超五类及六类线测试所要求的 III 级精度，扩展了 DSP-4×××的测试能力，并同时获得 UL 和 ETL SEMKO 的认证。

② 使用永久链路适配器可得到更多、更准确的 PASS（通过）结果，DSP-4×××中便包含该适配器。

③ 随机提供六类通道适配器及一个通道/流量适配器，可精确测试六类通道。

④ 自动诊断电缆故障，以 m 或 R 准确显示故障位置（更精确的时域串扰分析用来对串扰进行故障定位）。

⑤ 扩展的 16MB 主板集成存储卡可存储一整天的测试结果，分离的读卡机可使测试仪保留在现场而带走测试报告，还可自行定义报告格式。

⑥ 可将符合 ANSI/TIA/EIA 606 标准的电缆 ID 号下载到 DSP-4×××数字式电缆测试仪中，大大节省了时间，同时确保了数据的准确性。

⑦ 随机提供的测试结果管理软件包（Cable Manager）可以帮助用户快速、容易地做到组织、合并、查找、编辑、导出和打印测试报告，并可存储 5000 个报告。最新线缆测试管理软件 LinkWare 支持 OptiFiber 光缆认证（OTDR）测试仪、DSP 系列数字式电缆测试仪以及 OMNIScanner 电缆测试仪，可让所有的 Fluke 网络电缆测试仪以通用的格式得到专业的图形测试报告，并和功能强大的 Cable 电缆管理软件兼容。

⑧ 可将测试仪直接接在打印机上打印测试结果，或通过随机软件 DSP-LINK 与 PC 连

接，将测试结果送入 PC 存储或打印。

⑨ 一条通道通过了 ANSI/TIA/EIA 568-B 要求的测试，可提供高达 350MHz 的带宽。

（5）测试步骤

① 自校验准备。DSP 数字式电缆测试仪的主机和远端机应该每月做一次自校准，检查硬件情况，如图 7-9 所示。操作方法很简单，首先选中 Self Calibration 选项，然后按 ENTER 键，再按 TEST 键即可。

② 用不短于 15m 的双绞线校准 NVP 值。

③ 连接被测链路。将测试仪主机和远端机连上被测链路。如果是通道测试，就使用原跳线连接仪表；如果是永久链路测试，就必须用永久链路适配器连接。

④ 设置测试标准和线缆类型。在用 DSP 数字式电缆测试仪测试之前，需要选择测试依据的标准（北美、国际或欧洲标准等）；选择测试链路类型（基本连接方式、通道连接方式或永久连接方式）；选择线缆类型（是三类、五类、超五类、六类双绞线，还是多模或单模光纤等）。操作步骤：旋钮转至 SETUP，选择正确的测试标准和线缆类型。

⑤ 其他相关设置包括以下方面：

☑ 设置测试相关信息。测试单位、被测单位、测试人姓名、测试地点等名称将显示在测试报告的上方。

☑ 设置长度单位为英尺或米；设置日期时间，设置远端辅助测试仪指示灯、蜂鸣器。由于测试是在主机和远端机相互配合下进行的，该功能可使远端测试者了解主机一侧的该链路测试结果；设置打印/显示语言；设置测试环境温度等。

⑥ 自动测试。完成以上步骤后，按 TEST 键进行自动测试，如图 7-10 所示。在测试时，主机面板上将显示 Test in Progress，表示测试已在进行中。

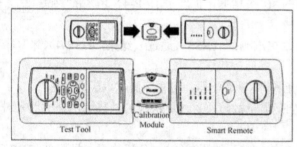

图 7-9　DSP 数字式电缆测试仪的自校准

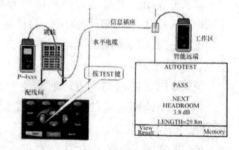

图 7-10　自动测试

⑦ 单项测试。当需要单独分析问题、启动 TDR 和 TDX 功能、扫描定位故障时，可以进入单项测试程序。

⑧ 保存结果。测试结束后，如果主机面板上显示 PASS 表示测试通过，显示 FAIL 则表示测试失败。按主机上的 SAVE 键保存自动测试结果，按 View Result 键可查看测试结果。

⑨ 打印。可通过串口直接连接打印机打印，也可通过移动存储卡用分离读卡机连在计算机上打印。

⑩ 测试失败时，将旋钮转至 Single Test，进行相应的故障诊断测试。查找故障后，排除故障，重新进行自动测试，直至指标全部通过为止。

3. 测试注意事项

（1）认真阅读测试仪使用说明书，正确使用仪表。

（2）测试前要完成对测试仪主机、辅机的充电工作并观察充电是否达到 80%以上，不要在电压过低的情况下测试，中途充电可能造成已测试的数据丢失。

（3）熟悉布线现场和布线图，测试过程也可同时对管理系统现场文档、标识进行检验。

（4）发现链路结果为 Test Fail 时，可能由多种原因造成，应进行复测并再次确认。

4. 测试结果分析

数字电缆测试仪用显示最差情况的近端串扰或综合近端串扰与测试极限之间的距离即最差情况的余量来显示被测链路的安装质量。测试结果最差情况的余量为 6.5dB，结果为 PASS。表 7-8 列出了线缆测试中 PASS/FAIL 的评估。

表 7-8 线缆测试中 PASS/FAIL 的评估

测 试 结 果	评 估 结 果
所有测试都 PASS	PASS
一个或多个 PASS*，所有其他测试都通过	PASS
一个或多个 FAIL*，其他所有测试都通过	FAIL
一个或多个测试是 FAIL	FAIL

注：*表示测试仪可接受的临界值。

（七）光纤测试

对光纤进行测试主要是测试衰减和光缆长度。衰减测试就是对光功率损耗的测试。引起光纤链路损耗的原因主要有：材料原因，光纤纯度不够或材料密度的变化太大；光纤弯曲程度，包括安装弯曲和产品制造弯曲问题（光缆对弯曲非常敏感，如果弯曲半径大于光缆外径的两倍，大部分光保留在光缆核心内；单模光缆比多模光缆更敏感）；光缆接合和连接的耦合耗损，这主要由截面不匹配、间隙损耗、轴心不匹配和角度不匹配造成；不洁或连接质量不良，低损耗光缆的大敌是不洁净的连接，灰尘及手指的油污等都会影响光传输，不洁净光缆连接器可扩散至其他连接器。

对已敷设的光缆，可用插损法来进行衰减测试，即用一个功率计和一个光源来测量两个功率的差值（第一个是从光源注入到光缆的能量；第二个是从光缆段的另一端射出的能量）。测量时为确定光纤的注入功率，必须对光源和功率计进行校准。校准后的结果可为所有被测光缆的光功率损耗测试提供一个基点，两个功率的差值就是每个光纤链路的损耗。

1. 光纤衰减测试准备工作

（1）确定要测试的光缆。

（2）确定要测试光纤的类型。

（3）确定光功率计和光源与要测试的光缆类型匹配。

（4）校准光功率计。

（5）确定光功率计和光源处于同一波长。

2. 测试设备

测试设备主要包括光功率计、光源、参照适配器（耦合器）和测试用光缆跳线等。

3. 校准光功率计

校准光功率计的目的是确定进入光纤段的光功率大小。当校准光功率计时，用两个测试用光缆跳线把功率计和光源连接起来，用参照适配器把测试用光缆跳线两端连接起来。

4. 光纤链路的测试

（1）测试光纤链路的目的是了解光信号在光纤路径上的传输衰耗，该衰耗与光纤链路的长度、传导特性、连接器的数目和接头的多少有关。

（2）进行测试连接。

（3）测试连接前应对光连接的插头、插座进行清洁处理，防止由于接头不干净带来附加损耗，造成测试结果不准确。

（4）向主机输入测量损耗标准值。

（5）操作测试仪，在所选择的波长上分别进行两个方向的光传输衰耗测试。

（6）报告在不同波长下不同方向的链路衰减测试结果。

PASS 与 FAIL 单模光纤链路的测试同样可以参考上述过程进行，但光功率计和光源模块应当换为单模的。

5. Fluke 光缆测试仪

（1）DSP-FTK 光缆测试工具：与 DSP 系列电缆测试仪、OneTouch 网络故障一点通以及 OptiView 集成式网络分析仪配套使用的光缆测试工具，主要包括光功率表（DSP-FOM）、850/1300nm LED 组合光源（DSP-FOS）、测试连接光缆、适配器和便携箱，用于测量室内和局域网的光缆的光功率和功率损耗。

（2）DSP-FTA 光缆测试适配器：与 DSP-4×× 系列电缆测试仪配套使用的光缆测试工具。其中 DSP-FTA 420S 和 DSP-FTA 410S 为多模光缆测试适配器，它使用 LED 光源，可方便、精确地测量多模光缆的功率损耗及长度；DSP-FTA 430S 为单模光缆测试适配器，可自动对双光缆损耗进行测试，并可使用 Fabry-Perot（FP）激光光源在 1310nm 和 1550nm 波长上进行认证；DSP-FTA 440S 为千兆多模网光缆测试适配器，提供双光缆损耗自动测试和认证功能，可使用 VCSEL 激光光源在 850nm 波长上测试，或者使用 Fabry-Perot（FP）激光光源在 1310nm 波长上测试，此外还可测试光缆链路的长度并依据千兆以太网的标准认证测量结果。

（3）FTI 光缆测试工具包：有基本工具包和增强型工具包两种配置。增强型工具包是施工方需要自动存储测试结果、管理数据和生成测试报告的理想工具，是为简单、方便地检查和测试安装的光缆而设计的。

6. 光时域反射计

光功率计只能测试光功率损耗，如果要确定损耗的位置和损耗的起因，就要采用光时域反射计（OTDR）。光时域反射计在进行测试时把光脉冲注入光纤后再测试反射回来的光，因为光纤连接器和接续子处会有光反射回来，所以光时域反射计可根据反向散射来探测光纤链路中的连接器和接续子。同样，光时域反射计通过测量反向散射信号的返回时间来确定光纤连接点的距离。

三、任务实施

1. 测试标准和指标

目前，国际上用于现场安装电缆的认证测试标准主要有 EIA/TIA 568 和 ISO/IEC 11801。前者主要用于北美洲，后者主要用于欧洲。我国采用的标准是 EIA/TIA 568。

标准包括的主要内容有：

（1）电缆连接的模型（信道和链路）。

（2）测试方法。

（3）要求测试的参数。

（4）测试限。

（5）对认证测试仪的要求。

对于现场安装的五类双绞线，主要的测试标准是 TSB-67。TSB-67 测试的连接参数主要有如下 4 项：

（1）接线图。双绞线的线对物理连接关系。应确保双绞线两端的线对连接一一对应（即符合 EIA/TIA 568A 或 EIA/TIA 568B 标准）。

（2）距离。对电缆连接长度的要求。链路模型：理论上应不超过 90m；信道模型：理论上不超过 100m。

（3）衰减。信号沿链路传输过程中损失的能量。针对 Cat5e UTP，其测试频率范围是 1～100MHz；针对 Cat6 UTP，其测试频率范围是 1～250MHz。

（4）近端串扰 NEXT。一条 UTP 链路中线对两两之间的信号耦合干扰。由于 4 对线对组合有 6 种不同方式，故需测试 6 次。

2. UTP 电缆的测试报告（TSB-67 测试）

对于 UTP 电缆，测试完成后将提供相应测试报告，主要包括被测试的布线系统、测试时间、测试地点、测试人、测试仪器、测试标准及版本、测试结果及结论等内容。其中结果与结论一项将含有电缆的各项特性参数：接线图、特定线对的距离和衰减（指标包括特性阻抗、电缆长度、延迟、电阻、衰减）、特定线对间的串扰。各项参数标明 PASS 为合格。

3. 光缆的测试指标

光缆的测试指标主要有连通性和链路衰减两个。

【小结】

本节主要介绍了综合布线系统测试模型、测试类型和测试方法，以及测试工具的使用。

【练习】

1. 简述验证测试的内容及其作用。

2. 简述认证测试的内容及其作用。

3. 试分析基本链路、永久链路、通道的异同点。

4．六类布线系统认证测试需要测试哪些参数？

任务二　如何验收

一、任务分析

综合布线系统工程的验收应按照以下原则来实施：

☑ 综合布线系统工程的验收首先必须以工程合同、设计方案、设计修改变更单为依据。

☑ 布线链路性能测试应符合《综合布线系统工程设计规范》（GB 50311—2007），按《综合布线系统工程验收规范》（GB 50312—2007）验收。由于 GB 50312—2007 电气性能指标来源于 EIA/TIA 568B 和 ISO/IEC 11801—2002，电气性能测试验收也可依照 EIA/TIA 568B 和 ISO/IEC 11801—2002 标准进行。

☑ 工程竣工验收项目的内容和方法，应按《综合布线系统工程验收规范》（GB 50312—2007）的规定执行。

二、相关知识

验收的标准如下：

☑ 《综合布线系统工程验收规范》（GB 50312—2007）

☑ 《大楼综合布线总规范》（YD/T 926—1～3（2000））

☑ 《综合布线系统电气特性通用测试方法》（YD/T 1013—1999）

☑ 《数字通信用实心聚烯烃绝缘水平对绞电缆》（YD/T 1019—2000）

☑ 《本地网通信线路工程验收规范》（YD 5051—1997）

☑ 《通信管道工程施工及验收技术规范八修订本》（YD J39—1997）

三、任务实施

1．验收阶段

（1）开工前检查

工程验收应当说从工程开工之日起就开始了，从对工程材料的验收开始，严把产品质量关，保证工程质量。开工前检查包括设备材料检验和环境检查。设备材料检验包括检查产品的规格、数量、型号是否符合设计要求，检查线缆的外护套有无破损，抽查线缆的电气性能指标是否符合技术规范。环境检查包括检查土建施工情况，包括地面、墙面、门、电源插座及接地装置、机房面积、预留孔洞等环境。

（2）随工验收

在工程中为随时考核施工单位的施工水平和施工质量，对产品的整体技术指标和质量有一个了解，部分的验收工作应该在随工中进行（如布线系统的电气性能测试工作、隐蔽工程等），这样可以及早地发现工程质量问题，避免造成人力和器材的大量浪费。

随工验收应对工程的隐蔽部分边施工边验收，在竣工验收时，一般不再对隐蔽工程进行复查，而由工地代表和质量监督员负责。

（3）初步验收

对所有的新建、扩建和改建项目，都应在完成施工调测之后进行初步验收。初步验收的时间应在原定计划的建设工期内进行，由建设单位组织相关单位（如设计、施工、监理、使用等单位人员）参加。初步验收工作包括检查工程质量、审查竣工资料、对发现的问题提出处理的意见并组织相关责任单位落实解决。

（4）竣工验收

综合布线系统接入电话交换系统、计算机局域网或其他弱电系统，在试运转后的半个月内，由建设单位向上级主管部门报送竣工报告（含工程的初步决算及试运行报告），主管部门接到报告后，组织相关部门按竣工验收办法对工程进行验收。

竣工验收是建设项目的最后一个程序。规模较大、较复杂的建设项目，应先初步验收，然后进行全项目的竣工验收。规模较小、较简单的项目，采用一次性竣工验收。

一般综合布线系统工程完工后，尚未进入电话交换系统、计算机局域网或其他弱电系统的运行阶段，应先对综合布线系统进行竣工验收。验收的依据是在初验的基础上，对综合布线系统各项检测指标认真考核审查。如果全部合格且竣工图纸资料等文档齐全，也可对综合布线系统进行单项竣工验收。

2. 验收内容

综合布线系统工程检验项目及内容如表 7-9 所示。

表 7-9 综合布线系统工程检验项目及内容

阶　段	验收项目	验收内容	验收方式
施工前检查	1. 环境要求	（1）土建施工情况：地面、墙面、门、电源插座及接地装置；（2）土建工艺：机房面积、预留孔洞；（3）施工电源；（4）地板铺设；（5）建筑物入口设施检查	施工前检查
	2. 器材检验	（1）外观检查；（2）形式、规格、数量；（3）电缆及连接器件电气性能测试；（4）光纤及连接器件特性测试；（5）测试仪表和工具的检验	
	3. 安全、防火要求	（1）消防器材；（2）危险物的堆放；（3）预留孔洞防火措施	
设备安装	1. 电信间、设备间、设备机柜、机架	（1）规格、外观；（2）安装垂直、水平度；（3）油漆不得脱落，标志完整齐全；（4）各种螺丝必须紧固；（5）抗震加固措施；（6）接地措施	随工检验
	2. 配线模块及 8 位模块式通用插座	（1）规格、位置、质量；（2）各种螺丝必须拧紧；（3）标志齐全；（4）安装符合工艺要求；（5）屏蔽层可靠连接	
电、光缆布放（楼内）	1. 电缆桥架及线槽布放	（1）安装位置正确；（2）安装符合工艺要求；（3）符合布放线缆工艺要求；（4）接地	随工检验
	2. 线缆暗敷（包括暗管、线槽、地板下等方式）	（1）线缆规格、路由、位置；（2）符合布放线缆工艺要求；（3）接地	隐蔽工程签证

续表

阶　段	验收项目	验 收 内 容	验收方式
电、光缆布放（楼间）	1. 架空线缆	（1）吊线规格、架设位置、装设规格；（2）吊线垂度；（3）线缆规格；（4）卡、挂间隔；（5）线缆的引入符合工艺要求	随工检验
	2. 管道线缆	（1）使用管孔孔位；（2）线缆规格；（3）线缆走向；（4）线缆防护设施的设置质量	隐蔽工程签证
	3. 埋式线缆	（1）线缆规格；（2）敷设位置、深度；（3）线缆防护设施的设置质量；（4）回土夯实质量	
	4. 通道线缆	（1）线缆规格；（2）安装位置，路由；（3）土建设计符合工艺要求	
	5. 其他	（1）通信线路与其他设施的间距；（2）进线室设施安装、施工质量	随工检验隐蔽工程签证
线缆终接	1. 8 位模块式通用插座	符合工艺要求	随工检验
	2. 光纤连接器件	符合工艺要求	
	3. 各类跳线	符合工艺要求	
	4. 配线模块	符合工艺要求	
系统测试	1. 工程电气性能测试	（1）连接图；（2）长度；（3）衰减；（4）近端串音；（5）近端串音功率和；（6）衰减串音比；（7）衰减串音比功率和；（8）等电平远端串音；（9）等电平远端串音功率和；（10）回波损耗；（11）传播时延；（12）传播时延偏差；（13）插入损耗；（14）直流环路电阻；（15）设计中特殊规定的测试内容；（16）屏蔽层的导通	竣工检验
	2. 光纤特性测试	（1）衰减；（2）长度	
系统管理	1. 管理系统级别	符合设计要求	竣工检验
	2. 标识符与标签设置	（1）专用标识符类型及组成；（2）标签设置；（3）标签材质及色标	
	3. 记录和报告	（1）记录信息；（2）报告；（3）工程图纸	
工程总结验收	1. 竣工技术文件	清点、交接技术文件	
	2. 工程验收评价	考核工程质量，确认验收结果	

【小结】

本节主要介绍了综合布线系统验收原则、验收相关知识以及如何验收。

【练习】

针对校园网机房，做一次模拟验收练习实训。

任务三　网络工程文档管理

一、任务分析

文档管理是指对作为信息载体的资料进行有序的收集、加工、分解、编目和存档等，并为各位项目参与者提供专用和常用信息的过程。网络工程文档管理首先要了解工程建设的全部内容，弄清其全过程，掌握项目从发生、发展到完成的全部过程，并以图、文、声、像的形式进行归档。

二、相关知识

1. 文档的作用

文档是指某种数据管理概要和其中所记录的数据。它具有永久性，并可以由人或机器阅读，通常仅用于描述人工可读的东西。在网络信息系统工程中，文档常常用来表示对环境、需求、实施过程或验收结果进行描述、定义、规定、报告或鉴别的任何书面的或图示的信息。通过文档可以详细描述网络信息系统设计和实现的细节，说明使用、维护系统的操作方法，因此它也是网络信息系统工程的一部分。换句话说，没有文档的系统工程不能称为真正的系统工程。高质量、高效率地编制、分发、管理和维护文档对于成功建设系统和充分发挥系统效能有着重要的意义。

在网络信息系统的设计、实施和维护过程中，将有大量的信息需要记录和查阅。因此，系统文档在系统形成过程中起着重要的作用。其重要性体现在以下几个方面：

（1）提高系统形成过程中的能见度。在工程的不同阶段，由相应人员把相关过程中发生的事件以某种可阅读的形式记录在文档中。管理人员可把这些记载下来的材料作为检查系统实施进度和项目质量的依据，用以实现对系统整体工作的管理。

（2）提高工作效率。系统文档的编制，使得开发人员对各个阶段的工作都要做到周密思考、全盘权衡，从而减少误工、返工，并且可在工程开发早期发现错误和不一致性，便于及时纠正。

（3）作为项目在一定阶段的工作成果和结束标志。

（4）记录实施过程中的有关信息，便于协调以后的系统设计、使用和维护。

（5）提供对系统的运行、维护和培训的有关信息，便于管理人员、开发人员、操作人员与用户之间的协作、交流和了解，使系统的设计、实施和使用更加科学、有效。

（6）便于潜在用户了解系统的功能、性能等各项指标，为他们选购或定制符合自己需要的系统提供依据。

从某种意义上讲，文档是网络工程规范的体现和说明。按规范要求生成一整套文档的过程，就是按照网络工程建设规范完成一个网络工程建设的过程。所以，在使用工程化的原理和方法进行网络工程设计、实施和维护时，应当充分注意系统文档的编制和管理。

从形式上来看，文档大致可以分为两类：一类是网络工程设计过程中填写的各种图表，可称之为工作表格；另一类是网络工程实施过程中应该编制的技术资料或技术管理资料，可称之为文档或文件。

文档的编制可以用自然语言、特别设计的形式语言、介于两者之间的半形式语言（结构化语言）以及各类图形和表格来表示。文档可以书写，可以在计算机支持系统中产生，但它们必须是可阅读的。

2．文档的分类

按照文档产生和使用的范围，系统文档大致可分为如下3类。

（1）开发文档：这类文档是在网络工程设计过程中，作为网络工程设计人员前一阶段工作成果的体现和后一阶段工作依据的文档，其中主要包括系统需求说明书、数据需求说明书、概要设计说明书、详细设计说明书、可行性研究说明书和项目开发计划等内容。

（2）管理文档：这类文档是在网络工程建设过程中，由网络建设人员制定的一些工作计划或工作报告，其中主要包括网络建设计划、测试计划、网络建设进度月报及项目总结等内容。管理人员能够通过这些文档了解网络设计项目安排、进度、资源使用和成果。

（3）用户文档：这类文档是网络建设人员为用户准备的有关该系统使用、操作、维护的资料，其中主要包括用户手册、操作手册、维护修改手册、项目说明书和验收报告等。

根据系统生存期方法，可将系统从概念形成开始，经过开发、使用和不断增补修订，直到最后被淘汰的整个过程中应提交的文档归纳为以下13种。这与国家标准局1988年1月发布的《计算机软件开发规范》和《软件产品开发文件编制指南》是一致的。

（1）可行性研究报告：说明该项目的实现在技术、经济和社会因素上的可行性，评述为合理地实现开发目标可供选择的各种可能的实现方案，说明并论证所选定实施方案的理由。

（2）项目开发计划：为项目实施方案制定出具体计划，其中包括各部分工作的负责人员、开发的进度、开发经费的概算、所需的资源等。项目开发计划应提供给管理部门，并作为开发阶段评审的基础。

（3）系统需求说明书：亦称系统规格说明书，其中对所设计系统的功能、性能、用户界面及其运行环境等作出详细说明。它是在用户与开发人员（系统集成商）双方对系统需求取得共同理解的基础上达成的协议，也是开展开发工作的基础。

（4）数据需求说明书：该说明书应当给出数据逻辑和数据采集的各项要求，按照相关的规范和标准为生成和维护系统的数据文件做好准备。

（5）概要设计说明书：该说明书是概要设计工作阶段的成果。它应当说明系统的功能分配、模块划分、网络的拓扑结构、网络互联及接口设计、路由设计、网络管理数据结构设计和网络出错处理设计等，为详细设计奠定基础。

（6）详细设计说明书：着重描述每个模块是如何实现的，包括实现IP地址分配、子网划分、路由表等。

（7）用户手册：详细描述信息系统的功能、性能和用户界面，使用户了解如何使用该系统的各项功能。

（8）操作手册：为操作人员提供该系统各种运行情况的相关知识，特别是操作方法细节。

（9）测试计划：针对组装测试和确认测试，需要为组织测试制定计划。计划应包括测试的内容、进度、条件、人员、工具、测试用例的选取原则、测试结果允许的偏差范围等。

（10）测试分析报告：测试工作完成后，应当提交测试计划执行情况的说明，对测试结果加以分析，并提出测试的结论性意见。

（11）开发进度月报：该月报是网络设计人员按月向管理部门提交的项目进展情况的报告，其中包括进度计划与实际执行情况的比较、阶段成果、遇到的问题和解决的办法，以及下个月的计划等。

（12）项目设计总结报告：系统各项目设计完成之后，应当与项目实施计划对照，总结实际执行的情况，如进度、成果、资源利用、成本和投入的人力。此外，还应对设计工作作出评价，总结经验和教训。

（13）维护修改建议：系统投入运行后，可能有修改、更改等问题，应当对存在的问题、修改的考虑以及修改影响的估计等作出详细的描述，写成维护修改建议，提交审批。

以上这些文档是在系统生存期中，随着各个阶段工作的开展而适时编制的。

此外，还有许多文档需要归档，其中包括项目的提出、调研、可行性研究、评估、决策、计划、勘测、设计、施工、测试和竣工等工作中形成的文件材料。

在这些文档中，竣工图技术资料是使用单位长期保存的技术档案，因此必须做到准确、完整和真实，必须符合长期保存的归档要求。

（1）必须与竣工的工程实际情况完全符合。

（2）必须保证绘制质量，做到规格统一，字迹清晰，符合归档要求。

（3）必须经过施工单位的主要技术负责人审核、签字。

工程竣工后，施工单位应在工程验收之前，将工程竣工技术资料交给建设单位。竣工技术资料按下列内容进行编制：

（1）安装工程量。

（2）工程说明。

（3）设备、器材明细表。

（4）竣工图纸（施工中更改后的施工设计图）。

（5）测试记录（宜采用中文表示）。

（6）在工程变更、检查记录及施工过程中，需更改设计或采取相关措施，由建设单位、设计单位和施工单位等之间商洽的记录。

（7）随工验收记录。

（8）隐蔽工程签证。

（9）工程决算。

三、任务实施

相关文档具体见附录 A。

【小结】

本节主要介绍了综合布线系统验收原则、验收相关知识以及如何验收。

【练习】

针对校园网机房，做一次模拟验收练习实训。

项目八
工程招标与投标

> ## 知识点、技能点：

- ➢ 相关法规
- ➢ 编制招标文件

> ## 学习要求：

- ➢ 掌握相关法规
- ➢ 掌握编制招标文件的方法

> ## 教学基础要求：

掌握一些应用文写作的知识

招、投标是在相关法律、法规之下进行的一种规范交易方式，其目的是实现公平交易，避免暗箱操作，从根本上保护买方/卖方的利益。对买方来说，通过招标，可以吸引和扩大投标人的竞争，以更低的价格买到符合质量要求的产品和服务。对卖方来说，参加投标可以获得公平竞争的机会，以合理的价格出售合格的产品和服务。毫无疑问，诚信的买方/卖方都欢迎招、投标这种规范的交易方式。本章将介绍计算机网络工程的招、投标和相关的法律、法规。

任务一 学习相关法规

一、任务分析

计算机网络工程招标通常是指需要投资建设计算机网络的单位（一般称为招标人），通过招标公告或投标邀请书等形式邀请具备承建招标项目能力的系统集成施工单位（一般称为投标人）投标，最后选择其中对招标人最有利的投标人进行工程总承包的一种经济行为。

计算机网络工程招标也可以委托工程招标代理机构来进行。

投标人必须要有相应的资质，在国家相关的法律下依法投标。

二、任务实施

（一）掌握相关法规

承揽计算机网络工程必须要有相应的资质等级，并不是随便几个懂计算机网络的人凑在一起就可以承揽网络工程。我国工业和信息化部（原信息产业部）已经于信部规[1999]1047号颁布了《计算机信息系统集成资质管理办法（试行）》，并制定了《计算机信息系统集成资质等级评定条件（试行）》。计算机网络的建设单位和集成商，都必须了解什么资质等级可以承揽什么样的网络工程。同时，网络工程的建设一般要求通过招、投标来进行。招、投标是一件很严肃的事情，必须遵循相应的法规和程序。

下面介绍《计算机信息系统集成资质管理办法（试行）》、《计算机信息系统集成资质等级评定条件（试行）》、《中华人民共和国招标投标法》、《中华人民共和国合同法》和《中华人民共和国政府采购法》的部分内容，使读者对这些法律、法规有一个初步的认识。不过限于篇幅，在此所介绍的内容非常有限。例如，《中华人民共和国合同法》全文共23章428条33000千多字，本书仅用了800多字对其进行介绍。因此，在进行招投标、签订合同等时，一定要学习相关法律、法规的原文。

（二）系统集成资质管理办法

《计算机信息系统集成资质管理办法（试行）》于2000年发布，共8章35条。下面介绍其中部分内容。

1. 系统集成定义

计算机信息系统集成是指从事计算机应用系统工程和网络系统工程的总体策划、设计、开发、实施、服务及保障。

2. 资质含义

计算机信息系统集成的资质是指从事计算机信息系统集成的综合能力,包括技术水平、管理水平、服务水平、质量保证能力、技术装备、系统建设质量、人员构成与素质、经营业绩和资产状况等要素。

3. 系统集成资格

凡从事计算机信息系统集成业务的单位,必须经过资质认证并取得《计算机信息系统集成资质证书》(以下简称《资质证书》)。

4. 系统集成资质分级

计算机信息系统集成资质等级分一、二、三、四级。一、二级资质向工业和信息化部门申请,三、四级资质向省(市、自治区)信息产业主管部门申请。

5. 申请资质认证的条件

申请资质认证的单位应具备以下条件:

(1)具有独立法人地位。

(2)独立或合作从事计算机信息系统集成业务两年以上(含两年)。

(3)具有从事计算机信息系统集成的能力,并完成过3个以上(含3个)计算机信息系统集成项目。

(4)具有胜任计算机信息系统集成的专职人员队伍和组织管理体系。

(5)具有固定的工作场所和先进的信息系统开发、集成的设备环境。

6. 选择合格集成商

凡需要建设计算机信息系统的单位,应选择具有相应等级《资质证书》的计算机信息系统集成单位来承建计算机信息系统。

(三)系统集成资质等级评定条件

《计算机信息系统集成资质等级评定条件(试行)》将计算机信息系统集成资质分为4个级别,每个级别的评定条件都是10个。

1. 一级资质条件

(1)企业近三年完成计算机信息系统工程项目总值2.0亿元以上,并承担过至少一项3000万元以上或至少4项1000万元以上的项目;所完成的系统集成项目中应有自主开发的软件产品;软件费用(含系统设计费、软件开发费、系统集成费和技术服务费)应占工程项目总值的30%以上(即不低于6000万元);工程按合同要求质量合格,已通过验收并投入实际应用。

(2)企业注册资本1200万元以上,近三年的财务状况良好。

(3)企业从事软件开发、系统集成等业务的工程技术人员不少于100人,且其中大学本科以上学历的人员所占比例不小于80%。

（4）企业总经理或负责系统集成工作的副总经理具有 5 年以上从事信息技术领域企业管理工作经历；企业拥有已获得信息技术相关专业的高级职称、且从事计算机信息系统集成工作不少于 5 年的技术负责人；企业拥有中级职称以上的财务负责人。

（5）企业具有较强的综合实力，有先进、完整的软件及系统开发环境和设备，具有较强的技术开发能力。

（6）企业已按 ISO9000 或软件过程能力成熟度模型等标准、规范建立完备的质量保证体系，并能有效地实施。

（7）企业具有完备的客户服务体系，并设立专门的机构。

（8）企业具有系统的对员工进行新知识、新技术培训的计划，并能有效地组织实施。

（9）企业没有出现过验收未通过的项目。

（10）企业没有触犯知识产权保护等有关法律的行为。

2. 其他级别

其他级别也按上述 10 个方面进行评定，但是各级别的具体要求不同。各级别的主要评定要求如表 8-1 所示。

表 8-1　计算机信息系统集成企业资质等级条件

等级	注册资本/万元	近三年系统集成累计完成/万元	技术人员		技术负责人		可独立承担的系统集成项目
			人数	本科以上	职称	系统集成经验	
1	1200	20000	100	80%	高级	5 年	国家级
2	500	10000	50	80%	高级	4 年	省级
3	100	4000	20	70%	中级	3 年	中小企业
4	30	1000	10	70%	中级	2 年	小企业

（四）招标投标法

《中华人民共和国招标投标法》共 6 章 68 条，2000 年 1 月 1 日起施行。下面介绍其中部分内容。

1. 必须招标的项目

在中国境内进行下列工程建设项目，包括项目的勘察、设计、施工、监理以及与工程建设有关的重要设备、材料等的采购，必须进行招标。

（1）大型基础设施、公用事业等关系社会公共利益、公众安全的项目。

（2）全部或者部分使用国有资金投资或者国家融资的项目。

（3）使用国际组织或者外国政府贷款、援助资金的项目。

任何单位和个人不得将依法必须进行招标的项目化整为零或者以其他任何方式规避招标。

2. 招标原则

招标投标活动应当遵循公开、公平、公正和诚实信用的原则。

3. 招标方式

招标分为公开招标和邀请招标。公开招标是指招标人以招标公告的方式邀请不特定的法人或者其他组织投标。邀请招标是指招标人以投标邀请书的方式邀请特定的法人或者其他组织投标。

招标人采用公开招标方式的，应当发布招标公告。依法必须进行招标的项目的招标公告，应当通过国家指定的报刊、信息网络或者其他媒介发布。招标公告应当载明招标人的名称和地址、招标项目的性质、数量、实施地点和时间以及获取招标文件的办法等事项。

招标人采用邀请招标方式的，应当向三个以上具备承担招标项目的能力、资信良好的特定的法人或者其他组织发出投标邀请书。

招标人可以根据招标项目本身的要求，在招标公告或者投标邀请书中，要求潜在投标人提供有关资质证明文件和业绩情况，并对潜在投标人进行资格审查；国家对投标人的资格条件有规定的，依照其规定执行。

4. 招标文件

招标人应当根据招标项目的特点和需要编制招标文件。招标文件应当包括招标项目的技术要求、对投标人资格审查的标准、投标报价要求和评标标准等所有实质性要求和条件以及拟签订合同的主要条款。

国家对招标项目的技术、标准有规定的，招标人应当按照其规定在招标文件中提出相应要求。

招标项目需要划分标段、确定工期的，招标人应当合理划分标段、确定工期，并在招标文件中载明。

招标文件不得要求或者标明特定的生产供应者以及含有倾向或者排斥潜在投标人的其他内容。

5. 保密内容

招标人不得向他人透露已获取招标文件的潜在投标人的名称、数量以及可能影响公平竞争的有关招标投标的其他情况。

招标人设有标底的，标底必须保密。

6. 投标

投标人应当按照招标文件的要求编制投标文件。投标文件应当对招标文件提出的实质性要求和条件作出响应。

招标项目属于建设施工的，投标文件的内容应当包括拟派出的项目负责人与主要技术人员的简历、业绩和拟用于完成招标项目的机械设备等。

投标人不得以低于成本的报价竞标，也不得以他人名义投标或者以其他方式弄虚作假，骗取中标。

投标人应当在招标文件要求提交投标文件的截止时间前，将投标文件送达投标地点。

7. 评标

评标由招标人依法组建的评标委员会负责。评标委员会应当按照招标文件确定的评标标准和方法，对投标文件进行评审和比较；设有标底的，应当参考标底。评标委员会完成评标后，应当向招标人提出书面评标报告，并推荐合格的中标候选人。招标人根据评标委员会提出的书面评标报告和推荐的中标候选人确定中标人。招标人也可以授权评标委员会直接确定中标人。

8. 签订合同

招标人和中标人应当按照招标文件和中标人的投标文件订立书面合同。招标人和中标人不得再行订立背离合同实质性内容的其他协议。

（五）政府采购法

《中华人民共和国政府采购法》共 9 章 88 条，2003 年 1 月 1 日起施行。下面介绍其中部分内容。

1. 政府采购

政府采购是指各级国家机关、事业单位和团体组织，使用财政性资金采购依法制定的集中采购目录以内的或者采购限额标准以内的货物、工程和服务的行为。

2. 政府采购限制

政府采购应当采购本国货物、工程和服务。但有下列情形之一的除外：

（1）需要采购的货物、工程或者服务在中国境内无法获取或者无法以合理的商业条件获取的。

（2）为在中国境外使用而进行采购的。

（3）其他法律、行政法规另有规定的。

前款所称本国货物、工程和服务的界定，依照国务院有关规定执行。

3. 政府采购方式

政府采购采用以下方式：

（1）公开招标。

（2）邀请招标。

（3）竞争性谈判。

（4）单一来源采购。

（5）询价。

（6）国务院政府采购监督管理部门认定的其他采购方式。

公开招标应作为政府采购的主要采购方式。

【小结】

本节主要介绍了招投标中的一些法律法规。

【练习】

1. 系统集成资格分几级，申请认证的资质条件有哪些？

2. 必须招标的项目有哪些？

3. 招标原则是什么？

4. 政府采购有哪几种方式？

任务二　投　　标

一、任务分析

计算机网络工程招标是以公开、公平、公正的原则和方式，从众多系统集成商中选择一个有合格资质，并能为用户提供最佳性能价格比的集成商。招标可以达到以下目的：

（1）中标集成商为工程所购买的所有硬件、软件产品都是符合要求的正牌优质产品。

（2）中标集成商按照国家/国际标准对招标、投标文件确定的整个网络工程进行施工，并按时完成。

（3）中标集成商为工程提供的所有产品和全部施工、服务的价格都是合理的、比较低的。

（4）中标集成商为网络工程提供完善的售后服务。

二、任务实施

（一）编制投标文件

计算机网络工程是根据用户需要，按照国家/国际标准，将各种相关硬件、软件组合成有实用价值的、具有良好性能价格比的计算机网络系统的全过程。它能够最大限度地提高系统的有机构成、系统的效率、系统的完整性、系统的灵活性等，简化系统的复杂性，并最终为用户提供一套切实可行的完整的解决方案。在编写计算机网络工程投标书时要重点体现所选方案的先进性、成熟性和可靠性，同时要为用户考虑将来的扩展和升级需求。

网络工程投标书主要包括以下内容：

（1）投标公司自我介绍。

（2）投标方案论证、介绍。

（3）投标报价（明细和汇总）。

（4）项目班子。

（5）培训与售后服务承诺。

（6）资格文件等。

（二）招标

招标应该按《中华人民共和国招标投标法》进行。能够采用公开招标的项目，必须公开招标，发布招标公告，说明招标人的名称和地址、招标项目的性质、数量、实施地点和时间以及获取招标文件的办法等事项。采用邀请招标方式的，应当向三个以上具备承担网络工程项目的能力、资信良好的特定法人或者其他组织发出招标邀请书。

在招标公告或者招标邀请书中，要求潜在投标人提供有关计算机信息系统集成资质等级证明文件和业绩情况，并对潜在投标人进行资格审查。

（三）投标

投标人在索取、购买标书后，应该仔细阅读标书的投标要求及投标须知。在同意并遵循招标文件的各项规定和要求的前提下，提出自己的投标文件。投标文件应该对招标文件的所有要求作出明确的响应，符合招标文件的所有条款、条件和规定。投标人应该对招标项目提出合理的投标报价，过高的价格一般不会被接受，而低于成本报价的将被作为废标。投标人的各种商务文件、技术文件等应依据招标文件要求备齐，缺少任何必要的文件都将不能中标。一般的商务文件包括资格证明文件（营业执照、税务登记证、企业代码以及行业主管部门颁发的资质等级证书、授权书、代理协议书等）、资信证明文件（包括业绩、已履行的合同等）；技术文件一般包括工程投标方案及说明等。投标文件中还应有售后服务承诺、优惠措施等条款。投标文件还应按招标人的要求进行密封、装订，在指定的时间、地点，以指定的方式递交，否则投标文件将不被接受。投标文件应以先进的方案、优质的产品或服务、合理的报价、良好的售后服务等为成功中标打下基础。

三、任务实施

1. 递交投标文件

投标时，必须在要求提交投标文件的截止时间前，将投标文件送达投标地点，并按要求携带相关资格文件的原件或复印件，如营业执照、计算机信息系统集成资质等级证书、认证工程师的认证和授权委托书等。

2. 评标

评标委员会将主要依据以下两条来确定中标人。

（1）投标人是否能够最大限度地符合招标文件中规定的网络工程各项综合评价标准。

（2）投标人是否能够满足招标文件对网络工程的实质性要求，并且投标价格较低（但不能低于成本价）。

因此，价格低并不是网络工程中标的唯一因素，性能价格比更为重要。另外，评标时可能要进行答辩，参加网络工程投标时要做好相关准备。

3. 中标

经评标委员会确定网络工程的中标人后，网络工程的招标人会向中标人发出网络工程中标通知书，同时将中标结果通知所有未中标的投标人。中标通知书对网络工程的招标人和中标人具有法律效力。中标通知书发出后，网络工程的招标人如果改变中标结果，或者中标人放弃中标的网络工程，都要承担相关法律责任。

4. 签订合同

网络工程的招标人和中标人应当在中标通知书发出之日起的 30 日内，按照网络工程招标文件和中标人的网络工程投标文件订立书面合同。招标人和中标人不得再行订立背离合同实质性内容的其他协议。招标文件要求网络工程中标人提交履约保证金的，中标人应当提交。网络工程的中标人应当按照合同约定履行义务，按时保质保量完成中标的网络工程。中标人不能向他人转让中标的网络工程，也不能将网络工程肢解后分别向他人转让。中标人按照合同约定或者经招标人同意，可将网络工程中部分非主体、非关键性工作分包给他人完成。接受网络工程分包的人应当具备相应的资格条件，并不得再次分包。网络工程中标人应当就分包项目向网络工程招标人负责，接受分包的人就分包项目承担连带责任。

【小结】

本章主要介绍了如何编制招投标文件及投标注意的问题。

【练习】

1．计算机网络工程招标的目的是什么？

2．计算机网络工程招标文件一般包含哪几方面内容？

3．综合布线和传统布线的区别是什么？

【拓展知识】

1．投标邀请函

××大学学生宿舍楼网络布线工程项目进行公开招标，欢迎有工程能力的厂商参加投标。

（1）招标编号：

（2）设备名称及数量：见本标书第 2 部分招标项目说明。

（3）发放标书时间：

（4）发放标书地点：

（5）接收标书时间：

（6）招标联系人：

（7）技术联系人：×××，电话：××××××××、×××××××××。

（8）开标时间：

（9）领取标书必须携带单位下列证件：营业执照副本原件及加盖投标单位印章的复印件、税务登记证副本原件及加盖投标单位印章的复印件。

（10）开标地点：××大学。

年　月　日

2．招标项目说明

（1）本招标文件的采购项目为学生宿舍楼网络布线工程。

（2）对投标方的要求：具备法人营业执照、税务登记证，并且注册资金达到 1000 万元以上，社会信誉好，产品质量高，具有设备供应能力的生产或销售单位。

（3）投标方需提供全新产品，且必须符合国家相关标准要求。

（4）所报价设备均需提供从验收合格之日起至少 36 个月的免费质保服务；设备配置应具有先进性、可靠性、安全性，及时进行安装调试；保证网络及硬件正常运行，发生问题应在 4 小时内给予答复，24 小时内解决问题。

（5）由中标方派技术人员协助招标方指导安装和调试，并对其设备的操作、工作原理、简易维修进行免费培训。

（6）设备在使用过程中发生问题，中标方应提供免费咨询服务。

（7）质保期内出现技术故障，中标方应提供免费维修服务；若设备出现质量问题，中标方应按使用方要求的时间更换设备。

（8）对于超过保修期的设备的保养及维修，可根据合同双方意愿另签保养维修协议。

（9）投标单位必须由法人或法人委托人参加开标仪式，随时接受评委询问，并予以解答。

（10）投标人可以组成一个投标联合体，以一个投标人身份共同投标，但联合投标的单位不能多于两个，且必须全部具备招标文件上要求的资格。联合体各方应当签订共同投标协议，明确约定各方承担的工作和相应的责任，并将共同投标协议连同投标文件一并提交招标人。

（11）投标单位中标后必须及时组织货物，不得转包、分包。

（12）为了使设备更加符合用户实际，具有前瞻性，投标人可以在满足需求的前提下，设计出更加合理的设备应用方案。

（13）投标人对招标书中的初步方案、设备选型、产品性能指标可以提出异议和调整；为了网络系统设计整体优化，可以提出改进方案，但重大改动需经招标人及需方同意，并在投标书中作出商务偏差的说明，以供招标人在评标时决定取舍。

（14）投标截止日前，投标人可以到需方勘测项目现场，需方给予配合。

（15）交货时间：签订合同之日起按照建设单位要求的供货周期分期分批供货。

（16）交货地点：信息网络中心指定的地点（××大学）。

（17）验收：设备到达指定地点后由信息网络中心根据装箱清单查验货物，进行初验。初验期间，供货单位必须移交详细的随机资料。

（18）监理：安装调试期间由××大学网络信息中心组织有关部门技术人员负责监理。

参 考 文 献

[1]黎连业. 网络综合布线系统与施工技术[M]. 北京：机械工业出版社，2007.

[2][美]克拉克. 网络布线实用大全[M]. 姚德启，马震晗，译. 北京：清华大学出版社，2003.

[3]余明辉，贺平，陈海. 综合布线技术与工程[M]. 北京：高等教育出版社，2004.

[4]张恒杰，曹隽. 计算机网络工程[M]. 大连：大连理工大学出版社，2006.

[5]岳经伟. 综合布线技术与施工[M]. 北京：中国水利水电出版社，2005.

[6]信息产业部. GB 50311—2007 综合布线系统工程设计规范[S]. 北京：中国计划出版社，2007.

[7]http://www.h3c.com.cn/Products_Technology/Products/IP_Network.

[8]余明辉，尹岗. 综合布线系统的设计 施工 测试 验收与维护[M]. 北京：人民邮电出版社，2010.

附录 A

工程编号：

××××综合布线工程

竣 工 报 告

类　　别：　　　　　竣工文档

案卷题名：　　　　××××楼宇综合布线工程

编制单位：　　　　××××网络布线有限责任公司

编制日期：

保管期限：

密　　级：

××市市政大楼政务网
二期工程建设交工技术文件

密级：

建设项目名称：＿＿＿＿＿＿＿＿＿＿＿＿＿＿＿

单项工程名称：＿＿＿＿＿＿＿＿＿＿＿＿＿＿＿

建 设 单 位：＿＿＿＿＿＿＿＿＿＿＿＿＿＿＿

施 工 单 位：＿＿＿＿＿＿＿＿＿＿＿＿＿＿＿

监 理 单 位：＿＿＿＿＿＿＿＿＿＿＿＿＿＿＿

年　　月　　日

交工技术文件目录

序号	文 件 名 称	制表单位	制作日期	页数
1	工程说明			
2	工程开工报告			
3	施工组织设计（方案）报审表			
4	开工令			
5	材料进场记录表			
6	设备进场记录表			
7	设计变更报告			
8	工程临时延期申请表			
9	工程最终延期审批表			
10	隐蔽工程报验申请表			
11	工程材料报审表（附材料清单及厂家证明）			
12	已安装工程量汇总表			
13	重大工程质量事故报告			
14	工程交接书（一）			
15	工程交接书（二）			
16	工程竣工初验报告			
17	工程验收终验报告			
18	工程验收证明书			

工 程 说 明

一、工程概况

本工程为××××医院综合布线及机房装修工程，地点位于××××。本次施工是××××门诊楼及住院部的综合布线工程及门诊楼内主机房、培训室，9层分机房的装修工程，共计786个信息点。

二、工程项目内容

本工程于××年×月×日开工。其中主干网由高速千兆光纤骨干以太网组成，网络分布呈星形拓扑结构。水平布线子系统及工作区子系统采用六类千兆主干网络、10/100/1000Mb/s自适应到桌面的网络方案，把门诊楼的各个资源联系起来。另外，通过联通宽带线路把互联网系统接入到门诊楼局域网内。综合布线部分包括水平桥架安装（200mm×100mm金属桥架、60mm×40mm金属桥架暗埋于各楼层吊顶内），水平线槽安装（安装在办公楼内各办公室天花板上）；楼墙开孔260个，楼板开孔12个；超五类双绞线布放（786条）；光纤布放（18条）；底盒安装（786个）；网络面板安装（786套）；白面板安装（320套）；200mm×100mm竖井垂直主干桥架安装（1～9层弱电竖井内）；200mm×100mm水平主干桥架安装（主干垂直桥架至9层分机柜）；200mm×100mm水平主干桥架安装（主干垂直桥架至一层主机柜）；主干光纤布放（18条）；机柜安装共24个（在一层中央机房安装9个42U落地式机柜，9层分机房安装普通2m机柜4个，其他9U挂墙式分机柜安装在裙楼内）；配线架安装（共34个）；光纤盒安装（共18个）；配线架线缆端接（786条）；模块端接786个；超五类线缆测试786条；光纤测试18条。

三、项目组织系统

建设项目名称：××××医院综合布线及机房装修工程

建设单位名称：

监理单位名称：

施工单位名称：

工 程 开 工 报 告

工程名称：××××综合布线工程

施工单位		施工地点	
建设单位		监理单位	
施工单位负责人		手机号码	
计划开工日期		计划竣工日期	

工程准备情况及存在的主要问题：

　　施工人员、材料、施工器具已经按时到位，施工现场具备施工条件。申请本工程于××××年 ×× 月××日正式开工，特此报告。

施工单位（签章）：_____

日　　　　期：_____

监理单位意见：

监理单位（签章）：_____

日　　　　期：_____

建设单位意见：

建设单位（签章）：_____

日　　　　期：_____

　　注：本报告一式三份，建设单位、监理单位、施工单位各一份。

施工组织设计（方案）报审表

工程名称：××××公司办公楼综合布线系统

项目编号：

致：_____（用户方、监理单位） 　我方已根据施工合同的有关规定完成了××××公司办公楼综合布线系统施工组织设计（方案）的编制，并经我单位上级技术负责人审查批准，请予以审查。 　附：施工组织设计（方案）   　　　　　　　　　　　　　　　　　　　　　承包单位（章）：_____ 项目经理：_____ 　　　　　　　　　　　　　　　　日　　　　期：_____
监理工程师审查意见：   监理工程师：_____ 　　　　　　　　　　　　　　　　日　　　　期：_____
用户方审核意见：   负　责　人：_____ 　　　　　　　　　　　　　　　　日　　　　期：_____

注：本报告一式三份，建设单位、监理单位、施工单位各一份。

开 工 令

项目名称：××××综合布线工程

项目编号：

> 致：××××综合布线工程
>
> 经审核，我方认为你方已经完成××××综合布线工程实施前的准备工作，满足了开工条件，同意你方于××××年××月××日起开始实施××××综合布线工程的项目建设。
>
> 监理机构（盖章）：_____
>
> 总监理工程师：_____
>
> 日　　　期：_____

注：本报告一式三份，建设单位、监理单位、施工单位各一份。

设备（材料）进场记录表

编号：

项目名称			施工单位				
序　　号	设备名称	品牌	规格型号	生产厂家		数量	进场时间
1							
2							
3							
4							
5							
6							
施工单位（盖章）						年　　月　　日	
监理审核意见：							
						年　　月　　日	
现场工程师：（对设备（材料）品牌、规格型号、生产厂家与合同的相符性及进场时间进行确认）							
						年　　月　　日	
工程采购部意见：（参与验收时）							
						年　　月　　日	

注：本表一式四份，项目部、工程采购部、施工单位、监理单位各一份。

设 计 变 更 报 告

项目名称： 项目编号：

原设计方案：
修改原因及新的设计方案：
对监理工作的影响：
报告人： 报告时间：

注：本报告一式三份，建设单位、监理单位、施工单位各一份。

工程临时延期申请表

项目名称：　　　　　　　　　　　　　　　项目编号：

致：　　　　（监理单位）
　　根据施工合同条款第 8 条第 3 款的规定，由于　　　　　　　　　　　　　　　　　　原因，我方申请工程延期，请予以批准。

附件：

1. 工程延期的依据及工期计算

合同竣工日期：　　　年　　月　　日
申请延长竣工日期：　　　年　　月　　日

2. 证明材料

承建单位：　　　　　　　　　

项目经理：　　　　　　　　　

日　　期：　　　　　　　　　

注：本报告一式三份，建设单位、监理单位、施工单位各一份。

工程最终延期审批表

项目名称：   项目编号：

致：＿＿＿＿＿＿＿＿＿（承包单位）

根据施工合同条款＿＿＿＿＿＿＿＿条的规定，我方对你方提出的＿＿＿＿＿＿＿＿工程延期申请（第＿＿＿＿＿＿＿＿号）要求延长工期＿＿＿＿＿＿＿＿日历天的要求，经过审核评估：

□最终同意工期延长＿＿＿＿＿＿＿＿＿日历天，使竣工日期（包括已指令延长的工期）从原来的＿＿＿＿＿＿＿年＿＿＿＿＿＿＿月＿＿＿＿＿＿＿日延迟到＿＿＿＿＿＿＿年＿＿＿＿＿＿＿月＿＿＿＿＿＿＿日，请你方执行。

□不同意延长工期，请按约定竣工日期组织施工。

说明：

项目监理机构：＿＿＿＿＿＿＿

总监理工程师：＿＿＿＿＿＿＿

日　　　　期：＿＿＿＿＿＿＿

注：本报告一式三份，建设单位、监理单位、施工单位各一份。

高等职业教育"十二五"规划教材

隐蔽工程报验申请表

项目名称：　　　　　　　　　　　　　　项目编号：

致：＿＿＿＿＿＿＿＿＿＿＿＿＿＿＿（监理单位）

我单位已完成了＿＿＿＿＿＿＿＿＿＿＿＿＿＿＿＿＿＿分项工作，经自检具备隐蔽验收的条件，现报上该分项工程隐蔽工程报验申请表，请予以审查和隐蔽验收。

附件：

承包单位（盖章）：

项目经理：

日　　　期：

审查意见：

项目监理机构（盖章）：＿＿＿＿＿＿＿

总/专业监理工程师：＿＿＿＿＿＿＿

日　　　期：＿＿＿＿＿＿＿

注：本报告一式三份，建设单位、监理单位、施工单位各一份。

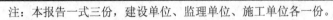

已安装工程量总表

项目名称：

项目编号：

建设地点：

序　号	项　　目	单　位	数　量	备　注
1				
2				
3				
4				
5				
6				
7				

注：（1）本报告一式三份，建设单位、监理单位、施工单位各一份。

（2）工程简要内容包括安装 PVC 线管线槽、镀锌铁桥架，电教平台布线，安装机柜，敷设光纤、超五类线缆，端接测试。

重大工程质量事故报告

项目名称：   项目编号：

工程名称		设计单位	
地点		施工单位	
发生事故时间			
事故内容			

填报单位（盖章）：＿＿＿＿＿＿＿＿

项目负责人：＿＿＿＿＿＿＿＿＿

填报日期：＿＿＿＿年＿＿月＿＿日

注：（1）本报告一式三份，建设单位、监理单位、施工单位各一份。

　　（2）本表在事故发生后 24h 内报建设单位一份，监理公司一份，报总公司一份，留底一份。

工程交接书（一）

项目名称：　　　　　　　　　　　　　　建设地点：

序　号	项　　目	单　位	数　量	备　注
1				
2				
3				
4				
5				
6				
7				

注：（1）本报告一式三份，建设单位、监理单位、施工单位各一份。

（2）工程简要内容包括安装 PVC 线管、镀锌铁桥架，电教平台布线，安装机柜，敷设光纤、超五类线缆，端接测试。

工程交接书（二）

验收情况：
本工程于 ___ 年 月 日开工，___ 年 月 日完工。经建设单位、监理单位、施工单位三方检查，工程质量符合要求。 附件： 1．竣工图纸 2．测试报告 3．竣工验收资料

工程交接意见：

验收人员（签名）：

建设单位（盖章）：	监理单位（盖章）：	施工单位（盖章）：
项目负责人：	监理工程师：	项目负责人：
日　　期：	日　　期：	日　　期：

注：本报告一式三份，建设单位、监理单位、施工单位各一份。

工程竣工初验报告

建设项目名称			建设单位		
单位工程名称	综合布线单项工程		施工单位		
建设地点			监理单位		
开工日期		竣工日期		初验日期	
工程内容		详见《已安装工程量总表》			

验收意见及施工质量评语：

施工单位代表：

施工单位签章：

日　　　期：　　　年　　月　　日

监理单位代表：

监理单位签章：

日　　　期：　　　年　　月　　日

建设单位代表：

建设单位签章：

日　　　期：　　　年　　月　　日

注：本报告一式三份，建设单位、监理单位、施工单位各一份。

工程竣工终验报告

建设项目名称		建设单位	
单位工程名称	综合布线单项工程	施工单位	
建设地点		监理单位	
开工日期		竣工日期		终验日期	
工程内容	详见《已安装工程量总表》		

验收意见及施工质量评语：

施工单位代表：

施工单位签章：

日　　　期：　　　年　　月　　日

监理单位代表：

监理单位签章：

日　　　期：　　　年　　月　　日

建设单位代表：

建设单位签章：

日　　　期：　　　年　　月　　日

注：本报告一式三份，建设单位、监理单位、施工单位各一份。

工程验收证明书

项目名称：　　　　　　　　项目编号：　　　　　　　　验收日期：

工程名称				
工程地址				
工程总投资	¥　　　元	合同工期		天
施工日期	开工日期		完工日期	
工程内容简述：				
验收意见及评定等级：				
验收人员签名：				
建设单位： （盖章）	施工单位： （盖章）	监理单位： （盖章）		

　　注：本报告一式三份，建设单位、监理单位、施工单位各一份。

××××综合布线工程

验收技术文件

建设项目名称：＿＿＿＿＿＿＿＿＿＿＿＿＿＿＿＿＿＿

单项工程名称：＿＿＿＿＿＿＿＿＿＿＿＿＿＿＿＿＿＿

单位工程名称：＿＿＿＿＿＿＿＿＿＿＿＿＿＿＿＿＿＿

建 设 单 位：＿＿＿＿＿＿＿＿＿＿＿＿＿＿＿＿＿＿

监 理 单 位：＿＿＿＿＿＿＿＿＿＿＿＿＿＿＿＿＿＿

施 工 单 位：＿＿＿＿＿＿＿＿＿＿＿＿＿＿＿＿＿＿

年　　　月　　　日

验收技术资料总目录

序　号	目　　录	页　数
1		
2		
3		
4		
5		
6		
7		
8		

高等职业教育"十二五"规划教材

已安装设备清单

项目名称： 项目编号：

序　　号	设备名称及型号	单　位	数　　量	安 装 地 点
1				
2				
3				
4				
5				
6				
7				

注：（1）本报告一式三份，建设单位、监理单位、施工单位各一份。

（2）工程简要内容包括中心机房、配线间终端设备安装。

设备安装工艺检查情况表

项目名称： 项目编号：

序　　号	检 查 项 目	检 查 情 况
1	底盒、面板安装	
2	PVC 线管安装	
3	配线架端接安装	
4	镀锌铁线槽安装	
5	线缆敷设、扎放	
6	PVC 线槽安装	
7	光缆的布放、安装	
8	机柜的安装	

检查人员： 日　　期：

注：（1）本报告一式三份，建设单位、监理单位、施工单位各一份。

（2）工程简要内容包括安装 PVC 线管、镀锌铁线槽，安装机柜，敷设光纤、超五类线缆，端接测试。

综合布线系统线缆穿布检查记录表

项目名称：　　　　　　　　　　　　　　项目编号：

施工单位		施工负责人		完成日期	
工程完成情况					

编号	线缆品牌、规格型号	根数	均长	备　　注	
1					
2					
3					
4					

检　查　情　况		
两端预留长度有无编号		
线缆外皮有无破损		
线缆弯折有无情况		
松紧冗余度		
槽、管利用率		
过线盒安装是否符合标准		

检查人员：　　　　　　　　　　　　　　　日期：　　年　　月　　日

注：本报告一式三份，建设单位、监理单位、施工单位各一份。

综合布线系统机柜安装检查记录表

项目名称：　　　　　　　　项目编号：　　　　　　日期：

施工单位		施工负责人		完成日期	
工程完成情况					
序　号	机柜型号	台　数	生产厂家	安装地点	安装方式
1					
2					
3					
检　查　情　况					
	机柜稳固情况：				
	水平度、垂直度：				
	外观损坏、地脚锈蚀和清洁情况：				
	接线配线工作方便情况：				
	电源与接地情况：				
	其他情况：				

检查人员：　　　　　　　　　　　　日期：

注：本报告一式三份，建设单位、监理单位、施工单位各一份。

工程材料/构配件/设备报审表

项目名称：　　　　　　　　　　　　　　项目编号：

致：_____（监理单位）

　　我方于_____年_____月_____日进场的工程材料/构配件/设备各数量如下（见附件）。现将质量证明文件及自检结果报上，请予以审核。

附件：1. 数量清单

　　　2. 质量证明文件

　　　3. 自检结果

施工单位（盖章）：_____

项目经理：_____

日　　期：_____

审查意见：

　　经检查上述工程材料/构配件/设备，符合/不符合设计文件和规范的要求，准许/不准许进场，同意/不同意使用于拟定部位。

项目监理机构：_____

总/专业监理工程师：_____

日　　期：_____

注：本报告一式三份，建设单位、监理单位、施工单位各一份。